"工程材料及机械制造基础"系列教材

# 材料成形工艺基础

主　编　汤酞则

副主编　周增文
　　　　吴安如

中南大学出版社

# 内 容 提 要

本书是湖南省高等教育学会金工教学委员会组织编写的"工程材料及机械制造基础"系列教材之一。它是以国家教育部颁布的《工程材料及机械制造基础课程教学基本要求》和《工程材料及机械制造基础系列课程改革指南》为指导进行编写的。

本书内容包括铸造成形、锻压成形、焊接成形、粉末冶金成形、非金属材料与复合材料的成形、快速原型制造技术、材料成形方法的选择等。它涉及了机械制造生产过程中除切削加工成形以外的大部分工程材料的成形方法与工艺。每节后附有适量的练习题。

本书在编写过程中认真总结了金工课程建设与教学改革的经验,在精选传统成形技术内容的基础上,还增加了现代工业制造工程中应用的新材料、新技术和新工艺。特别注重介绍了当前材料成形技术的新进展及发展趋势。

本书是高等工科院校机械工程类专业的教材,同时也可供高等工科院校近机类专业、高等职业技术学院、电视大学、函授大学、职工大学师生选用,也可作为相关工程技术人员的参考书。各使用学校可以根据教学计划和教学条件,对书中内容有所取舍。

# 序　言

　　湖南省高等教育学会金工教学委员会在总结本地区多年课程教学改革经验的基础上，认真吸取与借鉴国内兄弟院校的教学改革成果，组织一批经验丰富的骨干教师，几历艰辛，成功编写了8本一套《工程材料及机械制造基础》的系列教材。该套教材囊括了课堂教学、工程实践教学和教学指导三部分必备的内容，注重扩充制造领域的新材料、新技术和新工艺，重视零件设计的结构工艺性；使之既符合目前金工系列课程改革的发展方向，又体现了湖南地区高校课程改革的基本特色。

　　金工系列课程虽然属于工艺性技术基础课程的范畴，但它在大学实现其整体教育目标中所起的作用，并不亚于任何一门其他重要课程。这是因为：

　　1. 它包含讲课、实习和实验三部分完整内涵，是工艺理论与工艺实践高度结合的课程，尤其是"实践"这一必须经历的重要过程，正是我国高校学生所普遍缺乏的。

　　2. 工程训练中心所提供的大工程背景和严格按照教学规划所实施的全面训练，使其不只是为后续课程打基础的一般性业务课程，而是全面贯彻落实素质教育的综合性课程。

　　3. 工艺课程体现出很强的综合性。任何一个小的工艺问题，都必然涉及一系列相关的边界问题。因此，工艺问题的解决，实际上总是可以转化为类似于对一个多元方程求优化解，在解决问题的思维方法上可以给学生以启迪。

　　4. 设计创新与工艺创新是相互关联和密切联系的。事实上，工艺创新愈深入，设计创新就愈活跃。真正懂得工艺的人，才能更好地实施设计创新。在这里，零件的结构工艺性只是体现其中的一个方面，工艺方法本身的不停顿创新则显得更为重要。国内外的专家学者目前对此问题的看法已经基本趋于一致。

5. 当今的高等教育，旨在培养出一大批基础宽、能力强和素质高的复合性人才。从未来社会的发展趋势看，人文社会学科的学生应该具备一些工程技术方面的知识和经历；同样，理工学科的学生也应该具备更好的人文素质。金工系列课程中的工程训练则可以为实现这种交叉和融合提供一个良好的界面。

6. 要高质量、高效率地实现预定的教学目标，在教学中应该合理、适度地采用已经日趋成熟的现代教育技术。

7. 通过改革后的金工系列课程的教学过程，来实施新的课程教学目标：学习工艺知识，增强工程实践能力，提高综合素质，培养创新精神和创新能力。从全国金工同仁的实践看，这一目标是完全可以实现的。

教育部副部长吕福源同志于 2000 年 11 月在上海举办的"第一届国际机械工程学术会议"开幕式上的致辞中提出："中国是一个拥有 12 亿人口的发展中国家，机械工程不仅影响和制约着国民经济其他工业的发展，而且还直接影响广大人民的衣、食、住、行和信息交流……大力发展高新技术，用高新技术改造传统制造业和其他产业，将设计创新与工艺创新紧密地结合起来，将是'十五'期间我国机械工业发展的重要特点。"

工艺系列课程的重要性已经不容置疑，中南大学出版社出版的这套系列教材应时而出，期待它为培养新世纪的高质量人才作出新的贡献。

**清华大学　傅水根**

2002 年 7 月 26 日于清华园

---

＊傅水根：清华大学教授，国家教育部《工程材料及机械制造基础》课程教学指导组组长。

# 前　言

本书是根据国家教育部颁布的《工程材料及机械制造基础课程教学基本要求》和《工程材料及机械制造基础系列课程改革指南》的精神，在认真吸取国内兄弟院校教学改革和课程建设的基础上，结合编者多年的教学实践和教学经验而编写的。

《材料成形工艺基础》是研究金属和非金属工程材料成形工艺的重要技术基础课程。机械制造工程训练与金工实验是重要的实践教学环节。特别是在培养学生的工程意识、创新意识、运用规范的工程语言和解决工程实际问题的能力方面，该课程具有其他课程难以替代的重要作用。多年来它之所以成为各学科共同的技术基础课，究其原因是因为它涉及材料、材料加工工程和机械制造等多个学科的基础，而这些基础又是各学科培养有工程实践能力的高技术人才所必需的。

制造技术是指将原材料进行加工或再加工，以及对零部件进行装配的技术的总称。在世界发达国家，不但拥有先进的制造技术，而且制造业占据十分重要的位置，均为各国国民经济的支柱产业。目前，高新技术大量应用于制造业而形成先进制造技术。先进制造技术，就是传统制造技术不断吸收机械、电子、信息、能源及现代化管理领域的新成果，将其综合运用于产品设计、制造、检测、管理和售后服务全过程的技术。

材料应用与材料成形技术是机械制造生产过程中的重要组成部分。材料的选用与成形技术是密切相关的。材料只有经过各种加工，包括材料的成形、切削加工、改性处理、连接等，最后形成产品，才能体现其功能和价值。随着科学技术的飞速发展，以金属材料为主要加工对象的机械制造技术已发生了根本性的变化，金属在现弋制造业中所占的比重日益下降，各种新材料所占的比重越来越大。材料成形技术已不再是仅仅涉及金属材料的成形，而是涉及各种不同工程材料的成形。因此，拓宽制造成形技术基础的研究领域，建设好以现代工程材料成形工艺为基础的课程，是适应当前工程教育和现代制造技术发展的必然趋势。

社会主义市场经济的发展对高等教育的人才培养提出了新的要求，既要注重培养学生获取知识的能力，更要注重学生全面素质的提高。基于这一原因，本书以材料成分、成形工艺、结构、性能、应用为主线，系统阐述了材料成形工艺的基本原理、基本知识和工程应用三个层次的内容。在体系上，精选传统金属工艺学内容，增加先进制造技术及其工艺方法。在内容上突出材料成形的理论基础，强化综合分析与应用，增加了在制造业中普遍应用的新材料，增加了计算机应用等多方面的新工艺和新技术。在选材及选择成形方法方面安排了许多实例，给学生以一定的启发。还加强了质量、成本、环保、竞争意识教育。各章之后均附有练习题，以利于学生复习与扩展知识能力。书中还插入了部分英语常用制造工程专业术语词汇，以帮助学生学习科技外语。

全书采用法定计量单位。专业名词术语等均采用最新国家标准和行业标准，插图采用计算机绘制。

本书由汤酞则任主编，周增文、吴安如任副主编。书中各部分内容分别由汤酞则（前言，第1、2、5章）、吴安如（第3章）、钟世金（第4章）、周增文（第6章）、何少平（第7章）编写。

本书由中南大学刘舜尧教授主审。他对本书的编写提出了许多宝贵的、建设性的意见，在此谨表示衷心的感谢。

本书是湖南省高等教育学会金工教学委员会组织编写的《工程材料及机械制造基础》系列教材之一。在编写出版过程中得到了湖南省教育厅和学会有关专家的指导和帮助。在本书的编写中，参考并引用了许多有关教材、手册、学术杂志上的文献资料，借鉴了兄弟院校和同行专家的教学改革成果。值此本书出版之际，特向以上专家、教授表示诚挚的感谢！

由于编者水平所限，加之时间仓促，书中的错误和不妥之处，恳请广大读者和师生指正。

# 目　录

# 1 铸造成形

将液态金属浇注到具有与零件形状、尺寸相适应的铸型型腔中,待其冷却凝固后获得毛坯或零件的方法,称为铸造(metal casting)。它是毛坯或机器零件成形的重要方法之一。

铸造在工业生产中获得了广泛应用,铸件所占的比重相当大。如在机床和内燃机产品中,铸件占总重量的 70% ~ 90%,在拖拉机和农用机械中占 50% ~ 70%。

铸造过程中,金属材料是在液态下一次成形,因而具有很多优点:

(1)适应性广泛。工业上常用的金属材料如铸铁、碳素钢、合金钢、非铁合金等,均可在液态下成形,特别是对于不宜压力加工或焊接成形的材料,铸造生产方法具有特殊的优势。并且铸件的大小、形状几乎不受限制,质量可从零点几克到数百吨,壁厚可从 1mm 到 1000mm。

(2)可以形成形状复杂的零件。具有复杂内腔的毛坯或零件,如复杂箱体、机床床身、阀体、泵体、缸体等都能成形。

(3)生产成本较低。铸造用原材料大都来源广泛,价格低廉。铸件与最终零件的形状相似,尺寸相近,加工余量小,因而可减少切削加工量。

铸造成形也存在某些缺点。由于铸造涉及的生产工序较多,生产过程中难以精确控制,废品率较高。铸件组织疏松,晶粒粗大,内部常出现缩孔、缩松、气孔、砂眼等缺陷,导致铸件某些力学性能较低。铸件表面粗糙,尺寸精度不高。一般来说铸造工作环境较差,工人劳动强度大。但随着特种铸件方法的发展,铸件质量有了很大的提高,工作环境也有了进一步改善。

从造型方法来分,铸造可分为砂型铸造和特种铸造两大类。

## 1.1 金属液态成形工艺基础

合金在铸造过程中所表现出来的工艺性能,称为合金的铸造性能(castability),合金的铸造性能主要是指流动性、收缩性、偏析和吸气性等。铸件的质量与合金的铸造性能密切相关,其中流动性和收缩性对铸件的质量影响最大。

### 1.1.1 合金的流动性和充型能力

#### 1. 流动性

液态合金本身的流动能力,叫做合金的流动性(fluidity),它是合金的主要铸造性能之一。合金的流动性差时,铸件容易产生浇不足、冷隔、气孔和夹杂等缺陷。流动性好的合金,充型能力强,便于浇铸出轮廓清晰、薄而复杂的铸件。有利于液态金属中的气体和非金属夹杂物的上浮,有利于对铸件进行补缩。

液态合金流动性的好坏,通常用螺旋形试样的长度来衡量。如图 1.1 所示,浇出的试样愈长,说明流动性愈好。表 1.1 列出了常用铸造合金的流动性长度值,其中灰铸铁、硅黄铜的流动性最好,而铸钢最差。

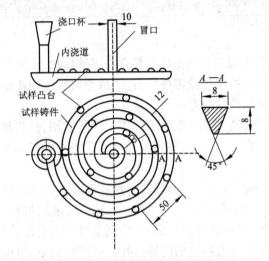

图 1.1 螺旋形金属流动性试样

表 1.1 常用合金的流动性(砂型,试样截面 8mm × 8mm)

| 合金种类 | | 铸型种类 | 浇注温度(℃) | 螺旋线长度(mm) |
|---|---|---|---|---|
| 铸铁 | $w_{(c+si)} = 6.2\%$ | 砂型 | 1300 | 1800 |
| | $w_{(c+si)} = 5.9\%$ | 砂型 | 1300 | 1300 |
| | $w_{(c+si)} = 5.2\%$ | 砂型 | 1300 | 1000 |
| | $w_{(c+si)} = 4.2\%$ | 砂型 | 1300 | 600 |
| 铸钢 | $w_c = 0.4\%$ | 砂型 | 1600 | 100 |
| | | 砂型 | 1640 | 200 |
| 镁合金(含 Al 和 Zn) | | 砂型 | 700 | 400 ~ 600 |
| 锡青铜($w_{Sn} \approx 10\%$,$w_{Zn} \approx 2\%$) | | 砂型 | 1040 | 420 |
| 硅黄铜($w_{Si} = 1.5\% \sim 4.5\%$) | | 砂型 | 1100 | 1000 |
| 铝硅合金(硅铝明) | | 金属型(300℃) | 680 ~ 720 | 700 ~ 800 |

#### 2. 影响合金流动性的因素

化学成分对合金流动性的影响最为显著。纯金属和共晶成分的合金,由于是在恒温下进行结晶,液态合金从表层逐渐向中心凝固,固液界面比较光滑,因此对液态合金的流动阻力较小。同时,共晶成分合金的凝固温度最低,可获得较大的过热度,推迟了合金的凝固,故流动性最好。其他成分的合金是在一定温度范围内结晶的,由于初生树枝状晶体与液体金属两相共存,粗糙的固液界面使合金的流动阻力加大,合金的流动性大大下降。

Fe – C 合金的流动性与含碳量之间的关系如图 1.2 所示。由图可见,亚共晶铸铁随含碳量增加,结晶温度区间减小,流动性逐渐提高,越接近共晶成分,合金的流动性愈好。

**3. 充型能力**

充型能力(mold – filing capacity)是指金属液充满铸型型腔,获得轮廓清晰、形状准确的铸

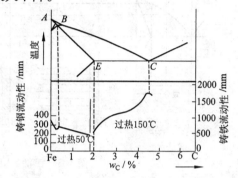

图 1.2 Fe – C 合金的流动性与含碳量的关系

件的能力。若充型能力不强,则易产生浇不到、冷隔等缺陷,造成废品。

**4. 影响充型能力的因素**

合金的充型能力除了受合金本身流动性的影响外,还受到很多工艺因素的影响。

(1)浇注条件 提高合金的浇注温度和浇注速度,增大静压头的高度都会使合金的充型能力提高。但浇注温度太高,将使合金的收缩量增加,吸气增多,氧化严重,铸件会产生严重的粘砂和胀砂缺陷。因此每种合金都有一定的浇注温度范围。一般铸钢为 1520 ~ 1620℃;铸铁为 1230 ~ 1450℃;铝合金为 680 ~ 780℃。

(2)铸型 铸型的温度低,热容量大,表示铸型从合金中吸收并储存热量的能力越强。铸型的导热性越好,表示传导热量的能力越强,从而导致合金保持在液态时的时间越短,充型能力下降。当铸型的发气量大、排气能力较低时,合金的流动受到阻碍,会使合金的充型能力下降。浇注系统和铸型的结构越复杂,合金在充型时的阻力越大,充型能力也会下降。

## 1.1.2 铸件的凝固与收缩

### 1. 铸件的凝固方式

在铸件的凝固(solidification)过程中,其断面上一般存在三个区域,即固相区、凝固区和液相区,其中,对铸件质量影响较大的主要是液相和固相并存的凝

固区的宽窄。铸件的"凝固方式"就是依据凝固区的宽窄[图1.3(b)中S]来划分的。

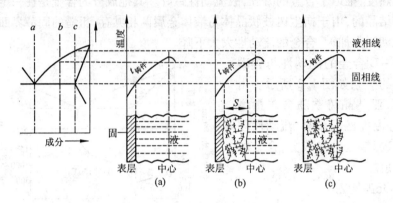

图1.3 铸件的凝固方式

(1)逐层凝固

纯金属或共晶成分合金在凝固过程中因不存在液、固并存的凝固区[图1.3(a)],故断面上外层的固体和内层的液体由一条界限(凝固前沿)清楚地分开。随着温度的下降,固体层不断加厚,液体层不断减少,最后到达铸件的中心,这种凝固方式称为逐层凝固。

(2)糊状凝固

如果合金的结晶温度范围很宽,且铸件的温度分布较为平坦,则在凝固的某段时间内,铸件表面并不存在固体层,而液、固并存的凝固区贯穿整个断面[图1.3(c)]。由于这种凝固方式与水泥类似,即先呈糊状而后固化,故称为糊状凝固。

(3)中间凝固

大多数合金的凝固介于逐层凝固和糊状凝固之间[图1.3(b)],称为中间凝固。

铸件质量与其凝固方式密切相关。一般说来,逐层凝固时,合金的充型能力强,利于防止缩孔和缩松;糊状凝固时,难以获得结晶紧实的铸件。在常用合金中,灰铸铁、铝硅合金等倾向于逐层凝固,易于获得紧实铸件;球墨铸铁、锡青铜、铝铜合金等倾向于糊状凝固,为获得紧实铸件常需采用适当的工艺措施,以便补缩或减小其凝固区域。

**2. 铸造合金的收缩**

液态合金在凝固和冷却过程中,体积和尺寸减小的现象称为液态合金的收

缩(contraction)。收缩是绝大多数合金的物
理性质之一。收缩能使铸件产生缩孔、缩
松、裂纹、变形和内应力等缺陷,影响铸件质
量。为了获得形状和尺寸符合技术要求、组
织致密的合格铸件,必须研究合金收缩的规
律。

合金的收缩经历如下三个阶段,如图
1.4 所示。

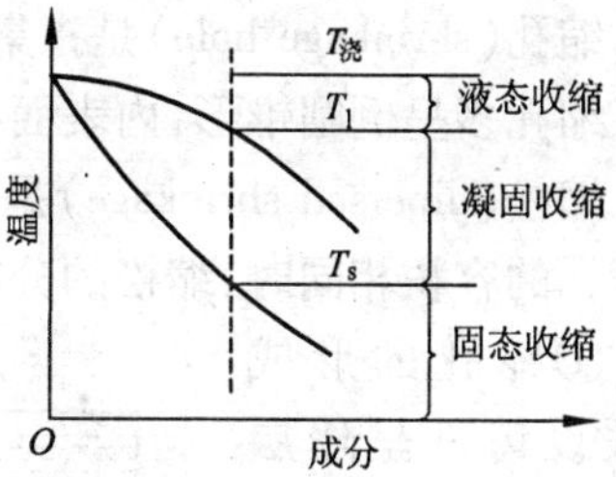

(1)液态收缩。从浇注温度($T_浇$)到凝
固开始温度(即液相线温度$T_l$)间的收缩。

(2)凝固收缩。从凝固开始温度($T_l$)到凝固终止温度(即固相线温度$T_s$)间
的收缩。

(3)固态收缩。从凝固终止温度($T_s$)到室温间的收缩。

合金的收缩率为上述三个阶段收缩率的总和。

因为合金的液态收缩和凝固收缩体现为合金体积的缩减,故常用单位体积
收缩量(即体积收缩率)来表示。合金的固态收缩不仅引起体积上的缩减,同时
还使铸件在尺寸上缩减,因此常用单位长度上的收缩量(即线收缩率)来表示。

不同合金的收缩率不同。常用合金中,铸钢的收缩率最大,灰铸铁最小。几
种铁碳合金的体积收缩率见表1.2。常用铸造合金的线收缩率见表1.3。

**图 1.4  合金收缩的三个阶段**

**表 1.2  几种铁碳合金的体积收缩率**

| 合金种类 | 含碳量 $w_c$ (%) | 浇注温度 (℃) | 液态收缩 $\varphi$(%) | 凝固收缩 $\varphi$(%) | 固态收缩 $\varphi$(%) | 总体积收缩 $\varphi_总$(%) |
|---|---|---|---|---|---|---|
| 碳素铸钢 | 0.35 | 1610 | 1.6 | 3.0 | 7.86 | 12.46 |
| 白口铸铁 | 3.0 | 1400 | 2.4 | 4.2 | 5.4~6.3 | 12~12.9 |
| 灰铸铁 | 3.5 | 1400 | 3.5 | 0.1 | 3.3~4.2 | 6.9~7.8 |

**表 1.3  常用铸造合金的线收缩率**

| 合金种类 | 灰铸铁 | 可锻铸铁 | 球墨铸铁 | 碳素铸钢 | 铝合金 | 铜合金 |
|---|---|---|---|---|---|---|
| 线收缩率(%) | 0.8~1.0 | 1.2~2.0 | 0.8~1.3 | 1.38~2.0 | 0.8~1.6 | 1.2~1:4 |

### 3. 缩孔和缩松

(1)缩孔和缩松的形成  液态合金在铸型内冷凝过程中,若其液态收缩和
凝固收缩所缩减的容积得不到补足时,将在铸件最后凝固的部位形成孔洞。根

据孔洞的大小和分布,可将其分为缩孔和缩松两类。

缩孔(shrinkage hole)是指集中在铸件上部或最后凝固部位、容积较大的孔洞。缩孔多呈倒圆锥形,内表面粗糙。

缩松(dipersed shrinkage)是指分散在铸件某些区域内的细小缩孔。当缩松和缩孔的容积相同时,缩松的分布面积要比缩孔大得多。

①缩孔的形成

假设铸件呈逐层凝固,则其形成过程如图1.5所示。液态合金充满型腔[图1.5(a)]后,由于铸型的吸热,靠近型腔内表面的金属很快

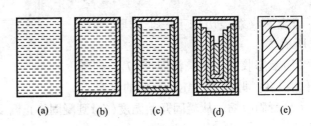

图1.5　缩孔形成过程示意图

凝固成一层外壳,而内部仍然是高于凝固温度的液体[图1.5(b)]。温度继续下降,外壳加厚,内部液体因液态收缩和补充凝固层的凝固收缩,体积缩减,液面下降,使铸件内部出现了空隙[图1.5(c)]。至内部完全凝固,在铸件上部形成了缩孔[图1.5(d)]。继续冷至室温,整个铸件发生固态收缩,缩孔的绝对体积略有减小[图1.5(e)]。

合金的液态收缩和凝固收缩越大,浇注温度越高,铸件的壁越厚,缩孔的容积就越大。

②缩松的形成　　主要出现在呈糊状凝固方式的合金中或断面较大的铸件壁中,是被树枝状晶体分隔开的小液体区难以得到补缩所致。缩松大多分布在铸件中心轴线处、热节处、冒口根部、内浇道附近或缩孔下方,如图1.6所示。对气密性、力学性能、物理性能或化学性能要求很高的铸件,必须设法减少缩松。

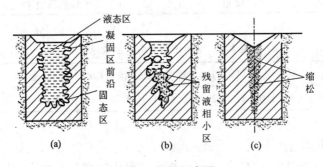

图1.6　缩松示意图

生产中可采用一些工艺措施,如控制冷却速度来控制铸件的凝固方式,使产生缩孔和缩松的倾向在一定条件下、一定范围内相互转化。

(2)缩孔和缩松的防止 缩孔和缩松都会使铸件的力学性能下降,缩松还可使铸件因渗漏而报废。因此,必须采取适当的工艺措施,防止缩孔和缩松的产生。

防止产生缩孔的有效措施,是使铸件实现"定向凝固"。所谓定向凝固(directional solidification),是在铸件可能出现缩孔的厚大部位,通过安放冒口等工艺措施,使铸件上远离冒口的部位最先凝固(图1.7 Ⅰ区),然后是

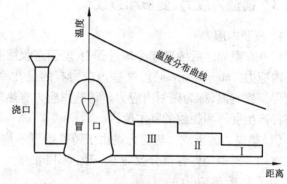

图 1.7　定向凝固示意图

靠近冒口的部位凝固(图1.7 Ⅱ、Ⅲ区),最后是冒口本身凝固。按照这样的凝固顺序,先凝固部位的收缩,由后凝固部位的金属液来补充,后凝固部位的收缩,由冒口中的金属液来补充,从而使铸件各个部位的收缩均能得到补充,而将缩孔转移到冒口之中。冒口为铸件的多余部分,在铸件清理时去除。

为了实现定向凝固,在安放冒口的同时,还可在铸件上某些厚大部位增设冷铁。如图1.8所示,铸件的厚大部位不止一个,仅靠顶部冒口,难以向底部的凸台补缩,为此,在该凸台的型壁上安放了两块外冷铁。冷铁加快了铸件在该处的冷却速度,使厚度较大的凸台反而最先凝固,从而实现了自下而上的定向凝固,防止了凸台处缩孔、缩松的产生。可以看出,冷铁的作用是加快某些部位的冷却速度,用以控制铸件的凝固顺序,但本身并不起补缩作用。冷铁通常用铸钢或铸铁加工制成。

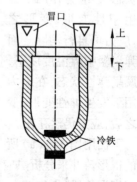

图 1.8　冷铁的应用

采用定向凝固,虽然可以有效防止铸件产生缩孔,但却耗费许多金属和工时,增加铸件成本。同时,定向凝固也加大了铸件各部分之间的温度梯度,促使铸件的变形和裂纹倾向加大。因此,定向凝固主要用于体积收缩大的合金,如铝青铜、铝硅合金和铸钢件等。

对于结晶温度范围很宽的合金,由于倾向于糊状凝固,结晶开始之后,发达

的树枝状骨架布满了铸件整个截面,使冒口的补缩通道严重受阻,因而难以避免缩松的产生。显然,选用近共晶成分或结晶温度范围较窄的合金,是防止缩松产生的有效措施。此外,加快铸件的冷却速度,或加大结晶压力,可达到部分防止缩松的效果。

### 1.1.3 铸造内应力、变形和裂纹

#### 1. 铸造内应力

铸件在凝固之后的继续冷却过程中,若固态收缩受到阻碍,将会在铸件内部产生内应力(internal stress)。这些内应力有的是在冷却过程中暂存的,有的则一直保留到室温,称为残留内应力。铸造内应力有热应力和机械应力两类,它们是铸件产生变形和裂纹的基本原因。

(1)热应力的形成　热应力是由于铸件壁厚不均匀,各部分冷却速度不同,以致在同一时期铸件各部分收缩不一致而引起的。

为了分析热应力的形成,首先必须了解金属自高温冷却到室温时应力状态的变化。固态金属在弹－塑临界温度以上的较高温度时,处于塑性状态,在应力作用下会产生塑性变形,变形之后,应力可自行消除。而在弹－塑临界温度以下,金属呈弹性状态,在应力作用下发生弹性变形,变形之后,应力仍然存在。

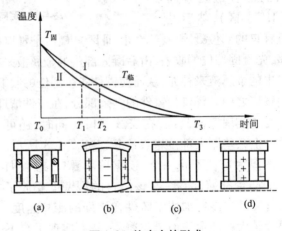

图 1.9　热应力的形成

+表示拉应力　－表示压应力

下面用图 1.9(a)所示的框形铸件来分析热应力的形成。该铸件中的杆 I 较粗,杆 II 较细。当铸件处于高温阶段(图中 $T_0 \sim T_1$ 间),两杆均处于塑性状态,尽管两杆的冷却速度不同,收缩不一致,但瞬时的应力均可通过塑性变形而自行消失。继续冷却后,冷速较快的杆 II 已进入弹性状态,而粗杆 I 仍处于塑性状态(图中 $T_1 \sim T_2$ 间)。冷却开始时,由于细杆 II 冷却快,收缩大于粗杆 I,所以细杆 II 受拉伸,粗杆 I 受压缩[图 1.9(b)],形成了暂时内应力,但这个内应力随之因粗杆 I 的微量塑性变形(压短)而消失[图 1.9(c)]。当进一步冷却到更低温度时(图中 $T_2 \sim T_3$),

已被塑性压短的粗杆Ⅰ也处于弹性状态,此时,尽管两杆长度相同,但所处的温度不同。粗杆Ⅰ的温度较高,还会进行较大的收缩;细杆Ⅱ的温度较低,收缩已趋停止。因此,粗杆Ⅰ的收缩必然受到细杆Ⅰ的强烈阻碍,于是,细杆Ⅱ受压缩,粗杆Ⅰ受拉伸,直到室温,形成了残余内应力[图1.9(d)]。

由此可见,不均匀冷却使铸件的厚壁或心部受拉应力,薄壁或表层受压应力。铸件的壁厚差别愈大、合金的线收缩率愈高、弹性模量愈大,热应力也愈大。

(2)机械应力的形成 机械应力是合金的线收缩受到铸型或型芯的机械阻碍而形成的内应力,如图1.10所示。

机械应力使铸件产生的拉伸或剪切应力,是暂时存在的,在铸件落砂之后,这种内应力便可自行消除。但机械应力在铸型中可与热应力共同起作用,增大某些部位的拉应力,增加铸件的裂纹倾向。

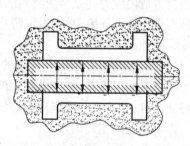

图1.10 机械应力

(3)减小应力的措施 在铸造工艺上采取"同时凝固原则",即尽量减小铸件各部位间的温度差,使铸件各部位同时冷却凝固。如在铸件的厚壁处加冷铁,并将内浇道设在薄壁处。但采用该原则容易在铸件中心区域产生缩松,组织不致密,所以该原则主要用于凝固收缩小的合金,如灰铸铁,以及壁厚均匀、结晶温度范围宽、且对致密性要求不高的铸件等。改善铸型和型芯的退让性,以及浇注后早开型,可以有效减小机械应力。将铸件加热到550~650℃之间保温,进行去应力退火可消除残余内应力。

**2. 铸件的变形**

存在残留内应力的铸件是不稳定的,它将自发地通过变形(distortion)来减缓其内应力,以便趋于稳定状态。图1.11是T形铸件在热应力作用下的变形情况,双点画线表示变形的方向。

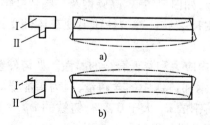

图1.11 T形梁铸钢件变形示意图

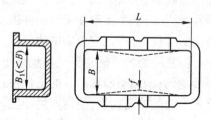

图1.12 箱体件反变形量方向

为防止铸件变形,在设计时,应力求壁厚均匀、形状简单而对称。对于细而长、大而薄的易变形铸件,可将模样制成与铸件变形方向相反的形状,待铸体冷却后变形正好与相反的形状抵消,此方法称为"反变形法",见图1.12。此外,将铸件置于露天场地一段时间,使其缓慢地发生变形,从而使内应力消除,这种方法叫自然时效法(natural aging)。

### 3. 铸件的裂纹

当铸造内应力超过金属材料的抗拉强度时,铸件便会产生裂纹(crack)。裂纹是严重的铸件缺陷,必须设法防止。根据产生时温度的不同,裂纹可分为热裂和冷裂两种:

(1)热裂　凝固后期,高温下的金属强度很低,如果金属较大的线收缩受到铸型或型芯的阻碍,机械应力超过该温度下金属的最大强度,便产生热裂。其形状特征是:尺寸较短,缝隙较宽,形状曲折,缝内呈现严重的氧化色。

影响热裂的主要因素是:

①合金性质　铸造合金的结晶特点和化学成分对热裂的产生均有明显的影响。合金的结晶温度范围愈宽,凝固收缩量愈大,合金的热裂倾向也愈大。灰铸铁和球墨铸铁由于凝固收缩甚小,故热裂倾向也较小。铸钢、某些铸铝合金、白口铸铁的热裂倾向较大。

②铸型阻力　铸型、型芯的退让性对热裂的形成有着重要影响。退让性愈好,机械应力愈小,形成热裂的可能性也愈小。

防止热裂的方法主要是:设计合理的铸件结构;改善型砂和芯砂的退让性;严格限制钢和铸铁中硫的含量等,硫能增加钢和铸铁的热脆性。

此外,砂箱的箱带与铸件过近,型芯骨的尺寸过大,浇注系统位置不合理等,均可增大铸型阻力,引发热裂的形成。

(2)冷裂　铸件凝固后在较低温度下形成的裂纹叫冷裂。其形状特征是:表面光滑,具有金属光泽或呈微氧化色,裂口常穿过晶粒延伸到整个断面,常呈圆滑曲线或直线状。脆性大、塑性差的合金,如白口铸铁、高碳钢及某些合金钢,最易产生冷裂纹,大型复杂铸铁件也易产生冷裂纹。冷裂往往出现在铸件受拉应力的部位,特别是应力集中的部位。

防止冷裂的方法主要是尽量减小铸造内应力和降低合金的脆性。如铸件壁厚要均匀;增加型砂和芯砂的退让性;降低钢和铸铁中的含磷量,因为磷能显著降低合金的冲击韧度,使钢产生冷脆。如铸钢的 $w_P$ 大于 0.1%、铸铁的 $w_P$ 大于0.5%时,因冲击韧度急剧下降,冷裂倾向明显增加。

### 1.1.4 合金的吸气性和氧化性

合金在熔炼和浇注时吸收气体的能力称为合金的吸气性(gas absorption)。如果液态时吸收气体多,在凝固时,侵入的气体若来不及逸出,就会出现气孔、白点等缺陷。

为了减少合金的吸气性,可缩短熔炼时间;选用烘干过的炉料;提高铸型和型芯的透气性;降低造型材料中的含水量和对铸型进行烘干等。

合金的氧化性(oxidation)是指合金液体与空气接触,被空气中的氧气氧化,形成氧化物。若不及时清除氧化物,则在铸件中就会出现夹渣缺陷。

### 1.1.5 铸件的常见缺陷及分析

铸件清理后应进行质量检验。根据产品要求的不同,检验的项目主要是:外观、尺寸、金相组织、力学性能、化学成分和内部缺陷等。其中最基本的是外观检验和内部缺陷检验。铸件常见的缺陷特征及其产生原因见表1.4。

表1.4 几种常见铸件缺陷的特征及产生的原因

| 类别 | 缺陷名称和特征 | | 主要原因分析 |
|---|---|---|---|
| 孔<br><br>眼 | 气孔:铸件内部或表面有大小不等的孔眼,孔的内壁光滑,多呈现圆形 | | 1. 砂型春得太紧或型砂透气性太差<br>2. 型砂太湿,起模、修型时刷水过多<br>3. 砂芯通气孔堵塞或砂芯未烘干 |
| | 缩孔:铸件厚截面处出现形状不规则的孔眼,孔的内壁粗糙 | | 1. 冒口设置得不正确<br>2. 合金成分不合格,收缩过大<br>3. 浇注温度过高<br>4. 铸件设计不合理,无法进行补缩 |
| | 砂眼:铸件内部或表面有充满砂粒的孔眼,孔形不规则 | | 1. 型砂强度不够或局部没春紧,掉砂<br>2. 型腔、浇口内散砂未吹净<br>3. 合箱时砂型局部挤坏,掉砂<br>4. 浇注系统不合理,冲坏砂型(芯) |
| | 渣眼:孔眼内充满熔渣,孔形不规则 | | 1. 浇注温度太低,熔渣不易上浮<br>2. 浇注时没有挡住熔渣<br>3. 浇注系统不正确,撇渣作用差 |

**续表 1.4**

| 类别 | 缺陷名称和特征 | 主要原因分析 |
|---|---|---|
| 表面缺陷 | 冷隔:铸件上有未完全融合的缝隙,接头处边缘圆滑 | 1. 浇注温度过低<br>2. 浇注时断流或浇注速度太慢<br>3. 浇口位置不当或浇口太小 |
| | 粘砂:铸件表面粘着一层难以除掉的砂粒,使表面粗糙 | 1. 未刷涂料或涂料太薄<br>2. 浇注温度过高<br>3. 型砂耐火性不够 |
| 表面缺陷 | 夹砂:铸件表面有一层突起的金属片状物,在金属片和铸件之间夹有一层湿砂<br>金属片状物 | 1. 型砂受热膨胀,表层鼓起或开裂<br>2. 型砂湿态强度太低<br>3. 内浇口过于集中,使局部砂型烘烤厉害<br>4. 浇注温度过高,浇注速度太慢 |
| 形状尺寸不合格 | 偏芯:铸件局部形状和尺寸由于砂芯位置偏移而变动 | 1. 砂芯变形<br>2. 下芯时放偏<br>3. 砂芯未固定好,浇注时被冲偏 |
| | 浇不足:铸件未浇满,形状不完整 | 1. 浇注温度太低<br>2. 浇注时液态金属量不够<br>3. 浇口太小或未开出气口 |
| | 错箱:铸件在分型面处错开 | 1. 合型时上、下箱未对准<br>2. 定位销或泥号标准线不准<br>3. 造芯时上、下模样未对准 |

续表1.4

| 类别 | 缺陷名称和特征 | 主要原因分析 |
|---|---|---|
| 裂纹 | 热裂:铸件开裂,裂纹处表面氧化,呈现蓝色;<br>冷裂:裂纹处表面未氧化,发亮 | 1. 铸件设计不合理,壁厚差别太大<br>2. 砂型（芯）退让性差,阻碍铸件收缩<br>3. 浇注系统开设不当,使铸件各部分冷却及收缩不均匀,造成过大的内应力 |
| 其他 | 铸件的化学成分、组织和性能不合格 | 1. 炉料成分、质量不符合要求<br>2. 熔炼时配料不准或操作不当<br>3. 热处理未按照规范进行 |

## 思考练习题

1. 什么是液态合金的充型能力? 它与合金的流动性有何关系? 不同化学成分的合金为何流动性不同? 为什么铸钢的充型能力比铸铁差?

2. 某定型生产的薄壁铸铁件,投产以来质量基本稳定,但近期浇不足和冷隔缺陷突然增多,试分析其原因。

3. 既然提高浇注温度可提高液态合金的充型能力,但为什么又要防止浇注温度过高?

4. 缩孔与缩松对铸件质量有何影响? 为何缩孔比缩松较容易防止?

5. 为什么灰铸铁的收缩比碳钢小?

6. 区分以下名词。

　　缩孔和缩松　　　　　　浇不足与冷隔
　　出气口与冒口　　　　　逐层凝固与定向凝固

7. 什么是定向凝固原则? 什么是同时凝固原则? 各需采用什么措施来实现? 上述两种凝固原则各适用于哪种场合?

8. 分析如图所示轨道铸件热应力的分布,并用虚线表示出铸件的变形方向。

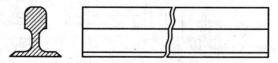

**练习题8图**

9. 下列哪几种情况易产生气孔,为什么?

(1)春砂过紧　　　　　(2)型芯撑生锈

(3)起模时刷水过多　　(4)熔铝时铝料油污过多

10. 试分析下图所示铸件:

(1)哪些是自由收缩? 哪些是受阻收缩?

(2)受阻收缩的铸件形成哪一类铸造应力?

(3)各部分应力属于拉应力还是压应力?

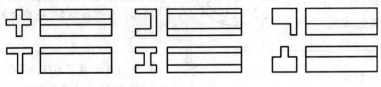

练习题 10 图

# 1.2　砂型铸造

砂型铸造(sand casting)就是在砂型中生产铸件的方法。型、芯砂通常是由硅砂、粘土或粘结材料和水按一定比例混制而成的。型、芯砂要具有"一强三性",即一定的强度、透气性、耐火性和退让性。砂型铸造是实际生产中应用最广泛的一种铸造方法,其基本工艺过程如图 1.13 所示。

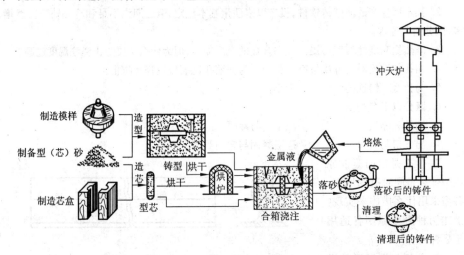

**图 1.13　砂型铸造工艺过程**

砂型铸造是传统的铸造方法,它适用于各种形状、大小、批量及各种常用合金铸件的生产。掌握砂型铸造技术是合理选择铸造方法和正确设计铸件结构的基础。

## 1.2.1 造型与造芯方法

制造砂型的工艺过程称为造型。造型是砂型铸造最基本的工序,通常分为手工造型和机器造型两大类。

### 1. 手工造型

手工造型(hand molding)时,填砂、紧实和起模都用手工来完成。手工造型的优点是操作方便灵活,适应性强,模样生产准备时间短,但生产率低,劳动强度大,铸件质量不易保证。故手工造型只适用于单件或小批量生产。

实际生产中,造型方法的选择具有较大的灵活性,一个铸件往往可用多种方法造型。应根据铸件的结构特点、形状和尺寸、生产批量、使用要求及车间具体条件等进行分析比较,以确定最佳方案。各种常用的手工造型方法的特点及其适用范围见表1.5。

表1.5 常用手工造型方法的特点和应用范围

| 造型方法 | | 主要特点 | 适用范围 |
|---|---|---|---|
| 按砂箱特征区分 | <br>两箱造型 | 铸型由上型和下型组成,造型、起模、修型等操作方便 | 适用于各种生产批量,各种大、中、小铸件 |
| | <br>三箱造型 | 铸型由上、中、下三部分组成,中型的高度须与铸件两个分型面的间距相适应。三箱造型费工,应尽量避免使用 | 主要用于单件、小批量生产并具有两个分型面的铸件 |
| | <br>地坑造型 | 在车间地坑内造型,用地坑代替下砂箱,只要一个上砂箱,可减少砂箱的投资。但造型费工,而且要求操作者的技术水平较高 | 常用于砂箱数量不足,制造批量不大的大、中型铸件 |
| | <br>脱箱造型 | 铸型合型后,将砂箱脱出,重新用于造型。浇注前,须用型砂将脱箱后的砂型周围填紧,也可在砂型上加套箱 | 主要用于生产小铸件,砂箱尺寸较小 |

**续表 1.5**

| 造型方法 | | 主要特点 | 适用范围 |
|---|---|---|---|
| 按模样特征区分 | <br>整模<br>整模造型 | 模样是整体的,多数情况下,型腔全部在下半型内,上半型无型腔。造型简单,铸件不会产生错型缺陷 | 适用于一端为最大截面,且为平面的铸件 |
| | <br>挖砂<br>挖砂造型 | 模样是整体的,但铸件的分型面是曲面。为了起模方便,造型时用手工挖去阻碍起模的型砂。每造一件,就挖砂一次,费工、生产率低 | 用于单件或小批量生产分型面不是平面的铸件 |
| | <br>模样<br>用砂做的成型底板(假箱)<br>假箱造型 | 为了克服挖砂造型的缺点,先将模样放在一个预先作好的假箱上,然后放在假箱上造下型,省去挖砂操作。操作简便,分型面整齐 | 用于成批生产分型面不是平面的铸件 |
| 按模样特征区分 | <br>上模<br>下模<br>分模造型 | 将模样沿最大截面处分为两半,型腔分别位于上、下两个半型内。造型简单,节省工时 | 常用于最大截面在中部的铸件 |
| | <br>模样主体<br>活块<br>活块造型 | 铸件上有妨碍起模的小凸台、肋条等。制模时将此部分作成活块,在主体模样起出后,从侧面取出活块。造型费工,要求操作者的技术水平较高 | 主要用于单件、小批量生产带有突出部分、难以起模的铸件 |
| | <br>刮板<br>木桩<br>刮板造型 | 用刮板代替模样造型。可大大降低模样成本,节约木材,缩短生产周期。但生产率低,要求操作者的技术水平较高 | 主要用于有等截面的或回转体的大、中型铸件的单件或小批量生产 |

### 2. 机器造型

机器造型(machine molding)是用机器来完成填砂、紧实和起模等造型操作过程,是现代化铸造车间的基本造型方法。与手工造型相比,可以提高生产率和铸型质量,减轻劳动强度。但设备及工装模具投资较大,生产准备周期较长,主要用于成批大量生产。

机器造型按紧实方式的不同,分压实造型、震压造型、抛砂造型和射砂造型四种基本方式。

(1)压实造型　　压实造型是利用压头的压力将砂箱内的型砂紧实,图1.14为压实造型示意图。

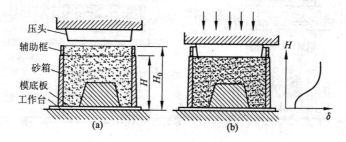

压头
辅助框
砂箱
模底板
工作台

(a)　　　(b)

**图1.14　压实造型示意图**

(a)压实前　(b)压实后

先将型砂填入砂箱和辅助框中,然后压头向下将型砂紧实。辅助框是用来补偿紧实过程中型砂被压缩的高度。压实造型生产率较高,但砂型沿砂箱高度方向的紧实度不够均匀,一般越接近模底板,紧实度越差。因此,只适于高度不大的砂箱。

(2)震击造型　　这种造型方法是利用震动和撞击力对型砂进行紧实。图1.15所示为顶杆起模式震压造型机的工作过程。

①填砂[图1.15(a)]。打开砂斗门,向砂箱中放满型砂。

②震击紧砂[图1.15(b)]。先使压缩空气从进气口1进入震击汽缸底部,活塞上升至一定高度便关闭进气口,接着又打开排气口,使工作台与震击汽缸顶部发生了一次撞击。如此反复进行震击,使型砂在惯性力的作用下被初步紧实。

③辅助压实[图1.15(c)]。由于震击后砂箱上层的型砂紧实度仍然不足,还必须进行辅助压实。此时,压缩空气从进气口2进入压实气缸底部,压实活塞带动砂箱上升,在压头的作用下,使型砂受到了压实。

④起模[图1.15(d)]。当压力油进入起模液压缸后,四根顶杆平稳地将砂

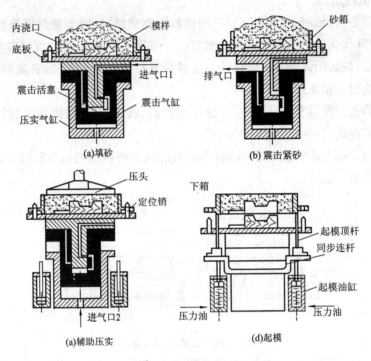

图 1.15　震压式造型机的工作过程

箱顶起,从而使砂型与模样分离。

(3)抛砂造型　图 1.16 为抛砂机的工作原理图。抛砂头转子上装有叶片,型砂由皮带输送机连续地送入,高速旋转的叶片接住型砂并分成一个个砂团,当砂团随叶片转到出口处时,由于离心力的作用,以高速抛入砂箱,同时完成填砂与紧实。

(4)射砂造型　射砂紧实方法除用于造型外多用于造芯。图 1.17 为射砂机工作原理图。由储气筒中迅速进入到射膛的压缩空气,将型芯砂由射砂孔射入芯盒的空腔中,而压缩空气经射砂板上的排气孔排出,射砂过程是在较短的时间内同时完成填砂和紧实,生产率极高。

### 3. 机器造型的工艺特点

机器造型工艺是采用模底板进行两箱造型。模底板是将模样、浇注系统沿分型面与底板联接成一个整体的专用模具。造型后,底板形成分型面,模样形成铸型空腔。

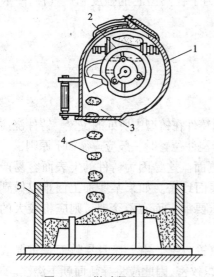

**图 1.16 抛砂紧实原理图**

1—机头外壳 2—型砂入口 3—砂团出口

4—被紧实的砂团 5—砂箱

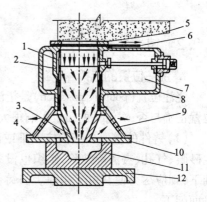

**图 1.17 射砂机工作原理图**

1—射砂筒 2—射腔 3—射砂孔

4—排气孔 5—砂斗 6—砂闸板

7—进气阀 8—储气筒 9—射砂头

10—射砂板 11—芯盒 12—工作台

机器造型所用模底板可分为单面模底板和双面模底板两种,单面模底板用于制造半个铸型,是最为常用的模底板。造型时,采用两个配对的单面模底板分别在两台造型机上同时分别造上型和下型,造好的两个半型依靠定位装置(如箱锥)合型。双面模底板仅用于生产小铸件,它是把上、下两个半模及浇注系统固定在同一底板的两侧,此时,上、下型均在同一台造型机上制出,待铸型合型后将砂箱脱除(即脱箱造型),并在浇注之前,在铸型上加套箱,以防错型。

由于机器造型不能紧实型腔穿通的中箱(模样与砂箱等高),故不能进行三箱造型。同时,机器造型也应尽力避免活块,因取出活块费时,使造型机的生产率大为降低。所以,在大批量生产铸件及制订铸造工艺方案时,必须考虑机器造型这些工艺特点。

**4. 造芯**

当制作空心铸件,或铸件的外壁内凹,或铸件具有影响起模的外凸时,经常要用到型芯,制作型芯的工艺过程称为造芯(core - making)。型芯可用手工制造,也可用机器制造。形状复杂的型芯可分块制造,然后粘合成形。

浇注时芯子被高温熔融的金属液包围,所受的冲刷及烘烤比铸型强烈得多,因此芯子比铸型应具有更高的强度、耐火性与退让性。芯砂的组成与配比比型砂要求更严格。为了提高型芯的刚度和强度,需在型芯中放入芯骨;为了提高型芯的透气性,需在型芯的内部制作通气孔;为了提高型芯的强度和透气性,一般型芯需烘干使用。

## 1.2.2　铸造工艺设计

### 1. 浇注位置的选择

浇注位置(pouring postition)是指浇注时铸件在铸型中所处的位置。铸件浇注位置正确与否,对铸件的质量影响很大,选择浇注位置时一般应遵循如下原则:

(1)铸件的重要加工面应朝下或位于侧面。这是因为铸件的上表面容易产生砂眼、气孔、夹渣等缺陷,组织也没有下表面致密。如果某些加工面难以做到朝下,则应尽力使其位于侧面。当铸件的重要加工面有数个时,则应将较大的平面朝下。

图 1.18 所示为车床床身铸件的浇注位置方案。由于床身导轨面是重要表面,不允许有明显的表面缺陷,而且要求组织致密,因此应将导轨面朝下浇注。

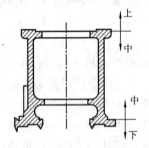

**图 1.18　车床床身的浇注位置**

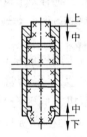

**图 1.19　卷扬筒的浇注位置**

图 1.19 为起重机卷扬筒的浇注位置方案。卷扬筒的圆周表面质量要求高,不允许有明显的铸造缺陷,若采用水平浇注,圆周朝上的表面质量难以保证;反之,若采用立式浇注,由于全部圆周表面均处于侧立位置,其质量均匀一致,较易获得合格铸件。

(2)铸件的大平面应朝下。型腔的上表面除了容易产生砂眼、夹渣等缺陷外,大平面还常容易产生夹砂缺陷。因此,平板、圆盘类铸件的大平面应朝下。

(3)面积较大的薄壁部分置于铸型下部或使其处于垂直或倾斜位置,可以有效防止铸件产生浇不足或冷隔等缺陷。图 1.20 为箱盖薄壁铸件的合理浇注位置。

(4)对于容易产生缩孔的铸件,应将厚大部分放在分型面附近的上部或侧面,以便在铸件厚壁处直接安置冒口,使之实现自下而上的定向凝固。如前述之铸钢卷扬筒,浇注时厚端放在上部是合理的。反之,若厚端在下部,则难以补缩。

**2. 铸型分型面的选择**

铸型分型面(mold parting)是指两半铸型互相接触的表面。它的选择合理与否是铸造工艺合理与否的关键。如果选择不当,不仅影响铸件质量,而且还会使制模、造型、造芯、合型或清理等工序复杂化,甚至还会增大切削加工的工作量。因此,分型面的选择应能在保证铸件质量的前提下,尽量简化工艺。

分型面的选择应考虑如下原则:

(1)应尽可能使铸件的全部或大部分置于同一砂型中,以保证铸件的精度。图 1.21 中分型面 *A* 是正确的,它有利于合型,又可防止错型,保证了铸件的质量。分型面 *B* 是不合理的。

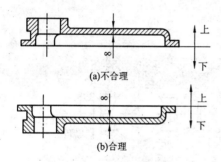

图 1.20　箱盖的浇注位置

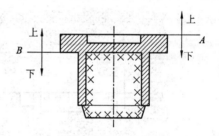

图 1.21　压筒分型面

(2)应使铸件的加工面和加工基准面处于同一砂型中。图 1.22 所示水管堵头,铸造时采用的两种铸造方案中,图(a)所示分型面位置可能导致螺塞部分和扳手方头部分不同轴,而(b)所示分型面位置使铸件位于上箱中,不会产生错型缺陷。

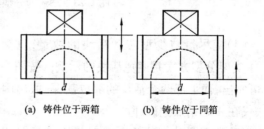

(a) 铸件位于两箱　　　(b) 铸件位于同箱

图 1.22　水管堵头分型面

(3)应尽量减少分型面的数量,尽可能选平直的分型面,最好只有一个分型面。这样可以简化操作过程,提高铸件的精度。图 1.23(a)所示的三通,其内腔必须采用一个 T 字型芯来形成,但不同的分型方案,其分型面数量不同。当中心线 *ab* 呈现垂直时[图 1.23(b)],铸型必须有三个分型面才能取出模样,即用四箱造型。当中心线 *cd* 呈现垂直时[图 1.23(c)]，铸型有两个分型面，必须采用三箱造型。当中心线 *ab* 和 *cd* 都呈水平位置时[图 1.23(d)]，因铸型只有一个分型面，采用两箱造型即可。显然，图 1.23(d)是合理的分型方案。

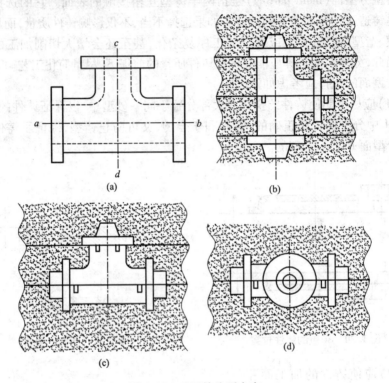

**图 1.23　三通的分型方案**

　　(4)应尽量减少型芯和活块的数量，以简化制模、造型、合型等工序。图 1.24 支架分型方案是避免活块的示例。按图中方案 I，凸台必须采用四个活块方可制出，而下部两个活块的部位甚深，取出困难。当改用方案 II 时，可省去活块，仅在 *A* 处稍加挖砂即可。

　　(5)应尽量使型腔及主要型芯位于下型，以便于造型、下芯、合型和检验壁厚。但下型型腔也不宜过深，并应尽量避免使用吊芯。图 1.25 为机床支柱的两个分型方案。方案 II 的型腔及型芯大部分位于下型，有利于起模及翻箱，故较为合理。

　　浇注位置和分型面的选择原则，对于某个具体铸件来说，多难以同时满足，有时甚至是相互矛盾的，因此必须抓住主要矛盾。对于质量要求很高的重要铸件,应以浇注位置为主,在此基础上,再考虑简化造型工艺。对于质量要求一般的铸件,则应以简化铸造工艺,提高经济效益为主,不必过多考虑铸件的浇注位置,仅对朝上的加工表面留较大的加工余量即可。对于机床立柱、曲轴等圆周面质量要求很高,又需沿轴线分型的铸件,在批量生产中有时采用"平作立浇"法。即采用专用砂箱,先按轴线分型来造型、下芯,合箱之后,将铸型翻转90°,竖立后再进行浇注。

### 3. 工艺参数的确定

为了绘制铸造工艺图,在铸造工艺方案初步确定之后,还必须选定铸件的机械加工余量、收缩余量、起模斜度、型芯头尺寸、最小铸出孔及槽等具体参数。

(1)机械加工余量 在铸件上为切削加工而加大的尺寸称为机械加工余量(machining allow-

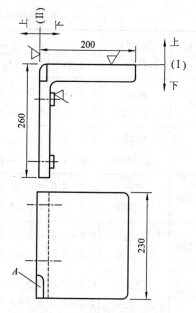

图1.24 支架的分型方案

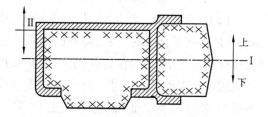

图1.25 机床支柱的分型方案

ance)。余量过大,切削加工费时,且浪费金属材料;余量过小,因铸件表层过硬会加速刀具的磨损甚至会因残留黑皮而报废。

机械加工余量的具体数值取决于铸件生产批量、合金的种类、铸件的大小、加工面与基准面之间的距离及加工面在浇注时的位置等。采用机器造型,铸件精度高,余量可减小;手工造型误差大,余量应加大。铸钢件因表面粗糙,余量应加大;非铁合金铸件价格昂贵,且表面光洁,余量应比铸铁小。铸件的尺寸愈大或加工面与基准面之间的距离愈大,尺寸误差也愈大,故余量也应随之加大。浇注时铸件朝上的表面因产生缺陷的几率较大,其余量应比底面和侧面大。灰铸铁的机械加工余量见表1.6。

表1.6　灰铸铁的机械加工余量　　　　　　　　　　　（mm）

| 铸件最大尺寸 | 浇注时位置 | 加工面与基准面之间的距离 | | | | | |
|---|---|---|---|---|---|---|---|
| | | <50 | 50~120 | 120~260 | 260~500 | 500~800 | 800~1250 |
| <120 | 顶面 | 3.5~4.5 | 4.0~4.5 | | | | |
| | 底、侧面 | 2.5~3.5 | 3.0~3.5 | | | | |
| 120~260 | 顶面 | 4.0~5.0 | 4.5~5.0 | 5.0~5.5 | | | |
| | 底、侧面 | 3.0~4.0 | 3.5~4.0 | 4.0~4.5 | | | |
| 260~500 | 顶面 | 4.5~6.0 | 5.0~6.0 | 6.0~7.0 | 6.5~7.0 | | |
| | 底、侧面 | 3.5~4.5 | 4.0~4.5 | 4.5~5.0 | 5.0~6.0 | | |
| 500~800 | 顶面 | 5.0~7.0 | 6.0~7.0 | 6.5~7.0 | 7.0~8.0 | 7.5~9.0 | |
| | 底、侧面 | 4.0~5.0 | 4.5~5.0 | 4.5~5.5 | 5.0~6.0 | 6.5~7.0 | |
| 800~1250 | 顶面 | 6.0~7.0 | 6.5~7.5 | 7.0~8.0 | 7.5~8.0 | 8.0~9.0 | 8.5~10 |
| | 底、侧面 | 4.0~5.5 | 5.0~5.5 | 5.0~6.0 | 5.5~6.0 | 5.5~7.0 | 6.5~7.5 |

（2）收缩余量　收缩余量（shrinkage allowance）是指由于合金的收缩，铸件的实际尺寸要比模样的尺寸小，为确保铸件的尺寸，必须按合金收缩率放大模样的尺寸。合金的收缩率受到多种因素的影响。通常灰铸铁的收缩率为0.7%~1.0%，铸钢为1.6%~2.0%，有色金属及其合金为1.0%~1.5%。

（3）起模斜度　为方便起模，在模样、芯盒的起模方向留有一定斜度，以免损坏砂型或砂

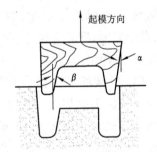

图1.26　起模斜度

芯，这个斜度叫起模斜度（pattern draft）。起模斜度的大小取决于立壁的高度、造型方法、模型材料等因素。对木模，起模斜度通常为15′~3°，如图1.26所示。

（4）型芯头　型芯头（core print）是指型芯端头的延伸部分。它主要用于定位和固定砂芯，使砂芯在铸型中有准确的位置。垂直型芯一般都有上、下芯头，如图1.27（a），但短而粗的型芯也可省去上芯头。芯头必须留有一定的斜度α。下芯头的斜度应小些（5°~10°），上芯头的斜度为便于合箱应大些（6°~15°）。水平型芯头，如图1.27（b），其长度取决于型芯头直径及型芯的长度。如果是悬壁型芯头必须加长，以防合箱时型芯下垂或被金属液抬起。

为便于铸型的装配,型芯头与铸型型芯座之间应留有 1 ~ 4mm 的间隙。

(5)最小铸出孔及槽  零件上的孔、槽、台阶等,是否要铸出,应从工艺、质量及经济等方面全面考虑。一般来说,较大的孔、槽等应铸出,不但可减少切削加工工时,节约金属材料,同时,还可避免铸件的局部过厚所造成的热节,提

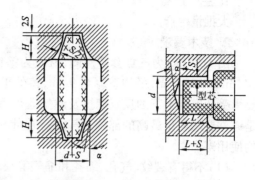

图 1.27  型芯头的构造

高铸件质量。若孔、槽尺寸较小而铸件壁较厚,则不易铸孔,而依靠直接加工反而方便。有些特殊要求的孔,如弯曲孔,无法实现机械加工,则一定要铸出。可用钻头加工的受制孔最好不要铸,铸出后很难保证铸孔中心位置准确,再用钻头扩孔无法纠正中心位置。表 1.7 为最小铸出孔的数值。

**表 1.7  铸件的最小铸出孔**

| 生产批量 | 最小铸出孔直径(mm) | |
|---|---|---|
| | 灰铸铁 | 铸钢件 |
| 大量生产 | 12 ~ 15 | |
| 成批生产 | 15 ~ 30 | 30 ~ 50 |
| 单件、小批量生产 | 30 ~ 50 | 50 |

## 1.2.3  铸造成形工艺设计示例

为了获得合格的铸件、减少制造铸型的工作量、降低铸件成本,必须合理地制订铸造工艺方案,并绘制出铸造工艺图。

铸造工艺图(foundry molding drawing)是在零件图上用各种工艺符号及参数表示出铸造工艺方案的图形。内容包括:浇注位置,铸型分型面,型芯的数量、形状、尺寸及其固定方法,加工余量,收缩余量,浇注系统,起模斜度,冒口和冷铁的尺寸和布置等。铸造工艺图是指导模样(芯盒)设计、生产准备、铸型制造和铸件检验的基本工艺文件。

下面以发动机气缸套为例,进行工艺过程综合分析。

### 1. 生产批量

大批量生产。

### 2. 技术要求

图 1.28(a)为气缸套零件图,材质为铬钼铜耐磨铸铁。零件的轮廓尺寸为 $\phi 143 mm \times 274 mm$,平均壁厚为 9 mm,铸件重量为 16kg。气缸套工作环境较差,要承受活塞环上下的反复摩擦及燃气爆炸后的高温和高压作用,其内圆柱表面是铸件要求质量最高的部位。气缸套质量的好坏,在很大程度上将决定发动机的使用寿命。

(1)不得有裂纹、气孔、缩孔和缩松等缺陷。

(2)粗加工后,需经退火消除应力,硬度为 190～248HBS,同一工件硬度差不大于 30HBS。

(3)组织致密。加工完毕后,需作水压试验,在 50MPa 压力下保持 5min,不得有渗漏和浸润现象。

### 3. 铸造工艺方案的选择

主要是分型面的选择和浇注位置的选择。该件可供选择的分型面主要是:

(1)图 1.28(b)所示方案 I。此方案采用分开模两箱造型,型腔较浅,因此造型、下芯很方便,铸件尺寸较准确。但分型面通过铸件圆柱面,会产生披缝,毛刺不易清除干净,若有微量错型,就会影响铸件的外形。

(2)图 1.28(b)所示方案 II。此方案造型、下芯也比较方便,铸件无披缝,分型面在铸件一端,毛刺易清除干净,不会发生错型缺陷。

浇注位置的选择也有两种方案:

(1)水平浇注。此方案易使铸件上部产生砂眼、气孔、夹渣等缺陷,且组织不致密,耐磨性差,很难满足气缸套的工作条件和技术要求。

(2)垂直浇注。此方案易使铸件主要加工面处于铸型侧面,而将次要的较小的凸缘放在上面,采用雨淋式浇口垂直浇注,见图 1.28(c)所示,可以控制金属液呈现细流流入型腔,减少冲击力,铁液上升平稳;铸件定向凝固,补缩效果好;气体、熔渣易于上浮,不易产生夹渣、气孔等缺陷;铸件组织均匀、致密、耐磨性好。

根据以上分析,相比之下气缸套分型面的选择应采用方案 II,浇注位置的选择应采用垂直浇注和机器造型的工艺方案。

### 4. 主要工艺参数的确定

浇注温度为 1 360～1 380 ℃;线收缩率为 1%;开箱时间为 2～3 h;加工余量较大,这是因为铸件质量要求较高,加工工序较多,其数值为:顶面 14 mm,底面和侧面为 5 mm;热处理采取 650～680 ℃退火工艺。

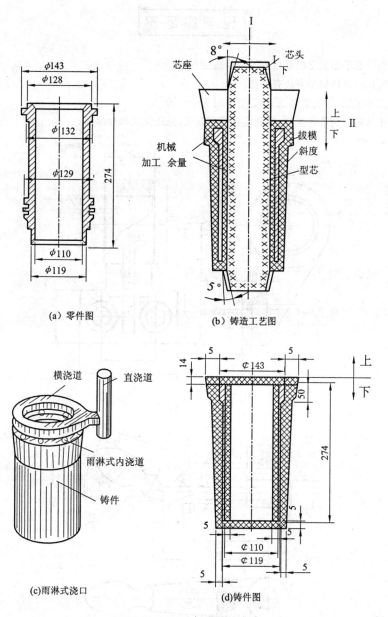

(a) 零件图

(b) 铸造工艺图

(c) 雨淋式浇口

(d) 铸件图

**图 1.28 气缸套铸造工艺图**

## 5. 绘制铸造工艺图

分型面确定后,铸件芯头的形状和尺寸、加工余量、起模斜度及浇注系统等就可以确定,根据这些资料则可绘制出铸造工艺图,见图 1.28(b)。

思考练习题

1. 为什么手工造型仍是目前的主要造型方法？
2. 常用的机器造型方法有哪些？
3. 挖砂造型、活块造型、三箱造型适用于哪种场合？
4. 图示零件为单件生产，试确定其造型方法，浇注位置和分型面。

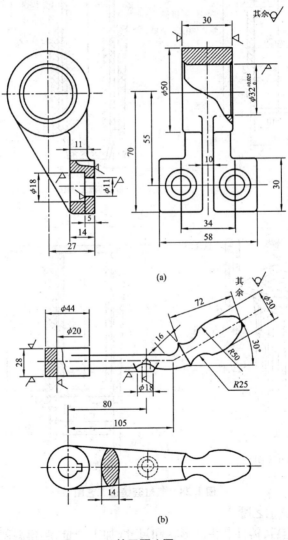

(a)

(b)

练习题 4 图

5. 分析图示三种铸件应采用何种手工造型方法？并确定它们的分型面和浇注位置。

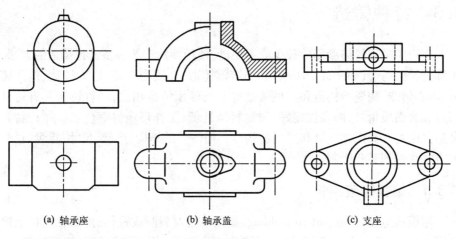

(a) 轴承座　　　　　(b) 轴承盖　　　　　(c) 支座

**练习题 5 图**

6. 试绘制下图所示铸件在大批量生产时的铸造工艺图。

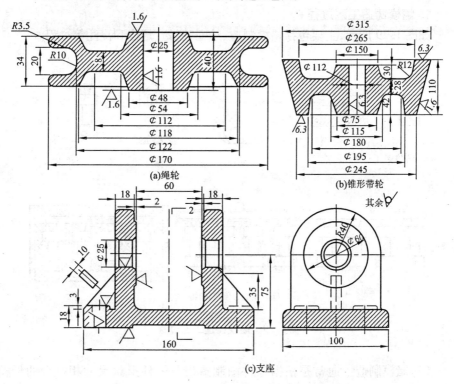

(a)绳轮

(b)锥形带轮

(c)支座

**练习题 6 图**

## 1.3　特种铸造

生产中采用的铸型用砂较少或不用砂,使用特殊工艺装备进行铸造的方法,统称为特种铸造(special casting)。如熔模铸造、金属型铸造、压力铸造、低压铸造、离心铸造、陶瓷型铸造和实型铸造等。与砂型铸造相比,特种铸造具有铸件精度和表面质量高、内在性能好、原材料消耗低、工作环境好等优点。每种特种铸造方法均有其优越之处和适用的场合。但铸件的结构、形状、尺寸、重量、材料种类往往受到某些限制。

### 1.3.1　熔模铸造

熔模铸造(fusible pattern molding)是用易熔材料制成模样,然后在模样上涂挂耐火材料,经硬化之后,再将模样熔化排出型外,从而获得无分型面的铸型。由于模样一般采用蜡质材料来制造,故又将熔模铸造称为"失蜡铸造"。

**1. 熔模铸造工艺过程**

如图 1.29 所示,主要包括蜡模制造、结壳、脱蜡、焙烧和浇注等过程。

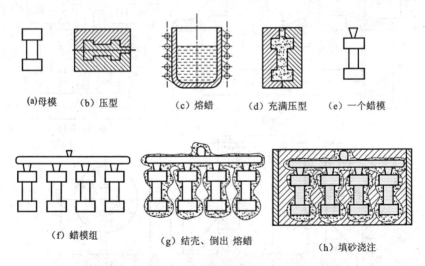

(a)母模　　(b) 压型　　　　(c) 熔蜡　　　(d) 充满压型　　(e) 一个蜡模

(f) 蜡模组　　　　(g) 结壳、倒出 熔蜡　　　　(h) 填砂浇注

**图 1.29　熔模铸造工艺过程**

(1)蜡模制造　通常是根据零件图制造出与零件形状尺寸相符合的母模[图(a)];再根据母模做成压型[图(b)];把熔化成糊状的蜡质材料压入压型,等冷却凝固后取出,就得到蜡模[图(c),(d),(e)]。在铸造小型零件时,常把

若干个蜡模粘合在一个浇注系统上,构成蜡模组[图(f)],以便一次浇出多个铸件。

(2)结壳 把蜡模组放入粘结剂与硅粉配制的涂料中浸渍,使涂料均匀地覆盖在蜡模表层,然后在上面均匀地撒一层硅砂,再放入硬化剂中硬化。如此反复4~6次,最后在蜡模组外表面形成由多层耐火材料组成的坚硬的型壳[图(g)]。

(3)脱蜡 通常将附有型壳的蜡模组浸入85~95℃的热水中,使蜡料熔化并从型壳中脱除,以形成型腔。

(4)焙烧和浇注 型壳在浇注前,必须在800~950℃下进行焙烧,以彻底去除残蜡和水分。为了防止型壳在浇注时变形或破裂,可将型壳排列于砂箱中,周围用砂填紧[图(h)]。焙烧通常趁热(600~700℃)进行浇注,以提高充型能力。

(5)待铸件冷却凝固后,将型壳打碎取出铸件,切除浇口,清理毛刺。

**2. 熔模铸造铸件的结构工艺性**

熔模铸造铸件的结构,除应满足一般铸造工艺的要求外,还具有其特殊性。

(1)铸孔不能太小和太深 否则涂料和砂粒很难进入蜡模的空洞内。一般铸孔应大于2 mm。

(2)铸件壁厚不可太薄 一般为2~8 mm。

(3)铸件的壁厚应尽量均匀 熔模铸造工艺一般不用冷铁,少用冒口,多用直浇道直接补缩,故不能有分散的热节。

**3. 熔模铸造的特点和应用**

熔模铸造的特点如下:

(1)铸件精度高、表面质量好,是少、无切削加工工艺的重要方法之一,其尺寸精度可达IT11~IT14,表面粗糙度为$Ra$12.5~1.6 μm。如熔模铸造的涡轮发动机叶片,铸件精度已达到无加工余量的要求。

(2)可制造形状复杂铸件,其最小壁厚可达0.3 mm,最小铸出孔径为0.5 mm。对由几个零件组合成的复杂部件,可用熔模铸造一次铸出。

(3)铸造合金种类不受限制,用于高熔点和难切削合金,更具显著的优越性。

(4)生产批量基本不受限制,既可成批、大批量生产,又可单件、小批量生产。

但熔模铸造也存在工序繁杂、生产周期长、原辅材料费用比砂型铸造高等缺点,生产成本较高。另外,受蜡模与型壳强度、刚度的限制,铸件不宜太大、太长,一般限于25 kg以下。

熔模铸造主要用于生产汽轮机及燃汽轮机的叶片、泵的叶轮、切削刀具,以及飞机、汽车、拖拉机、风动工具和机床上的小型零件。

### 1.3.2　金属型铸造

金属型铸造(gravity die casting)是将液态金属浇入金属型内,以获得铸件的铸造方法。由于金属型可重复使用,所以又称永久型铸造。

#### 1. 金属型的结构及其铸造工艺

金属型的结构有整体式、水平分型式、垂直分型式和复合分型式几种。图1.30 为铸造铝活塞的金属型铸造垂直分型示意图。该金属型由左半型 1 和右半型 2 组成,采用垂直分型,活塞的内腔由组合式型芯构成。铸件冷却凝固后,先取出中间型芯 4,再取出左、右两侧型芯 3,然后沿水平方向拔出左右销孔型芯 5,最后分开左右两个半型,即可取出铸件。

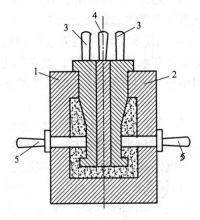

**图 1.30　金属型铸造示意图**
1—左半型　2—右半型
4—组合型芯　5—销孔型芯

金属型的铸造工艺措施由于金属型导热速度快,没有退让性和透气性,为了确保获得优质铸件和延长金属型的使用寿命,应该采取下列工艺措施。

(1)加强金属型的排气。如在金属型腔上部设排气孔、通气塞(气体能通过,金属液不能通过),在分型面上开通气槽等。

(2)表面喷刷涂料。金属型与高温金属液直接接触的工作表面上应喷刷耐火涂料,每次浇注喷涂一次,以产生隔热气膜,用以保护金属型,并可调节铸件各部分冷却速度,提高铸件质量。涂料一般由耐火材料(石墨粉、氧化锌、石英粉等)、水玻璃粘结剂和水组成,涂料层厚度约为 0.1 ~ 0.5 mm。

(3)预热金属型。金属型浇注前需预热,预热温度一般为 200 ~ 350 ℃,目的是为了防止金属液冷却过快而造成浇不到、冷隔和气孔等缺陷。

(4)开型。因金属型无退让性,除在浇注时正确选定浇注温度和浇注速度外,浇注后,如果铸件在铸型中停留时间过长,易引起过大的铸造应力而导致铸件开裂,因此,铸件冷凝后,应及时从铸型中取出。通常铸铁件出型温度为 780 ~ 950 ℃左右,开型时间为 10 ~ 60 s。

**2. 金属型铸件的结构工艺性**

(1)由于金属型无退让性和溃散性,铸件结构一定要保证能顺利出型,铸件结构斜度应较砂型铸件为大。

(2)铸件壁厚要均匀,以防出现缩松和裂纹。同时,为防止浇不到、冷隔等缺陷,铸件的壁厚不能过薄,如铝硅合金铸件的最小壁厚为 2~4 mm,铝镁合金为 3~5 mm,铸铁为 2.5~4 mm。

(3)铸孔的孔径不能过小、过深,以便于金属型芯的安放和抽出。

**3. 金属型铸造的特点及应用**

金属型铸造的特点如下:

(1)有较高的尺寸精度(IT12~IT16)和较小的表面粗糙度($Ra$12.5~6.3μm),机械加工余量小。

(2)由于金属型的导热性好,冷却速度快,铸件的晶粒较细,力学性能好。

(3)可实现"一型多铸",提高劳动生产率。且节约造型材料,可减轻环境污染,改善劳动条件。

但金属铸型的制造成本高,不宜生产大型、形状复杂和薄壁铸件。由于冷却速度快,铸铁件表面易产生白口,使切削加工困难。受金属型材料熔点的限制,熔点高的合金不适宜用金属型铸造。

金属型铸造主要用于铜合金、铝合金等非铁金属铸件的大批量生产,如活塞、连杆、气缸盖等。铸铁件的金属型铸造目前也有所发展,但其尺寸限制在300mm 以内,质量不超过 8kg,如电熨斗底板等。

# 1.3.3　压力铸造

压力铸造(pressure die casting)是将熔融的金属在高压下快速压入金属铸型中,并在压力下凝固,以获得铸件的方法。压铸时所用的比压约为 5~150 MPa,充填速度为 5~100 m/s,充满铸型的时间约为 0.05~0.15 s。高压和高速是压铸法区别于一般金属型铸造的两大特征。

**1. 压铸机和压铸工艺过程**

压力铸造通常在压铸机上完成。压铸机分为立式和卧式两种。图 1.31 为立式压铸机工作过程示意图。合型后,用定量勺将金属注入压室中[图(a)]。压射活塞向下推进,将金属液压入铸型,见图(b)。金属凝固后,压射活塞退回,下活塞上移顶出余料,动型移开,取出铸件,见图(c)。

**2. 压铸件的结构工艺性**

(1)压铸件上应消除内侧凹,以保证压铸件从压型中顺利取出。

(2)压力铸造可铸出细小的螺纹、孔、齿和文字等,但有一定的限制。

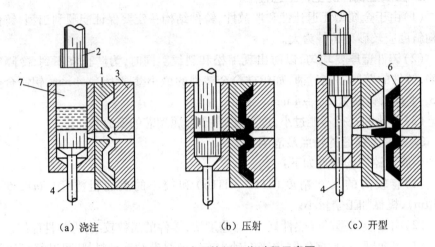

（a）浇注　　　　　　　　（b）压射　　　　　　　　（c）开型

**图 1.31　立式压铸机工作过程示意图**

1—定型　2—压射活塞　3—动型

4—下活塞　5—余料　6—压铸件　7—压室

（3）应尽可能采用薄壁并保证壁厚均匀。由于压铸工艺的特点，金属浇注和冷却速度都很快，厚壁处不易得到补缩而形成缩孔、缩松。压铸件适宜的壁厚：锌合金为 1～4 mm，铝合金为 1.5～5 mm，铜合金为 2～5 mm。

（4）对于复杂而无法取芯的铸件或局部有特殊性能（如耐磨、导电、导磁和绝缘等）要求的铸件，可采用嵌铸法，把镶嵌件先放在压型内，然后和压铸件铸合在一起。

### 3. 压力铸造的特点及应用

压力铸造的特点如下：

（1）压铸件尺寸精度高，表面质量好，尺寸公差等级为 IT11～IT13，表面粗糙度 $Ra$ 值为 6.3～1.6 μm，可不经机械加工直接使用，而且互换性好。

（2）可以压铸壁薄、形状复杂以及具有很小孔和螺纹的铸件，如锌合金的压铸件最小壁厚可达 0.8 mm，最小铸出孔径可达 0.8 mm，最小可铸螺距达 0.75 mm，还能压铸镶嵌件。

（3）压铸件的强度和表面硬度较高。由于在压力下结晶，加上冷却速度快，铸件表层晶粒细密，其抗拉强度比砂型铸件高 25%～40%。

（4）生产率高，可实现半自动化及自动化生产。

但压铸也存在一些不足。由于充型速度快，型腔中的气体难以排出，在压铸件皮下易产生气孔，故压铸件不能进行热处理，也不宜在高温下工作，否则气孔中气体产生热膨胀压力,可能使铸件开裂。金属液凝固快,厚壁处来不及补缩,易产生缩孔和缩松。设备投资大,铸型制造周期长,造价高,不宜小批量生产。

压力铸造应用广泛,可用于生产锌合金、铝合金、镁合金和铜合金等铸件。在压铸件产量中,占比重最大的是铝合金压铸件,约为30%~50%,其次为锌合金压铸件,铜合金和镁合金的压铸件产量很小。应用压铸件最多的是汽车、拖拉机制造业,其次为仪表和电子仪器工业。此外,在农业机械、国防工业、计算机、医疗器械等制造业中,压铸件也用得较多。

### 1.3.4 低压铸造

低压铸造(low-pressure die casting)是液体金属在压力作用下由下而上充填型腔,以形成铸件的一种方法。由于所用的压力较低(0.02~0.06 MPa),所以叫低压铸造。低压铸造是介于重力铸造和压力铸造之间的一种铸造方法。

#### 1. 低压铸造装置和工艺过程

低压铸造装置如图1.32(a)所示。其下部是一个密闭的保温坩埚炉,用于储存熔炼好的金属液。坩埚炉的顶部紧固着铸型(通常为金属型,亦可为砂型),垂直升液管使金属液与朝下的浇注系统相通。

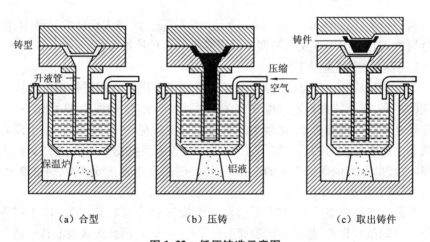

（a）合型　　　　　　（b）压铸　　　　　　（c）取出铸件

**图1.32　低压铸造示意图**

铸型在浇注前必须预热到工作温度,并在型腔内喷刷涂料。压铸时,先缓慢地向坩埚炉内通入干燥的压缩空气,金属液受气体压力的作用,由下而上沿着升液管和浇注系统充满型腔,如图1.32(b)所示。这时将气压上升到规定的工作压力,使金属液在压力下结晶。当铸件凝固后,使坩埚炉内与大气相通,金属液的压力恢复到大气压,于是升液管及浇注系统中尚未凝固的金属液因重力作用而流回到坩埚中。然后,开起铸型,取出铸件,如图 1.32(c)所示。

**2. 低压铸造的特点及应用**

低压铸造的特点如下:

(1)浇注时的压力和速度可以调节,故可适用于不同的铸型,如金属型、砂型等,铸造各种合金及各种大小的铸件。

(2)采用底注式充型,金属液充型平稳,无飞溅现象,可避免卷入气体及对型壁和型芯的冲刷,提高了铸件的合格率。

(3)铸件在压力下结晶,铸件组织致密,轮廓清晰,表面光洁,力学性能较高,对于大型薄壁件的铸造尤为有利。

(4)省去补缩冒口,金属利用率提高到 90% ~98% 。

(5)劳动强度低,劳动环境好,设备简易,易实现机械化和自动化。

低压铸造目前广泛应用于铝合金铸件的生产,如汽车发动机缸体、缸盖、活塞、叶轮等。还可用于铸造各种铜合金铸件(如螺旋桨等)以及球墨铸铁曲轴等。

## 1.3.5　离心铸造

离心铸造(true centrifugal casting)是指将熔融金属浇入旋转的铸型中,使液体金属在离心力作用下充填铸型并凝固成型的一种铸造方法。

**1. 离心铸造类型及工艺**

为使铸型旋转,离心铸造必须在离心铸造机上进行。根据铸型旋转轴空间位置的不同,离心铸造机通常可分为立式和卧式两大类,如图 1.33 所示。

在立式离心铸造机上,铸型是绕垂直轴旋转的见图 1.33(a)。由于离心力和液态金属本身重力的共同作用,使铸件的内表面呈抛物面形状,造成铸件上薄下厚。显然,在其他条件不变的前提下,铸件的高度愈高,壁厚的差别也愈大,因此,立式离心铸造主要用于高度小于直径的圆环类铸件。

在卧式离心铸造机上,铸型是绕水平轴旋转的见图 1.33(b)。由于铸件各部分的冷却条件相近,故铸出的圆筒形铸件壁厚均匀,因此卧式离心铸造适合于生产长度较大的套筒、管类铸件,是常用的离心铸造方法。

**2. 铸型转速的确定**

离心力的大小对铸件质量有着十分重要的影响。没有足够大的离心力,就不能获得形状正确和性能良好的铸件。但是,离心力过大又会使铸件产生裂纹,用砂套铸造时还可能引起胀砂和粘砂。因此,在实际生产中,通常根据铸件的大小来确定离心铸造的铸型转速,一般情况下,铸型转速在 250 ~1500 r/min 范围内。

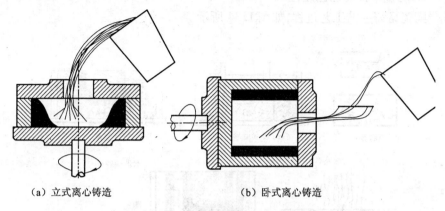

（a）立式离心铸造                              （b）卧式离心铸造

图 1.33   离心铸造机原理图

### 3. 离心铸造的特点及应用

离心铸造的特点如下：

（1）不用型芯即可铸出中空铸件。液体金属能在铸型中形成中空的自由表面，大大简化了套筒、管类铸件的生产过程。

（2）可以提高金属液充填铸型的能力。由于金属液体旋转时产生离心力作用，因此一些流动性较差的合金和薄壁铸件可用离心铸造法生产，形成轮廓清晰、表面光洁的铸件。

（3）改善了补缩条件。气体和非金属夹杂物易于从金属中排出，产生缩孔、缩松、气孔和夹渣等缺陷的比率很小。

（4）无浇注系统和冒口，节约金属。

（5）便于铸造"双金属"铸件，如钢套镶铜轴承等。

离心铸造也存在不足。由于离心力的作用，金属中的气体、熔渣等夹杂物，因密度较轻而集中在铸件的内表面上，所以内孔的尺寸不精确，质量也较差，必须增加机械加工余量；铸件易产生成分偏析和密度偏析。

目前，离心铸造已广泛用于制造铸铁管、汽缸套、铜套、双金属轴承、特殊钢的无缝管坯、造纸机滚筒等铸件的生产。

## 1.3.6   陶瓷型铸造

陶瓷型铸造（ceramic mold casting）是在砂型铸造和熔模铸造的基础上发展起来的一种精密铸造方法。

### 1. 陶瓷型铸造工艺过程

陶瓷型铸造的工艺过程,如图 1.34 所示。

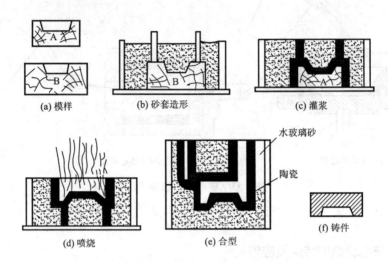

图 1.34　陶瓷型铸造的工艺过程

(1)砂套造型　为了节约昂贵的陶瓷材料和提高铸型的透气性,通常先用水玻璃砂制出砂套(相当于砂型铸造的背砂)。制造砂套的模样 B 比铸件模样 A 应大一个陶瓷料厚度[图 1.34(a)]。砂套的制造方法与砂型铸造相同[图 1.34(b)]。

(2)灌浆与胶结　即制造陶瓷面层。其过程是将铸件模样固定于模底板上,刷上分型剂,扣上砂套,将配制好的陶瓷浆料从浇注口注满砂套[图 1.34(c)],经数分钟后,陶瓷浆料便开始结胶。

陶瓷浆料由耐火材料(如刚玉粉、铝矾土等)、粘结剂(如硅酸乙酯水解液)等组成。

(3)起模与喷浇　待浆料浇注 5 ~ 15 min 后,趁浆料尚有一定弹性便可起出模样。为加速固化过程提高铸型强度,必须用明火喷烧整个型腔[图 1.34(d)]。

(4)焙烧与合型　陶瓷型在浇注前要加热到 350 ~ 550 ℃焙烧 2 ~ 5 h,以烧去残存的水分,并使铸型的强度进一步提高。

(5)浇注　浇注温度可略高,以便获得轮廓清晰的铸件。

### 2. 陶瓷型铸造的特点及应用

陶瓷型铸造的特点如下:

（1）由于是在陶瓷面层具有弹性的状态下起模,同时陶瓷面层耐高温且变形小,故铸件的尺寸精度和表面粗糙度等与熔模铸造相近。

（2）陶瓷型铸件的大小几乎不受限制,可从几千克到数吨。

（3）在单件、小批量生产条件下,投资少,生产周期短,一般铸造车间即可生产。

（4）陶瓷型铸造不适于生产批量大、重量轻或形状复杂的铸件,生产过程难以实现机械化和自动化。

目前陶瓷型铸造主要用于生产厚大的精密铸件,广泛用于生产冲模、锻模、玻璃器皿模、压铸型模和模板等,也可用于生产中型铸钢件等。

## 1.3.7 实型铸造

实型铸造(expendable pattern casting)是采用聚苯乙烯泡沫塑料模样代替普通模样,造好型后不取出模样就浇入金属液,在金属液的作用下,塑料模样燃烧、气化、消失,金属液取代原来塑料模所占据的空间位置,冷却凝固后获得所需铸件的铸造方法。其工艺过程如图1.35所示。

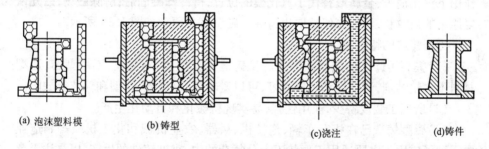

(a) 泡沫塑料模    (b) 铸型    (c)浇注    (d)铸件

**图1.35  实型铸造**

实型铸造具有以下特点:

（1）由于采用了遇金属液即气化的泡沫塑料模样,无需起模,无分型面,无型芯,因而无飞边毛刺,铸件的尺寸精度和表面粗糙度接近熔模铸造,但尺寸却可大于熔模铸造。

（2）各种形状复杂铸件的模样均可采用泡沫塑料模粘合,成形为整体,减少了加工装配时间,可降低铸件成本10%~30%,也为铸件结构设计提供充分的自由度。

（3）减少了铸件生产工序,缩短了生产周期,使造型效率比砂型铸造提高2~5倍。

但实型铸造的模样只能使用一次,且泡沫塑料的密度小,强度低,模样易变形,影响铸件尺寸精度。另外,实型铸造浇注时,模样产生的气体污染环境。

实型铸造主要用于不易起模等复杂铸件的批量及单件生产。

### 1.3.8　磁型铸造

磁型铸造(magnetic molding process)是在实型铸造的基础上发展起来的,它是用聚苯乙烯塑料制成汽化模,在其表面刷涂料,放进特制的砂箱内,填入磁丸(又称铁丸)并微振紧实,再将砂箱放在磁型机里,磁化后的磁丸相互吸引,形成强度高、透气性好的铸型。浇注时,汽化模在液体金属热的

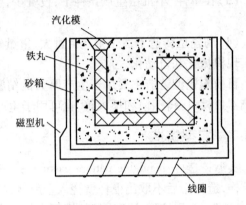

**图 1.36　磁型铸造原理示意图**

作用下汽化消失,金属液替代了汽化模的位置,待冷却凝固后,解除磁场,磁丸恢复原来的松散状,便能方便地取出铸件。磁型铸造原理如图 1.36 所示。

磁型铸造的特点:

(1)提高了铸件的质量。因为磁型铸造无分型面,不起模,不用型芯,造型材料不含粘结剂,流动性和透气性好,可以避免气孔、夹砂、错型和偏芯等缺陷。

(2)所用工装设备少,通用性强,易实现机械化和自动化生产。

(3)磁型铸造已在机车车辆、拖拉机、兵器、农业机械和化工机械等制造业中得到了应用。主要适用于形状不十分复杂的中、小型铸件的生产,以浇注黑色金属为主。其质量范围为 0.25 ~ 150 kg,铸件的最大壁厚可达 80 mm。

1. 什么是熔模铸造? 试述其工艺过程。

2. 金属型铸造有何优越性? 为什么金属型铸造未能广泛取代砂型铸造?

3. 压力铸造有何优缺点? 它与熔模铸造的适用范围有何不同?

4. 低压铸造的工作原理与压力铸造有何不同? 为什么低压铸造发展较为迅速? 为何铝合金较常采用低压铸造?

5. 什么是离心铸造? 它在圆筒形或圆环形铸件生产中有哪些优越性? 成形铸件采用离心铸造有什么好处?

6. 陶瓷型铸造比熔模铸造有何优越性? 其适用范围为何?

7. 实型铸造的本质是什么? 它适用于哪种场合?

8. 下列铸件在大批量生产时,采用什么铸造方法为宜?

| 铝活塞 | 摩托车汽缸体 | 车床床身 | 铸铁水管 |
| 气缸套 | 汽轮机叶片 | 缝纫机头 | 大模数齿轮滚刀 |

# 1.4 常用合金铸件的生产

常用铸造合金有铸铁、铸钢和一些有色金属或合金。其中铸铁件的应用最为广泛,而铜及其合金和铝及其合金铸件是最常用的有色金属或合金铸件,各种合金铸件的制造均有其铸造工艺特点。

## 1.4.1 铸铁件生产

铸铁是含碳量大于 2.11% 的铁碳合金。工业用铸铁是以铁、碳、硅为主要元素的多元合金。铸铁具有许多优良性能,且制造简单,成本低廉,是最常用的金属材料。

铸铁因其中碳的存在形式不同而分为不同的类型。白口铸铁中的碳以化合态($Fe_3C$)存在,灰口铸铁中的碳以游离态石墨(G)存在,而麻口铸铁中的碳同时以上述两种形式存在。其中灰口铸铁根据石墨形状的不同又有片状石墨灰铸铁、球状石墨球墨铸铁、团絮状石墨可锻铸铁和蠕虫状石墨蠕墨铸铁之分。碳的存在形式与铸铁的结晶过程有关。

### 1. 铸铁的石墨化

铸铁中的碳能以化合态的渗碳体和游离态的石墨两种形式存在,工业上常用铸铁均由金属基体和石墨所组成。铸铁中碳原子形成石墨的过程称为石墨化(graphitization)。石墨是铸铁的重要组织特征,熟悉铸铁石墨化、掌握石墨的形成条件和控制石墨形态的措施,对铸铁生产至关重要。

(1)石墨化过程 石墨既可以从液体中析出,也可以从奥氏体中析出,还可以由渗碳体中分解而得到。实践表明,灰铸铁、球墨铸铁、蠕墨铸件中的石墨主要是从液体中析出的,可锻铸铁中的石墨则是由白口铸铁经石墨化退火,使渗碳体分解而获得的。

当铸铁按照铁‐石墨相图结晶时,其石墨化过程发生在共析温度(738 ℃)以上,称为第一阶段石墨化,发生在共析温度以下称为第二阶段石墨化。

(2)影响石墨化过程和铸铁组织的因素 通常,第一阶段石墨化温度高,扩散条件好,比较容易进行。而第二阶段石墨化常因受到成分及冷却条件的限制而只是部分进行或全部被抑制,从而可得到三种不同组织:F+G、F+P+G 和 P+G。详细变化见表1.8。

表1.8　铸铁组织与石墨化进行程度之间的关系

| 铸铁名称 | 铸铁显微组织 | 石墨化进行的程度 | |
|---|---|---|---|
| | | 第一阶段石墨化 | 第二阶段石墨化 |
| 灰铸铁 | F+G 片<br>F+P+G 片<br>P+G 片 | 完全进行 | 完全进行<br>部分进行<br>未进行 |
| 球墨铸铁 | F+G 球<br>F+P+G 球<br>P+G 球 | 完全进行 | 完全进行<br>部分进行<br>未进行 |
| 蠕墨铸铁 | F+G 蠕<br>F+P+G 蠕 | 完全进行 | 完全进行<br>部分进行 |
| 可锻铸铁 | F+G 团絮<br>P+G 团絮 | 完全进行 | 完全进行<br>未进行 |

　　铸铁的石墨化过程决定了铸铁的组织。因此,要控制铸铁的组织,就必须控制铸铁的石墨化过程。影响石墨化的主要因素是化学成分和冷却速度。

　　①化学成分　铸铁中的碳、硅、锰、硫、磷对石墨化有着不同的影响。碳和硅是最主要的两个影响石墨化的元素,碳是形成石墨的元素,硅是强烈促进石墨化的元素。生产中主要通过调整碳、硅含量来控制铸铁组织。碳硅含量过低,石墨化无法进行,会形成白口。碳硅含量过高,石墨数量多、尺寸大,基体铁素体化,使力学性能显著下降。通常灰铸铁中的碳、硅含量控制范围是:2.5%~3.5% C,1.5%~2.5% Si。

　　为综合评价铸铁成分的石墨化能力,引入碳当量概念:把铸铁中各元素按其对石墨化的影响程度折算成碳的相当含量。碳当量($w_{CE}$)公式为:

$$w_{CE} = [w_C + 1/3 w_{(Si+P)}]\%$$

　　由于共晶成分的铸铁具有最好的铸造性能,因此常把碳当量控制在4%左右。

　　锰是阻碍石墨化的元素,能促进珠光体基体的形成,提高铸铁的强度。锰与硫作用生成 MnS,可部分抵消硫的有害作用。生产中常加入0.6%~1.2%的锰铁,控制铸铁组织。

　　硫是强烈阻碍石墨化的元素,能促进铸铁白口化,形成热脆性,并降低流动性,增大收缩,产生热裂。因此,硫是有害元素,应严格限制其含量在0.1%以下。

　　磷对石墨化影响不显著,磷含量大于0.3%时会形成硬而脆的磷共晶,能提高铸铁的耐磨性,但又会形成冷脆性。对于灰铸铁含磷量应限制在0.3%以下,耐磨铸铁的含磷量可提高到 0.5% ~ 0.7%。磷还能提高铸铁的流动性,浇注薄壁铸件时,可适当提高含磷量。

②冷却速度　在成分相同的情况下,缓慢冷却,石墨得以顺利析出,有利于石墨化。反之,石墨的析出受到抑制,易形成白口组织。在实际生产中,冷却速度的影响通过铸件壁厚、铸型材料及浇注温度等因素体现出来。在诸因素中,铸件壁厚

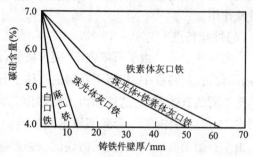

图 1.37　碳硅含量和铸件壁厚对铸铁组织的影响

的影响最突出。从图 1.37 可以看出,由于薄壁件容易得到白口组织,要获得灰口组织就应增加碳、硅含量。相反,厚大铸件,为避免出现过多、过粗的石墨,应适当减少碳、硅含量。

总之,化学成分(主要是碳、硅含量)和冷却速度(主要是铸件壁厚)是影响铸铁石墨化的两个主要因素,因此,要获得所需组织和性能的铸件,必须根据铸件壁厚合理调整碳、硅含量。

**2. 灰铸铁**

灰铸铁(gray cast iron)是指具有片状石墨的铸铁,其断口呈暗灰色,简称灰铁。灰铸铁是应用最广的铸铁,其产量占铸铁总产量80%以上。

(1)组织特征　灰铸铁的组织由金属基体和片状石墨所组成。按照基体不同,灰铸铁分为铁素体灰铸铁、珠光体灰铸铁、铁素体加珠光体灰铸铁三种类型,如图 1.38 所示。

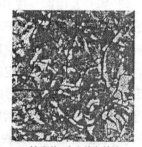

(a) 铁素体灰铸铁　　　(b) 珠光体灰铸铁　　　(c) 铁素体+珠光体灰铸铁

图 1.38　铸铁的显微组织

灰铸铁的组织特征是在钢的基体上分布着片状石墨,从组织上看灰铸铁与钢仅是存在石墨的差别,但性能却相差甚远,这足以看出石墨对灰铸铁性能所起的特殊作用。

(2)性能特点

①力学性能低　由于石墨强度、硬度极低($\sigma_b \leqslant 20 MPa$,HBS≈3),塑性几乎为零,因此,在灰铸铁中,相当于在钢的基体上分布有许多孔洞和裂纹,减少了基体承受载荷的有效面积,这被称为缩减作用。其中片状石墨的尖角容易造成应力集中,在拉应力作用下,导致裂纹迅速扩展而发生脆性断裂,这被称为割裂作用。由于石墨的破坏作用,使灰铸铁抗拉强度远低于钢,而塑性、韧性接近于零,是典型的脆性材料。

②减震性好　由于石墨的存在,割裂了基体,既阻止了振动的传播,又吸收了振动能,故能减震。石墨越粗大,减震性越好,灰铸铁的减震能力为钢的5~10倍,是制造床身、机座的优选材料。

③减摩性好　石墨本身就是良好的润滑剂,在摩擦面上起润滑作用。当石墨脱落后留下的显微凹坑可以储存润滑油,保持油膜的连续性。珠光体加细小而均匀的石墨片组织具有较好的减摩性,适于制造机床导轨、活塞环、衬套等摩擦件。

④缺口敏感性低　灰铸铁中的石墨片相当于大量裂口,因此,外来缺口(如孔洞、键槽、刀痕、夹渣等)对铸铁的强度影响很小,故缺口敏感性低。

另外,石墨会造成脆断的切屑,使铸铁切削加工性能好,但铸铁焊接性能差,不能进行压力加工,也不能通过热处理改变石墨形状与分布,不能根本改变铸铁强度。

(3)牌号及用途　按 GB9 439—88 规定,我国灰铸铁分为六个牌号。"HT"表示"灰铁"二字的汉语拼音字头,后面三位数字表示最低抗拉强度值。表 1.9为灰铸铁的牌号、性能及应用举例。

应该指出,国际中规定的牌号是以∅30 mm 试棒的性能为标准的,根据这一特定的条件,选择铸铁牌号时必须考虑铸件壁厚。例如壁厚为 30~50 mm 的铸件,要求 $\sigma_b$ 为 200 MPa 时,应选 HT250 而不是 HT200。

(4)铸造性能　灰铸铁的碳当量接近共晶成分,流动性好,可浇注形状复杂的薄壁铸件,灰铸铁收缩小,可不用或少用冒口。灰铸铁熔点低,对型砂耐火性要求低,适合于湿型铸造。由于灰铸铁铸造性能好,所以应用十分广泛。

**表 1.9 灰铸铁的牌号、性能、组织及应用举例**

| 牌号 | 铸件壁厚（mm） | | 抗拉强度 N(mm²) | 显微组织 | | 应用举例 |
|------|------|------|------|------|------|------|
| | > | ≤ | ≥ | 基体 | 石墨 | |
| HT100 | 2.5 | 10 | 130 | F | 粗片状 | 手工铸造用砂箱、盖、下水管、底座、外罩、手轮、手把、重锤等 |
| | 10 | 20 | 100 | | | |
| | 20 | 30 | 90 | | | |
| | 30 | 50 | 80 | | | |
| HT150 | 2.5 | 10 | 175 | F+P | 较粗片状 | 机械制造业中一般铸件,如底座、手轮、刀架等;冶金业中流渣槽、渣缸、轧钢机托辊等;机车用一般铸件,如水泵壳、阀体、阀盖等;动力机械中拉钩、框架、阀门、油泵壳等 |
| | 10 | 20 | 145 | | | |
| | 20 | 30 | 130 | | | |
| | 30 | 50 | 120 | | | |
| HT200 | 2.5 | 10 | 220 | P | 中等片状 | 一般运输机械中的气缸体、缸盖、飞轮等;一般机床中的床身、机床等;通用机械承受中等压力的泵体、阀体等;动力机械中的外壳、轴承座、水套筒等 |
| | 10 | 20 | 195 | | | |
| | 20 | 30 | 170 | | | |
| | 30 | 50 | 160 | | | |
| HT250 | 4.0 | 10 | 270 | 细P | 较细片状 | 运输机械中薄壁缸体、缸盖、进排气歧管;机床中立柱、横梁、床身、滑板、箱体等;冶金矿山机械中的轨道板、齿轮;动力机械中的缸体、缸套、活塞 |
| | 10 | 20 | 240 | | | |
| | 20 | 30 | 220 | | | |
| | 30 | 50 | 200 | | | |
| HT300 | 10 | 20 | 290 | 细P | 细小片状 | 机床导轨、受力较大的机床床身、立柱机座等;通用机械的水泵出口管、吸入盖等;动力机械中的液压阀体、蜗轮、气轮机隔板、泵壳、大型发动机缸体、缸盖 |
| | 20 | 30 | 250 | | | |
| | 30 | 50 | 230 | | | |
| HT350 | 10 | 20 | 340 | 细P | 细小片状 | 大型发动机气缸体、缸盖、衬套;水泵缸体、阀体、凸轮等;机床导轨、工作台等摩擦件;需经表面淬火的铸件 |
| | 20 | 30 | 290 | | | |
| | 30 | 50 | 260 | | | |

（5）孕育处理 孕育处理是指铸铁件在浇注前,往铁水中加入少量颗粒状或粉末状的孕育剂（inoculating agent）,以达到增加铸铁的结晶晶核数目和细化

共晶团或石墨的目的。孕育处理时应注意以下几方面,即原铁水中的碳、硅含量要低一些,锰含量要高。碳含量为 2.8% ~3.2%,硅含量为 1.0% ~2.0%,锰含量为 1.2% ~1.5%,厚壁铸件取下限,薄壁铸件取上限。铁水的出炉温度较高,为 1 420 ~1 450 ℃,这是因为低碳铁水的流动性差,且进行孕育处理也会降低铁水温度。一般选用含硅 75% 的硅铁作孕育剂。孕育方法是采用出铁槽内冲入法,即将硅铁孕育剂均匀地加入到冲天炉的出铁槽中,当铁水出炉时将其冲入铁水包,经搅拌、扒渣后便可进行浇注。该方法的缺点是孕育剂的加入量大、且在处理完的 15 ~20 min 内要尽快浇注,否则会出现孕育衰退现象,即孕育处理后随着时间的延续孕育效果逐渐衰减。

孕育铸铁件的组织和性能均匀性好,如图 1.39 所示,即灰铸铁件牌号愈高,其截面组织、性能的齐一性愈好。所以高牌号铸铁材质更适宜于生产厚壁铸件。此外,孕育铸铁材质还适合于制造承受较小的动载荷、较大的静载荷、耐磨性好和有一定减震性的铸件,如机床的床身。

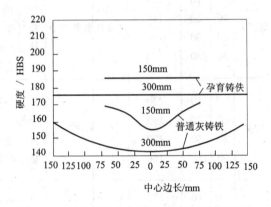

图 1.39 孕育铸铁和灰铸铁截面上硬度的分布

### 3. 球墨铸铁

孕育铸铁强度虽明显提高,但石墨形态并未改变,片状石墨的割裂作用造成的应力集中,使塑性、韧性与钢相比仍然很低。球墨铸铁(spheroidal graphite cast iron)从根本上改变了石墨形状,成为强韧铸铁。由于球墨铸铁通过球化处理和孕育处理使石墨呈球状,并采取恰当的热处理改善基体组织,从而使铸铁的性能产生了质的飞跃。我国从 1950 年开始生产球墨铸铁,现球墨铸铁生产处于世界前列。

(1)组织特征 球墨铸铁的显微组织是由球状石墨和金属基体所组成(见图 1.40)。在铸态下,金属基体通常是铁素体 - 珠光体的混合组织,铁素体位于石墨球周围呈"牛眼状"。通过热处理还可以得到铁素体基体,珠光体基体或下贝氏体基体的球铁。目前,已经通过各种工艺手段在铸态下直接获得铁素体和珠光体基体,使球墨铸铁的生产周期缩短,成本降低。

(2)性能特点 由于球状石墨对基体的缩减和割裂作用小,从而使基体强度的利用率从灰铸铁的 30% ~50% 提高到 70% ~90%,其力学性能远远超过灰铸铁,优于可锻铸铁,抗拉强度一般为 400~600MPa,最高可达 900MPa,塑性、韧性明显提高,尤其是屈强比($\sigma_{0.2}/\sigma_b$)高,更增加了使用的可靠性。球墨铸铁仍具有良好的铸造性能、减震性、耐磨性、切削加工性能及低的缺口敏感性。

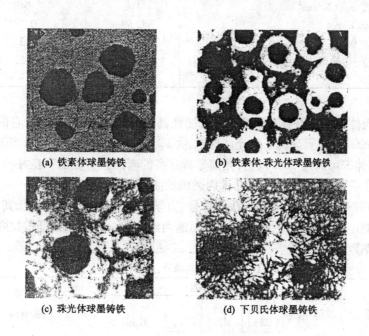

(a) 铁素体球墨铸铁　　　　　　　(b) 铁素体-珠光体球墨铸铁

(c) 珠光体球墨铸铁　　　　　　　(d) 下贝氏体球墨铸铁

**图 1.40　球墨铸铁的显微组织**

铁素体球墨铸铁塑性、韧性较高,强度较低,因而可代替可锻铸铁制造承受振动和冲击的零件,如汽车和拖拉机底盘、后桥壳等。目前,国外大量用于生产自来水及煤气管道,它比灰铸铁管能承受更高的管道压力,比钢管具有更好的耐腐蚀能力。

铁素体珠光体球墨铸铁强度和韧性配合较好,多用于生产汽车、农机、冶金设备的零部件。通过热处理可调整珠光体和铁素体的相对数量及形态,从而调整其强度和韧性的配合,以满足各种使用要求。

珠光体球墨铸铁强度和硬度较高,耐磨性较好,具有一定的韧性,其屈强比高于 45 号锻钢,表 1.10 是两者性能的比较。珠光体球墨铸铁可代替碳钢制造承受交变载荷及耐磨损的零件,例如内燃机曲轴、连杆、齿轮,并广泛用于制造车床主轴、镗床拉杆等机床耐磨件。

表 1.10　珠光体球墨铸铁和 45 号锻钢的力学性能比较

| 性　　　能 | 45 号锻钢(正火) | 珠光体球墨铸铁(正火) |
|---|---|---|
| 抗拉强度 $\sigma_b$(N/mm$^2$) | 690 | 815 |
| 屈服强度 $\sigma_{0.2}$(N/mm$^2$) | 410 | 640 |
| 屈强比 $\sigma_{0.2}/\sigma_b$ | 0.59 | 0.785 |
| 延伸率 $\delta$(%) | 26 | 3 |
| 疲劳强度(带缺口试样)$\sigma_{-1}$(N/mm$^2$) | 150 | 155 |
| 硬度 HBS | <229 | 229～321 |

　　贝氏体球墨铸铁具有强度、塑性、韧性都很高的综合力学性能,它的抗拉强度高达 900 MPa,明显优于珠光体球铁,并具有一定的延伸率。如适当降低抗拉强度,延伸率可高达 10% 以上,尤其是具有高的弯曲疲劳性能和良好的耐磨性,可制造承受重载荷的齿轮、大功率内燃机的曲轴、连杆、凸轮轴等。

　　(3)牌号及用途　球墨铸铁的牌号、力学性能和用途见表 1.11,其中"QT"表示"球铁"二字的汉语拼音字头,后面的两组数字分别表示最低抗拉强度和最小延伸率数值。

表 1.11　球墨铸铁的牌号、力学性能和用途

| 牌号 | 基体组织 | 力学性能 | | | | 用途举例 |
|---|---|---|---|---|---|---|
| | | $\sigma_b$ (MPa) | $\sigma_{0.2}$ (MPa) | $\delta$ (%) | HBS | |
| | | 不小于 | | | | |
| QT400 - 18 | 铁素体 | 400 | 250 | 18 | 130～180 | 承受冲击、振动的零件,如汽车、拖拉机轮毂,驱动桥壳,差速器壳,拨叉,中低压阀门,管道,齿轮箱等 |
| QT400 - 15 | 铁素体 | 400 | 250 | 15 | 130～180 | |
| QT450 - 10 | 铁素体 | 450 | 310 | 10 | 160～210 | |
| QT500 - 7 | 铁素体 + 珠光体 | 500 | 320 | 7 | 170～230 | 机座、传动轴、飞轮、电动机架、油泵齿轮、机车轴瓦等 |
| QT600 - 3 | 珠光体 + 铁素体 | 600 | 370 | 3 | 190～270 | 载荷大、受力复杂的零件,如汽车、拖拉机的曲轴、连杆、凸轮轴、气缸套,部分机床的主轴;机床蜗杆、蜗轮,轧钢机轧辊、大齿轮,小型水轮机主轴,气缸体,起重机大小滚轮等 |
| QT700 - 2 | 珠光体 | 700 | 420 | 2 | 225～305 | |
| QT800 - 2 | 珠光体或回火组织 | 800 | 430 | 2 | 245～335 | |
| QT900 - 2 | 贝氏体或回火马氏体 | 900 | 600 | 2 | 280～360 | 高强度齿轮,如汽车后桥螺旋锥齿轮、大减速器齿轮,内燃机曲轴、凸轮轴等 |

（4）球墨铸铁的生产　熔炼优质铁水，进行有效的球化——孕育处理是球墨铸铁生产的关键。

①严格控制铁水化学成分　球墨铸铁的铁水中，碳、硅含量比灰铸铁高。因为球墨铸铁中的石墨呈球状，其数量的多少对铸铁机械性能的影响已不明显，确定高的碳、硅含量主要是从改善铸造性能和球化效果出发的。碳当量控制在共晶点附近。为提高塑性和韧性，球墨铸铁对锰、磷和硫的含量限制更低，其中：锰不超过 $0.4\% \sim 0.6\%$ ；磷应小于 $0.1\%$ ；硫限制在 $0.06\%$ 以下。

②铁水出炉温度应较高　球墨铸铁要进行球化处理和孕育处理，铁水温度因此会下降 $50 \sim 100\ ℃$ ，所以铁水出炉温度应高于 $1\ 400\ ℃$ 。

③进行球化和孕育处理：

球化剂和孕育剂　球化剂是指能使石墨呈现球状析出的添加剂。我国常采用稀土镁合金作球化剂。球化后应进行孕育处理，其目的是消除球化元素所造成的白口倾向、促进石墨化、增加共晶团数目并使石墨球圆整和细小，最终使球铁的机械性能提高。球墨铸铁常用的孕育剂也是 $75\%$ 的硅铁。

球化及孕育方法　最常用的球化方法是冲入法，如图 1.41 所示，即先将球化剂放入铁水包的堤坝内，并在上面覆盖硅铁粉和稻草灰，以防球化剂在冲入铁水时上浮。此外，还有型内球化法，如图 1.42 所示，即把球化剂置于铸型的反应室，浇注中铁水流经反应室时先与球化剂作用，再进入型腔。这种方法的优点是可防止球化衰退、球化剂用量少且获得的石墨球细小。只是反应室的设计和浇注系统的挡渣措施较复杂。

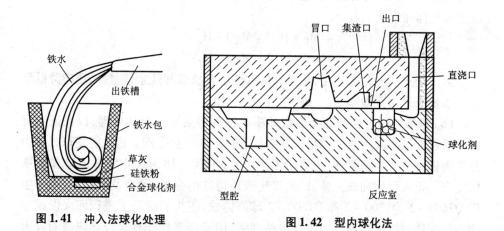

图 1.41　冲入法球化处理　　　　图 1.42　型内球化法

（5）铸造性能　球墨铸铁较灰铸铁容易产生缩孔、缩松、皮下气孔、夹渣等缺陷,因而在工艺上要求比较严格。

　　球墨铸铁含碳量较高,接近共晶成分,凝固收缩率低,但缩孔、缩松倾向较大,这是其凝固特性所决定的。球墨铸铁在浇注后的一个时期内,凝固的外壳强度较低,如图1.43(a)所示。而球状石墨析出时的膨胀力却很大,若铸型的刚度不够,铸件的外壳将向外胀大,造成铸件内部金属液的不足,于是在铸件最后凝固的部位产生缩孔和缩松,如图1.43(b)所示。为防止上述缺陷,可采取如下措施:在热节处设置冒口和冷铁,对铸件收缩进行补偿;增加铸型刚度,防止铸件外形扩大。如增加型砂紧实度,采用干砂型或水玻璃快干砂型,保证砂型有足够的刚度,并使上下型牢固夹紧。

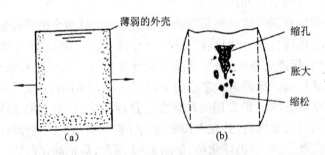

图1.43　球墨铸铁件缩孔、缩松的形成

　　球墨铸铁件较易出现皮下气孔,一般位于皮下 0.5 ~ 2 mm 处,直径 1 ~ 2 mm。它的产生是因铁液中过量的 Mg 或 MgS 与砂型表面水分发生如下化学反应生成气体而形成的。

$$Mg + H_2O = MgO + H_2 \uparrow$$
$$MgS + H_2O = MgO + H_2S \uparrow$$

　　为防止皮下气孔的产生,除应降低铁液中含硫量和残余镁量外,还应降低型砂含水量或采用干砂型。

　　(6)球墨铸铁的热处理　　多数球墨铸铁件铸后要进行热处理,以保证应有的力学性能。不同牌号的球墨铸铁需要进行不同的热处理。退火能使珠光体中的渗碳体分解成为铁素体,主要用于牌号为 QT400 - 18 和 QT450 - 10 球墨铸铁的生产。正火可增加珠光体数量、提高球墨铸铁的强度、硬度及耐磨性,用于生产 QT600 - 3、QT700 - 2 和 QT800 - 2 球墨铸铁,正火后应马上进行回火以减小应力。调质可以提高球铁的综合机械性能,用于制造性能要求较高或截面较大的铸件,如大型曲轴和连杆。等温淬火可以获得高强度、有一定塑性及韧性的贝氏体球墨铸铁,用于生产牌号为 QT900 - 2 的球墨铸铁。

#### 4. 可锻铸铁

可锻铸铁(malleable cast iron)是由白口铸铁经石墨化退火而成的一种强韧铸铁。可锻铸铁比灰铸铁强度高,兼有良好的塑性和韧性,但不可锻造。

(1)组织特征　目前,我国以生产黑心可锻铸铁为主,其组织由铁素体和团絮状石墨所构成见图1.44(a),断口芯部呈暗黑色。珠光体可锻铸铁生产较少,其组织由珠光体和团絮状石墨所构成见图1.44(b)。而白心可锻铸铁国内基本不生产。团絮状石墨的特征是:表面不规则,表面积与体积比值大。

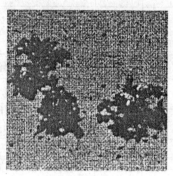 

(a) 黑心可锻铸铁　　　　　　　(b) 珠光体可锻铸铁

**图1.44　可锻铸铁的显微组织**

(2)性能特点　由于团絮状石墨对基体破坏作用大为减弱,因而可锻铸铁强度、塑性、韧性比灰铸铁明显提高。铁素体可锻铸铁具有一定的强度和较高的塑性、韧性,常用于制造承受振动、冲击及扭转负荷的零件。珠光体可锻铸铁强度、硬度高,常用于制造一些耐磨件。

(3)牌号及应用　可锻铸铁的牌号、性能及用途见表1.12,其中KTH代表黑心可锻铸铁,KTZ代表珠光体可锻铸铁,符号后面两组数字分别表示最低抗拉强度和最小延伸率数值。

可锻铸铁主要用来制造一些形状复杂而又受振动的薄壁小型铸件。近年来,由于球墨铸铁的发展,许多可锻铸铁铸件已被球墨铸铁所取代。但可锻铸铁生产历史悠久,工艺成熟,质量比较稳定,对原材料要求不高,退火时间正在缩短,所以仍有不少工厂生产可锻铸铁,尤其是铁素体可锻铸铁。

(4)可锻铸铁的生产　可锻铸铁的生产分两个步骤:首先制取白口铸件,然后经石墨化退火获得可锻铸铁。

①制取白口铸件　开始不允许有石墨出现,否则在随后的退火中,由渗碳体

分解的石墨将在已有的石墨上沉淀而得不到团絮状石墨。为得到纯白口铸件，必须采用低碳、低硅铁水，锰、磷、硫会使退火时间延长，磷还会使塑性、韧性降低，所以为了缩短退火周期，锰含量不宜高，磷、硫含量应尽量低。可锻铸铁化学成分为：$2.2\% \sim 2.9\%$ C，$0.8\% \sim 1.4\%$ Si，$0.4\% \sim 0.6\%$ Mn，$< 0.15\%$ S，$< 0.1\%$ P。

表 1.12　黑心可锻铸铁和珠光体可锻铸铁的牌号、性能及用途

| 种类 | 牌号 | 试样直径（mm） | 力学性能 | | | | 用途举例 |
| | | | $\sigma_b$(MPa) | $\sigma_{0.2}$(MPa) | $\delta$(%) | HBS | |
| | | | 不小于 | | | | |
| 黑心可锻铸铁 | KTH300 – 06 | 12或15 | 300 | | 6 | ≤150 | 弯头，三通管件，中低压阀门等 |
| | KTH330 – 08 | | 330 | | 8 | | 扳手，犁刀，车轮壳等 |
| | KTH350 – 10 | | 350 | 200 | 10 | | 汽车、拖拉机前后轮壳，减速器壳，转向节壳，制动器及铁道零件等 |
| | KTH370 – 12 | | 370 | | 12 | | |
| 珠光体可锻铸铁 | KTZ450 – 06 | 12或15 | 450 | 270 | 6 | 150 ~ 200 | 载荷较高的耐磨损零件，如曲轴，凸轮轴，连杆、齿轮、活塞环、轴套，耙片，万向接头，棘轮，扳手，传动链条等 |
| | KTZ550 – 04 | | 550 | 340 | 4 | 180 ~ 250 | |
| | KTZ650 – 02 | | 650 | 430 | 2 | 210 ~ 260 | |
| | KTZ700 – 02 | | 700 | 530 | 2 | 240 ~ 290 | |

②石墨化退火　如图1.45 所示，将白口铸件加热到 $900 \sim 980$ ℃后组织为奥氏体和渗碳体，保温 15 h 左右，使渗碳体分解成团絮状石墨，保温后缓冷，奥氏体沿团絮状石墨析出二次石墨。到共析转变温度范围（$700 \sim 720$ ℃）以极其缓慢的速度冷却（曲线①中实线）奥氏体转变为铁素体和石墨，或略低于到共析转变温度后长时间保温（图中虚线），珠光体分解为铁素体和石墨，均可得到铁素体可锻铸铁。如果在

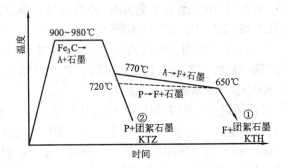

图 1.45　可锻铸铁的石墨化退火工艺

共析转变温度快速冷却(曲线②)共析石墨化完全被抑制,则得到珠光体可锻铸铁。

(5)缩短石墨化退火时间新工艺　退火时间长(60~80 h)已成为制约可锻铸铁发展的主要问题。近年来,在生产中创造了不少缩短退火周期的新工艺,其中在制取白口铸铁时对铁水进行复合孕育处理效果显著,应用最广。复合孕育剂中一种元素的作用是在铸件凝固时阻碍石墨化,保证得到全白口组织,而另一种元素对退火时的石墨化没有强烈阻碍作用,从而缩短退火时间。

目前,广泛采用的工艺有低温时效和加铝孕育、硼－铋孕育、铋－铝孕育、硅－铋孕育以及稀土－铋复合孕育处理等方法。例如用硼－铋孕育处理工艺生产汽车后桥外壳的退火时间已缩短到 20 h 左右,效果十分显著。

**5. 蠕墨铸铁**

(1)组织特征　蠕墨铸铁(vermicular graphite cast iron)的组织由金属基体和蠕虫状石墨所组成(图1.46)。石墨形状介于片状和球状之间,在光学显微镜下观察,石墨短而厚,头部较圆,形似蠕虫。在电子显微镜下观察,石墨端部具有螺旋生长的球状特征,但在石墨的枝干部分又有层叠状结构,类似于片状石墨。

蠕墨铸铁的基体组织在铸态下具有较高的铁素体含量(40%~50%或更高),通过正火处理可使珠光体含量提高到80%~85%。

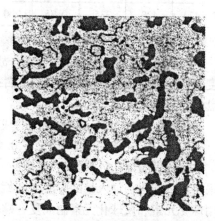

图1.46　蠕墨铸铁的石墨形状示意图

(2)性能特点　蠕墨铸铁的性能介于灰铸铁和球墨铸铁之间,强度、塑性、韧性优于灰铸铁,接近于铁素体球墨铸铁,壁厚敏感性比灰铸铁小得多,故厚大截面上的力学性能均匀。突出的优点是屈强比在铸造合金中最高(0.72~0.82),导热性、铸造性能、切削加工性能优于球墨铸铁接近于灰铸铁,耐磨性优于孕育铸铁及高磷耐磨铸铁,与磷铜钛耐磨铸铁相近。

(3)牌号及应用　蠕墨铸铁的牌号和力学性能见表1.13,其中"RuT"为"蠕铁"汉语拼音字头,后面数字为最小抗拉强度值。

表 1.13　蠕墨铸铁的牌号、力学性能和用途

| 牌号 | 力学性能 | | | | 用途举例 |
|------|---------|---------|--------|------------|----------|
| | $\sigma_b$(MPa) | $\sigma_{0.2}$(MPa) | $\delta$(%) | HBS | |
| | 不小于 | | | | |
| RuT260 | 260 | 195 | 3 | 121 ~ 197 | 增压器进气壳体,汽车底盘零件等 |
| RuT300 | 300 | 240 | 1.5 | 140 ~ 217 | 排气管,变速箱体,气缸盖,液压件,纺织机零件,钢锭,模等 |
| RuT340 | 340 | 270 | 1.0 | 170 ~ 249 | 重型机床件,大型齿轮箱体、盖、座,飞轮,起重机卷筒等 |
| RuT380 | 380 | 300 | 0.75 | 193 ~ 274 | 活塞环,气缸套,制动盘,钢珠研磨盘,吸淤泵体等 |
| RuT420 | 420 | 335 | 0.75 | 200 ~ 280 | |

由于蠕墨铸铁具有上述优异性能,故特别适合制造工作温度较高而又要求强度高、耐磨性好、形状复杂的大型铸件。如大型柴油机缸体、缸盖、排气管、制动盘、钢锭模、金属型等。

(4)蠕墨铸铁生产　蠕墨铸铁的成分和球墨铸铁基本相似,即高碳、低硫磷。一般为:3% ~ 4% C,2% ~ 3% Si,0.4% ~ 0.8% Mn, < 0.04% S, < 0.08% P。

蠕化处理与球化处理相似,采用冲入法。所有球化元素均可使石墨蠕化,早期采用减少球化剂加入量的方法生产蠕墨铸铁,但生产上的控制较困难。后来利用球化元素和反球化元素制成复合蠕化剂,使石墨变成非球非片的蠕虫状,从而研制了稀土镁钛、稀土镁锌等蠕化剂,并在生产中得到广泛应用。蠕化处理也存在衰退现象,近年来研制了抗衰退能力较强的含钒蠕化剂及型内蠕化处理方法。

由于蠕化剂的作用,蠕墨铸铁也会出现白口倾向,仍需用75%硅铁进行孕育处理。

(5)铸造性能　蠕墨铸铁碳当量接近共晶点,蠕化剂又使铁水得以净化,因此具有良好的流动性。蠕墨铸铁的收缩与蠕化率有关,蠕化率越低越接近球墨铸铁,反之接近于灰铸铁。因此,要获得无缩孔、缩松的致密铸件比球墨铸铁容易,但比灰铸铁稍困难些。

**6. 铸铁的熔炼**

铸铁的熔炼是为获得成分和温度合格的铁水。熔炼设备有很多,如冲天炉、反射炉、电弧炉和感应炉等,但以冲天炉应用最多,见图1.13所示。冲天炉熔炼

时以焦炭作燃料,石灰石等作熔剂,以生铁、废钢、铁合金等为金属炉料。金属炉料从加料口进入冲天炉,在迎着上升的高温炉气下落的过程中,逐渐被加热。当被加热到为 1 100～1 200 ℃时,金属炉料开始熔化变成铁水。铁水经炉内过热区进一步加热,最后降落到炉温较低的炉缸中流至前炉。

### 1.4.2 铸钢件生产

对于强度、塑性和韧性等性能要求高的零件应采用铸钢制造。但由于铸钢铸造性能差,生产成本高,因而其应用不如铸铁广泛。铸钢件的产量仅次于铸铁,约占铸件总产量的 15%。

#### 1. 铸钢的分类及牌号

根据化学成分不同铸钢可分为碳钢和合金钢两类。

（1）铸造碳钢　在铸钢中铸造碳钢应用最广,约占铸钢总产量的 70% 以上,表 1.14 为铸造碳钢的牌号、化学成分、力学性能及用途。牌号中"ZG"表示铸钢,后两组数字分别表示屈服强度和抗拉强度值。其中,中碳钢（ZG230 – 450 至 ZG310 – 570）的铸造性能和抗拉强度比低碳钢好,塑性和韧性比高碳钢高,应用最多。

（2）铸造低合金钢　铸造低合金钢的合金元素总量≤5%。加入少量合金元素后,铸钢的强度、耐磨性明显提高。目前,我国的铸造低合金钢主要是锰系（如 ZG40Mn,ZG30MnSi）和铬系（如 ZG40Cr,ZG35CrMo）两大系列,用于制造高强度齿轮、轴、水压机工作缸、水轮机转子等重要零件。

表 1.14　铸造碳钢的牌号、成分、性能及用途

| 铸钢牌号 | 化学成分（%） | | | | | 力学性能（≥） | | | | | 用途举例 |
| | 不大于 | | | | | $\sigma_s$ (MPa) | $\sigma_b$ (MPa) | $\delta$ (%) | $\psi$ (%) | $A_{kv}$ (J) | |
| | C | Mn | Si | S | P | | | | | | |
|---|---|---|---|---|---|---|---|---|---|---|---|
| ZG200 – 400 | 0.20 | 0.80 | 0.50 | | | 200 | 400 | 25 | 40 | 30 | 机座、变速箱壳等 |
| ZG230 – 450 | 0.30 | 0.90 | 0.50 | | | 230 | 450 | 22 | 32 | 25 | 砧铁、机座、锤座、箱体,工作温度在 450 ℃ 以下的管路附件等 |
| ZG270 – 500 | 0.40 | 0.90 | 0.50 | 0.04 | | 270 | 500 | 18 | 25 | 22 | 飞轮、机身、蒸汽锤、水压机工作缸、横梁等 |
| ZG310 – 570 | 0.50 | 0.90 | 0.60 | | | 310 | 570 | 15 | 21 | 15 | 联轴器、气缸、齿轮及重负荷机架等 |
| ZG340 – 640 | 0.60 | 0.90 | 0.60 | | | 340 | 640 | 10 | 18 | 10 | 起重运输机中的齿轮、联轴器及重要的机件等 |

近年来,高强度低合金（HSLA）铸钢已应用于生产,出现了屈服点达到 420MPa 以上的高强度铸钢和 750MPa 以上的超高强度铸钢。它们同时具有高

的强度和韧性。

(3) 铸造高合金钢　铸造高合金钢的合金元素总量 >10%,导致钢的组织发生了根本变化,因而具有耐磨、耐热、耐蚀等特殊性能,属特种铸钢。其中高锰钢 ZGMn13 是典型的抗磨钢,铸件在经受强烈冲击或挤压时,表面组织发生冷变形强化,硬度大为提高,可用来制造坦克和推土机的履带板、挖土机掘斗等。高速钢(ZGW18Cr4V)可直接铸出成形铣刀。不锈钢(ZGCr17,ZG1Cr18Ni9 等)主要用来制造耐酸泵等石油、化工用机器设备。耐热钢则用于高温加热炉的底板和托盘等零件。

### 2. 铸钢的铸造性能及铸造工艺特点

铸钢的熔点较高、钢液易氧化、钢水的流动性差、收缩大。体积收缩率为 10% ~ 14%,线收缩率为 1.8% ~ 2.5%。所以铸钢的铸造性能比铸铁差,必须采取如下一些工艺措施。

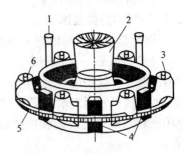

**图 1.47　铸钢齿轮铸型工艺**
1—直浇道　2—顶冒口　3—冒口型芯
4—冷铁　5—横浇道　6—空气压力冒口

(1) 铸钢件的壁厚不能小于 8 mm,以防止产生冷隔和浇不足缺陷。浇注系统的结构应力求简单、且截面尺寸比铸铁的大。应采用干铸型或热铸型,并适当提高浇注温度(1 520 ~ 1 600 ℃),以改善流动性。

(2) 由于铸钢的收缩大大超过铸铁,因此在铸造工艺上应采用冒口、冷铁等工艺措施,以实现定向凝固。图 1.47 所示为大型铸钢件齿轮铸型工艺图。

(3) 对薄壁或易产生裂纹的铸钢件,一般采用同时凝固原则。开设足够多的内浇口可使钢液迅速、均匀地充满铸型。此外,在设计铸钢件的结构时,还应使其壁厚均匀、避免尖角和直角结构,以防产生缩孔、缩松和裂纹缺陷。也可在型砂中加锯末、在芯砂中加焦炭、采用空心型芯和油砂芯来改善砂型或型芯的退让性和透气性,减少裂纹。

(4) 由于铸钢的熔点高,铸钢件极易产生粘砂缺陷。因此应采用耐火度高的人造石英砂制作铸型,并在铸型表面涂刷石英粉或锆砂制得的涂料。

(5) 为减少气体来源或提高钢水流动性和铸型强度,铸钢件砂型多用干型或快干型,如用 $CO_2$ 硬化的水玻璃砂型。

### 3. 铸钢件的热处理

铸钢件均需经过热处理后才能使用。因为在铸态下的铸钢件内部容易存在气孔、裂纹、缩孔和缩松、晶粒粗大、组织不均及残余内应力等缺陷,这些缺陷大大降低了其力学性能,尤其是塑性和韧性。因此铸钢件必须进行正火或退火。

正火处理适用于碳含量小于 0.35% 的铸钢件,因这类铸件塑性好、冷却时不易开裂。正火后的铸钢件还应进行高温回火以降低内应力。对于碳含量大于或等于 0.35% 的、结构较复杂或易产生裂纹的铸钢件,只能进行退火处理。铸钢件不宜淬火,因淬火时铸件极易开裂。

#### 4. 铸钢的熔炼

铸钢常用平炉、电弧炉和感应炉等熔炼。平炉的特点是容量大、可用废钢作原料、可准确控制钢的成分,多用于熔炼质量要求高的、大型铸钢件的钢液。电弧炉指三相电弧炉,见图 1.48,优点是开炉和停炉操作方便、能保证钢液成分和质量、对炉料的要求不甚严格和容易升温,故可用来熔炼优质钢、高级合金钢和特殊钢等。工频或中频感应炉,见图 1.49,适宜熔炼各种高级合金钢和碳含量极低的钢,其熔炼速度快、合金元素烧损小、能源消耗低且钢液质量高,适用于小型铸钢车间使用。

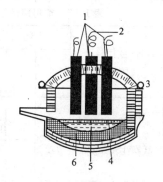

**图 1.48　电弧炉**

1—碳质电极　2—电源　3—炉门
4—熔渣　5—金属液　6—炉衬

### 1.4.3　非铁合金铸件生产

非铁合金具有许多优良的特性,因此也常用来制造铸件。如铝、镁、钛等合金相对密度小、比强度高,广泛应用于飞机、汽车、船舶和宇航工业。银、铜、铝导电、导热性好,是电器、仪表工业不可缺少的材料。镍、钨、铬、钼则是制造高温零件的理想材料。其中,以铜及其合金、铝及其合金的铸件应用最多。

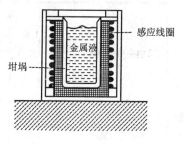

**图 1.49　感应炉**

#### 1. 铸造铝合金

铸造铝合金按成分可分为铝硅合金、铝铜合金、铝镁合金和铝锌合金四类。

①铝硅合金(硅铝明)　铸造性能好,但强度、塑性较低,经变质处理可提高其力学性能。铝硅合金品种多,ZL102 是典型合金,广泛用于制造内燃机缸体、缸盖、活塞、仪表外壳、风扇叶片等。

②铝铜合金　耐热性和切削加工性能好,但铸造性能和耐蚀性差,多用于制造内燃机活塞和气缸盖等。

③铝镁合金　质量轻,强度高,耐蚀性好,但铸造性能差,多用于承受冲击载

荷及在腐蚀条件下工作的零件,如飞机起落架、船用舷窗、氨用泵体等零件。

④铝锌合金 强度较高,但耐蚀性差,热裂倾向大,一般用于制造汽车发动机配件、仪表元件等。

表1.15为常用铸造铝合金的代号、牌号、成分、性能和用途

**表1.15 常用铸造铝合金的代号、牌号、成分、性能和用途**

| 类别 | 合金代号(牌号) | 添加元素化学成分(%) | | | | | | 力学性能≥ | | | 用途举例 |
|---|---|---|---|---|---|---|---|---|---|---|---|
| | | Si | Cu | Mg | Mn | Zn | Ti | $\sigma_b$ (MPa) | $\delta$ (%) | HBS | |
| 铝硅合金 | ZL101 (ZA1Si7Mg) | 6.5~7.5 | — | 0.25~0.45 | | | 0.08~0.20 | 202 192 | 2 2 | 60 60 | 形状复杂的砂型、金属型和压铸件,如飞机、仪器零件等 |
| | ZL102 (ZA1Si12) | 10.0~13.0 | — | — | — | | — | 153 143 133 | 2 4 4 | 50 50 50 | 形状复杂的砂型、金属型和压铸件,要求承受低载荷的气密性零件 |
| | ZL105 (ZA1Si5Cu1Mg) | 4.5~5.5 | 1.0~1.5 | 0.4~0.6 | | | | 231 212 222 | 0.5 1.0 0.5 | 70 70 70 | 承受中等载荷、250℃以下工作的零件,如发动机缸盖 |
| 铝铜合金 | ZL201 (ZA1Cu5Mn) | — | 4.5~5.3 | | 0.6~1.0 | | 0.15~0.35 | 290 330 | 8 4 | 70 90 | 砂型铸造在300℃以下工作的零件如发动机缸盖、活塞 |
| 铝镁合金 | ZL301 (ZA1Mg10) | — | — | 9.5~11.5 | — | — | — | 280 | 9 | 60 | 在大气或海水中工作,要求耐腐蚀并承受冲击的零件 |
| 铝锌合金 | ZL401 (ZA1Zn11Si7) | 6.0~8.0 | | 0.1~0.3 | | 9.0~13.0 | | 241 192 | 1.5 2 | 90 80 | 压铸件,工作温度不超过200℃,形状复杂的汽车、飞机零件等 |

**2. 铸造铜合金**

铸造铜合金分为铸造黄铜和铸造青铜两大类：

（1）铸造黄铜  黄铜是铜锌合金。普通黄铜是铜与锌的二元合金，普通黄铜中再加入铝、锰、硅、铅等元素便组成特殊黄铜。黄铜强度高、成本低，铸造性能好，品种多、产量大。合金元素的加入提高了其耐蚀性、耐磨性、耐热性及力学性能，特殊黄铜应用更广。铸造黄铜用"Z" + 铜元素符号 + 主加元素符号及含量（%）表示，如 ZCuZn16Si4 表示含 80% Cu，16% Zn，4% Si 的铸造硅黄铜。常用铸造黄铜的牌号、力学性能和用途见表 1.16。

**表 1.16  常用铸造黄铜的牌号、性能及用途**

| 类别 | 合金牌号 | 铸造方法 | 力学性能≥ | | | 用　　途 |
| --- | --- | --- | --- | --- | --- | --- |
| | | | $\sigma_b$ (MPa) | $\delta_5$ (%) | HBS | |
| 普通黄铜 | ZCuZn38 | 砂型<br>金属型 | 300<br>300 | 30<br>30 | 60<br>70 | 机械、热压轧制零件 |
| 硅黄铜 | ZCuZn16Si4 | 砂型<br>金属型 | 300<br>350 | 15<br>20 | 90<br>100 | 受海水作用的管件、阀体、齿轮、船舶零件 |
| 铅黄铜 | ZCuZn40Pb2 | 砂型<br>金属型 | 200<br>250 | 10<br>20 | 80<br>90 | 制造衬套以及要求高耐蚀性、耐磨性零件 |
| 铝黄铜 | ZCuZn31Al2 | 砂型<br>金属型 | 300<br>400 | 12<br>15 | 80<br>90 | 船舶及机器制造中耐蚀零件 |
| 铁黄铜 | ZCuZn40Fe2Mn1 | 砂型<br>金属型 | 300<br>350 | 25<br>25 | 85<br>90 | 衬套及其他耐磨零件 |
| 锰黄铜 | ZCuZn36Mn2Pb2 | 砂型<br>金属型 | 250<br>350 | 10<br>18 | 70<br>80 | 轴套、衬套及其他耐磨零件 |
| | ZCuZn40Mn2 | 砂型<br>金属型 | 350<br>400 | 20<br>25 | 80<br>90 | 海水中耐蚀零件，广泛应用于造船工业 |

（2）铸造青铜  青铜指铜锡合金。习惯上把含锡的称为锡青铜，不含锡的称为无锡青铜。常用青铜有锡青铜、铝青铜、铅青铜等。铸造青铜用"Z" + 铜元素符号 + 主加元素符号及含量（%）表示，如 ZCuSn10Zn2 表示含 88% Cu，10% Sn，2% Zn 的铸造锡青铜。常用铸造青铜的牌号、成分、性能和用途见表 1.17。

表 1.17  常用铸造青铜的牌号、成分、性能和用途

| 类别 | 合金牌号 | 主要化学成分,% | | 铸造方法 | 力学性能 | | | 用 途 |
|---|---|---|---|---|---|---|---|---|
| | | Sn | 其他 | | $\sigma_b$ (MPa) | $\delta$ (%) | HBS | |
| 锡青铜 | ZCuSn10Pb1 | 9.0~11.0 | Pb0.6~1.2 Cu 余量 | 砂型 | 220 | 3 | 80 | 重要用途的轴承、齿轮、套圈和轴套等 |
| | | | | 金属型 | 250 | 5 | 90 | |
| | ZCuSn6Zn6Pb3 | 5.0~7.0 | Zn5.0~7.0 Pb2.0~4.0 Cu 余量 | 砂型 | 180 | 8 | 60 | 耐磨零件,如轴套、轴承填料,也可以用作蜗轮材料 |
| | | | | 金属型 | 200 | 10 | 65 | |
| 无锡青铜 | ZCuAl9Fe4 | — | Al8.0~10.0 Fe2.0~4.0 Cu 余量 | 砂型 | 400 | 10 | 100 | 重要用途的耐磨耐蚀零件,如齿轮、轴套等 |
| | | | | 金属型 | 500 | 12 | 110 | |
| | ZCuPb30 | — | Pb27~33 Cu 余量 | 金属型 | — | — | — | 高速轴承、轴瓦等 $p$ =25MPa、$v$ = 10m/s 的静载荷工作零件 |

锡青铜  铸造收缩率很小,但致密度低,耐磨性和耐蚀性(在大气、海水和无机盐溶液中)优于黄铜,故适于制造形状复杂,致密性要求不高的耐磨、耐蚀零件,如轴承、轴套、水泵壳体等。

铝青铜  强度、塑性尤其是在酸、碱中的耐蚀性均高于锡青铜,流动性好,容易获得致密铸件,是应用很广的一种新型无锡青铜。缺点是耐磨性、耐热性较差,还不能完全取代锡青铜。

**3. 铜、铝合金铸件的生产特点**

铜、铝合金的熔化特点是金属料与燃料不直接接触,以减少金属的损耗和保证金属的纯洁。在一般铸造车间,铜、铝合金多采用以焦炭为燃料的坩埚炉或感应电炉来熔炼。

(1)铜合金的熔化及铸造特点

铜合金在液态下极易氧化,形成的氧化物 $Cu_2O$ 因溶解在铜内而使合金的性能下降。为防止铜的氧化,熔化青铜时应加熔剂以覆盖铜液。为去除已形成的 $Cu_2O$,最好在出炉前向铜液中加入 0.3%~0.6%磷铜来脱氧。由于黄铜中的锌本身就是良好的脱氧剂,所以熔化黄铜时不需另加熔剂和脱氧剂。

铸造黄铜熔点低,流动性好,可浇注薄壁复杂件。

锡青铜的结晶温度范围宽,呈糊状凝固,易产生缩松,对于防渗漏铸件,常采用冷铁,提高致密性。铝青铜的结晶温度范围窄,易获得致密铸件,但收缩大,易产生集中缩孔,要用较大的冒口进行补缩。浇注时,常采用带过滤网的底注式浇注系统,防止金属飞溅、氧化,并要去除浮渣。

(2)铝合金的熔化及铸造特点

铝合金在液态下也极易氧化,形成的氧化产物 $Al_2O_3$ 的熔点高达 2 050 ℃ ,密度稍大于铝,所以熔化搅拌时容易进入铝液,呈非金属夹渣。铝液还极易吸收氢气,使铸件产生针孔缺陷。

为了减缓铝液的氧化和吸气,可向坩埚内加入 KCl、NaCl 等作为熔剂,以便将铝液与炉气隔离。为了驱除铝液中已吸入的氢气,防止针孔的产生,在铝液出炉之前应进行驱氢精炼。简便的方法是用钟罩向铝液中压入氯化锌( $ZnCl_2$ )、六氯乙烷( $C_2Cl_6$ )等氯盐或氯化物,反应后生成 $AlCl_3$ 气泡,这些气泡在上浮过程中可将氢气及部分 $Al_2O_3$ 夹杂物一并带出铝液。

铝硅合金处于共晶成分,铸造性能最好,可浇注薄壁复杂铸件。铝铜、铝镁、铝锌合金远离共晶点,铸造性能差,适当提高浇注温度,合理安置冒口,可防止浇不到、缩孔、裂纹等缺陷。浇注时,通常采用开放式浇注系统和蛇形浇道,并保证金属流连续不断,防止飞溅和氧化。

(3)铸造工艺

为使铜、铝铸件表面光洁,砂型铸造时应选用细砂来造型。铜、铝合金的凝固收缩率较灰铸铁高,除锡青铜外,一般多需安置冒口使其定向凝固,以便补缩。

## 1.4.4　常用铸造方法的比较

各种铸造方法均有其优缺点,选用哪种铸造方法,必须依据生产的具体特点来确定,既要保证产品质量,又要综合考虑产品的成本和现场设备、原材料供应情况等因素,进行全面分析比较,以选定最适当的铸造方法。表1.18列出了几种常用的铸造方法,供选择时参考。

**表 1.18　几种铸造方法的比较**

| 比较项目＼铸造方法 | 砂型铸造 | 熔模铸造 | 金属型铸造 | 压力铸造 | 低压铸造 | 离心铸造 |
|---|---|---|---|---|---|---|
| 适用金属 | 任意 | 不限制,以铸钢为主 | 不限制,以有色合金为主 | 铝、锌等低熔点合金 | 以有色合金为主 | 以铸铁、铜合金为主 |
| 适用铸件大小 | 任意 | 一般＜25kg | 以中小铸件为主,也可用于数吨大件 | 一般为 10kg 下小件,也可用于中等铸件 | 中、小铸件为主 | 不限制 |
| 生产批量 | 不限制 | 成批、大量,也可单件生产 | 大批、大量 | 大批、大量 | 成批、大量 | 成批、大量 |
| 铸件尺寸精度 | IT14～IT15 | IT11～IT14 | IT12～IT14 | IT11～IT13 | IT12～IT14 | IT12～IT14（孔径精度低） |
| 表面粗糙度 $Ra(\mu m)$ | 50～12.5 | 12.5～1.6 | 12.5～6.3 | 3.2～0.8 | 12.5～3.2 | 12.5～6.3（内孔粗糙） |
| 金属收得率(%) | 30～50 | 60 | 40～50 | 60 | 85～90 | 85～95 |
| 毛坯利用率(%) | 70 | 90 | 70 | 95 | 80 | 70～90 |
| 铸件内部质量 | 结晶粗 | 结晶粗 | 结晶粗 | 结晶细,内部多有气孔 | 结晶细 | 缺陷很少 |
| 铸件加工余量 | 大 | 小或不加工 | 小 | 不加工 | 小 | 内孔加工量大 |
| 生产率(一般机械化程度) | 低、中 | 低、中 | 中、高 | 最高 | 中 | 中、高 |
| 设备费用 | 较高(机械造型) | 较高 | 较低 | 较高 | 中等 | 中等 |
| 应用举例 | 机床床身、轧钢机机架、变速箱箱体、带轮等一般铸件 | 刀具、叶片、自行车零件、机床零件、刀杆、风动工具等 | 铝活塞、水暖器材、水轮机叶片、一般有色合金铸件 | 汽车化油器、喇叭、电器、仪表、照相机零件 | 发动机缸体、缸盖、壳体、箱体、船用螺旋桨、纺织机零件 | 各种铁管、套筒、环、辊、叶轮、滑动轴承等 |

思考练习题

1. 从石墨的存在分析灰铸铁的力学性能及其性能特征。

2. 影响铸铁石墨化的主要因素是什么？为什么铸铁牌号不用化学成分来表示？

3. 灰铸铁最适于制造哪类铸件？试举车床上的几种铸铁件名称，并说明选用灰铸铁而不采用铸钢的原因。

4. 填写下表比较各种铸铁，阐述灰铸铁应用最广的原因。

| 类别 | 石墨形状 | 制造过程简述（铁液成分、炉前处理、热处理） | 适用范围 |
|---|---|---|---|
|  |  |  |  |
|  |  |  |  |
|  |  |  |  |
|  |  |  |  |

5. 为什么球墨铸铁的强度和塑性比灰铸铁高，而铸造性能比灰铸铁差？

6. 为什么可锻铸铁只适宜生产薄壁小铸件？壁厚过大易出现什么问题？

7. 某产品上的灰铸铁件壁厚计有 5、20、52 mm 三种，力学性能全部要求 $\sigma_b = 150$ MPa，若全部采用 HT150 是否正确？为什么？

8. 铸钢与球墨铸铁相比力学性能和铸造性能有哪些不同？为什么？

9. 为什么球墨铸铁是"以铁代钢"的好材料？球墨铸铁是否可以全部取代可锻铸铁？

10. 下列铸件宜选用哪类铸造合金？请阐述理由。

火车轮　　　空压机曲轴　　　缝纫机头　　　摩托车气缸体
气缸套　　　减速器蜗轮　　　车床床身　　　自来水管道弯头

11. 冲天炉化铁时加入废钢、硅铁、锰铁的作用是什么？

12. 铸造铝合金和铜合金的熔炼工艺特点是什么？各采取什么方法除气、去渣？

# 1.5  铸件结构设计

进行铸件设计时,不仅要保证其力学性能和工作性能要求,还必须考虑铸造工艺和合金铸造性能对铸件结构的要求。铸件的结构是否合理,即其结构工艺性是否良好,对保证铸件质量、降低成本、提高生产率有很大的影响。当产品是大批量生产时,则应使所设计的铸件结构便于采用机器造型;当产品是单件、小批生产时,则应使所设计的铸件尽可能在现有条件下生产出来。当某些铸件需要采用熔模铸造、金属型铸造或压力铸造等特种铸造方法生产时,还必须考虑这些方法对铸件结构的特殊要求。下面介绍砂型铸件对结构设计的主要要求。

## 1.5.1  铸造工艺对铸件结构设计的要求

铸造工艺对铸件结构的要求主要是从便于造型、制芯、合箱、清理及减少铸造缺陷的考虑出发的,包括对铸件外形的要求、对铸件内腔的要求和铸件结构斜度的要求等方面。铸造工艺对铸件结构设计的要求如表1.19、表1.20所示。

表 1.19  铸造工艺对铸件结构设计的要求

| 对铸件结构的要求 | 图 例 | |
| --- | --- | --- |
| | a. 不合理 | b. 合理 |
| 1. 尽量使分型面为平面<br>图 a 分型面需采用挖砂造型,图 b 去掉了不必要的外圆角,使造型简化 | | |
| 2. 应具有最少的分型面<br>图 a 存在上下边圈,通常要用三箱造型,图 b 去掉了下部边圈,简化了造型 | | |
| 3. 尽量避免起模方向存在外部侧凹,以便于起模<br>图 a 需增加外部圈芯,才能起模,图 b 去掉了外部圈芯,简化了制模和造型工艺 | | |

**续表 1.19**

| 对铸件结构的要求 | 图 例 | |
|---|---|---|
| | a. 不合理 | b. 合理 |
| 4. 凸台和筋条结构应便于起模<br>(1)图 a 需用活块或增加外部型芯才能起模。图 b 将凸台延长到分型面,省去了活块或型芯<br>(2)图 a 筋条和凸台阴影处阻碍起模。图 b 将筋条和凸台顺着起模方向布置,容易起模 | | |
| 5. 垂直分型面上的不加工表面最好有结构斜度<br>(1)图 b 具有结构斜度,便于起模<br>(2)图 b 内壁具有结构斜度,便于用砂垛取代型芯 | | |
| 6. 尽量少用或不用型芯<br>图 a 因出口处尺寸小,要用型芯形成内腔,图 b 采用开式结构,省去了型芯 | | |
| 7. 型芯在铸型中应支撑牢固<br>图 a 采用型芯撑加固,下芯、合箱和清理费工,图 b 支撑牢固 | | |
| 8. 可增加型芯头或工艺孔,用以固定型芯<br>图 a 不太牢固,图 b 增加了型芯头和工艺孔,定位稳固 | | |

**表 1.20　铸件的结构斜度**

| | 斜度 $a:h$ | 角度 $\beta$ | 使用范围 |
|---|---|---|---|
| | 1:5 | 11°30′ | $h < 25$ mm 铸钢和铸铁件 |
| | 1:10 | 5°30′ | $h = 25 \sim 500$ mm 铸钢和铸铁件 |
| | 1:20 | 3° | $h = 25 \sim 500$ mm 铸钢和铸铁件 |
| | 1:50 | 1° | $h > 500$ mm 铸钢和铸铁件 |
| | 1:100 | 30′ | 非铁合金铸件 |

## 1.5.2　铸造性能对铸件结构设计的要求

金属或合金的铸造性能影响铸件的内在质量。进行铸件结构设计时,必须充分考虑适应合金的铸造性能,否则容易产生缩孔、缩松、变形、裂纹、冷隔、浇不足、气孔等多种铸造缺陷,使铸件废品率增多。

### 1. 合理设计铸件壁厚

铸件的壁厚,首先要根据其使用要求设计。但从合金的铸造性能来考虑,则铸件壁既不能太薄,也不宜过厚。铸件壁太薄,金属液注入铸型时冷却过快,很容易产生冷隔、浇不足、变形和裂纹等缺陷。为此,对铸件的最小壁厚必须有一个限制,其大小主要取决于合金的种类、铸造方法和铸件尺寸等因素。表 1.21 是在一般砂型铸造条件下所允许的铸件最小壁厚。

**表 1.21　铸件最小壁厚**

| 铸造方法 | 铸件尺寸($mm^2$) | 合　金　种　类 | | | | | |
|---|---|---|---|---|---|---|---|
| | | 铸钢 | 灰铸铁 | 球墨铸铁 | 可锻铸铁 | 铝合金 | 铜合金 |
| 砂型铸造 | $< 200 \times 200$ | 8 | 5 ~ 6 | 6 | 5 | 3 | 3 ~ 5 |
| | $200 \times 200 \sim 500 \times 500$ | 10 ~ 12 | 6 ~ 10 | 12 | 8 | 4 | 6 ~ 8 |
| | $> 500 \times 500$ | 15 ~ 20 | 15 ~ 20 | 15 ~ 20 | 10 ~ 12 | 6 | 10 ~ 12 |

铸件壁也不宜过厚,否则金属液聚集会引起晶粒粗大,且容易产生缩孔、缩松等缺陷,所以铸件的实际承载能力并不随壁厚的增加而成比例地提高,尤其是灰铸铁件,在大截面上会形成粗大的片状石墨,使抗拉强度大大降低。因此,设计铸件壁厚时,不应以增加壁厚作为提高承载能力的惟一途径。

为了节约合金材料,避免厚大截面,同时又保证铸件的刚度和强度,应根据零件受力大小和载荷性质,选择合理的截面形状,如T字形、工字形、槽形或箱形等结构,并在薄弱环节安置加强肋,如图1.50所示。为了减轻铸件的重量,便于型芯的固定、排气和铸件的清理,还常在铸件的壁上开设窗口。

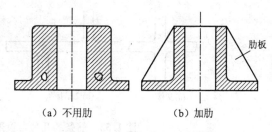

(a) 不用肋　　　　(b) 加肋

图 1.50　用加强肋来减小壁厚

### 2. 铸件壁厚应尽量均匀

铸件各部分壁厚差异过大,不仅在厚壁处因金属聚集产生缩孔、缩松等缺陷,还因冷却速度不一致而产生较大的热应力,致使薄壁和厚壁的连接处产生裂纹见图1.51(a),设计中应尽可能使壁厚均匀,避免过大的热节存在见图1.51(b)。铸件上的筋条分布应尽量减少交叉,以防形成较大的热节。如图1.52所示,将图(a)交叉接头改为图(b)交错接头结构,或采用图(c)的环形接头,可以减少金属的积聚,避免缩孔、缩松缺陷的产生。

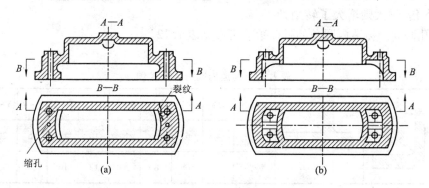

图 1.51　顶盖结构设计

### 3. 铸件壁的连接

铸件壁的连接处和转角处,是铸件的薄弱环节,在设计时,应注意设法防止金属液的集聚和内应力的产生。

(1)铸件的圆角结构

在铸件壁的连接处和转角处,应设计圆角,避免直角连接。这是由于直角处易产生应力集中现象,使直角处内侧的应力大大增加。同时,由于晶体结晶的方向性,使直角处形成了晶间的脆弱面见图1.53(a)。当采用圆角结构时见图

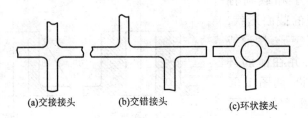

(a)交接接头　　　　(b)交错接头　　　　　(c)环状接头

图 1.52　　筋条的几种布置形式

1.53(b),可避免上述不良影响,防止裂纹产生,提高了转角处的力学性能。此外,圆角结构还有利于造型,并使铸件外形美观。

　　铸件内圆角的大小必须与壁厚相适应,其内接圆直径一般不应超过相邻壁厚的1.5 倍,过大则增大了转角处

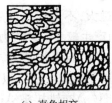

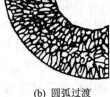

(a) 直角相交　　　　　　　(b) 圆弧过渡

图 1.53　　铸件转角处结晶示意图

缩孔倾向。铸造内圆角的具体数值可参阅表 1.22。

表 1.22　　铸造内圆角半径 R 值

| | $(a+b)/2$ | ≤8 | 8~12 | 12~16 | 16~20 | 20~27 | 27~35 | 35~45 | 45~60 |
|---|---|---|---|---|---|---|---|---|---|
| | 铸铁 | 4 | 6 | 6 | 8 | 10 | 12 | 16 | 20 |
| | 铸钢 | 6 | 6 | 8 | 10 | 12 | 16 | 20 | 25 |

　　(2)避免锐角连接

　　当铸件壁需以 90° 夹角连接时,直接以锐角连接对铸件质量和铸造工艺都不利,应采用图 1.54(a)、(b)所示的正确过渡形式。

　　(3)厚、薄壁间的连接要逐步过渡

　　铸件各部分的壁厚难以做到均匀一致,当不同厚度的铸件壁相连接时,应避免壁厚的突变,应采取逐步过渡的办法,以减少应力集中和防止产生裂纹。

　　**4. 避免收缩受阻**

　　当铸件的线收缩率较大而收缩又受阻时,会产生较大的内应力甚至开裂。

因此,在进行铸件结构设计时,可考虑设有"容让"的环节,该环节允许微量变形,以减少收缩阻力,从而自行缓解其内应力。

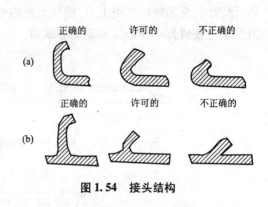

图1.54 接头结构

图1.55所示为轮辐的几种设计,图(a)为直条形偶数轮辐,结构简单,制造方便,但如果合金收缩大时,轮辐的收缩力互相抗衡,容易开裂。而图(b)、(c)、(d)三种轮辐结构则可分别以轮缘的变形、轮毂的转动和移动来缓解应力。图1.56所示的砂箱箱带的两种结构设计也是同样道理,(a)不合理,(b)合理。

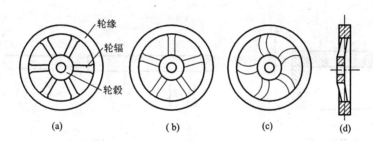

图1.55 轮辐的设计

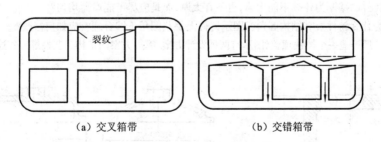

(a) 交叉箱带　　　　　　　(b) 交错箱带

图1.56 砂箱箱带的两种形式

## 5. 避免大的水平面

图1.57所示为薄壁罩壳铸件。图(a)结构的大平面在浇注时处于水平位置,气体和非金属夹杂物上浮后容易滞留,影响铸件表面质量。若改成图(b)结

构,浇注时,金属液沿斜壁上升,能顺利地将气体和杂质带出。同时,金属液的上升流动也使铸件不易产生浇不足等缺陷。

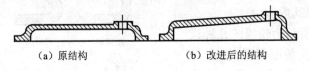

（a）原结构　　　　　　（b）改进后的结构

**图 1.57　罩壳铸件**

1. 什么是铸件的结构斜度? 它与起模斜度有何不同? 图示铸件的结构是否合理? 应如何改正?

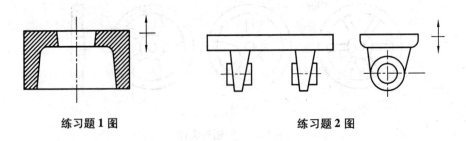

练习题 1 图　　　　　　　　　　　　　　练习题 2 图

2. 图示铸件在大批量生产时,其结构有何缺点? 应该如何改进?

3. 铸件的壁厚为什么不能太薄,也不宜太厚,而是应尽可能厚薄均匀?

4. 为什么铸件要有结构圆角? 图示铸件上哪些圆角不够合理? 应如何修改?

5. 某厂铸造一个铸铁顶盖,图示有两种设计方案,哪个方案的结构工艺性好? 叙述理由。

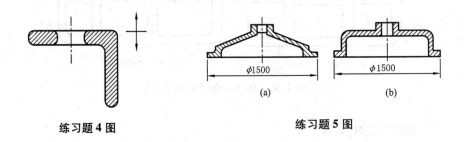

练习题 4 图　　　　　　　　　　　　　　练习题 5 图

6. 图示铸件的两种结构应选哪种? 为什么?

7、分析下图砂箱箱带的两种结构各有何优缺点? 并说明理由。

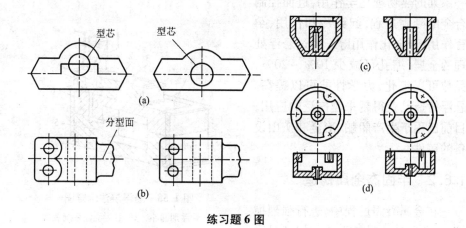

练习题 6 图

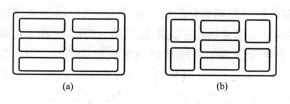

练习题 7 图

# 1.6 液态成形新工艺、新技术

## 1.6.1 悬浮铸造

　　悬浮铸造(suspension casting)是在浇注过程中,将一定量的金属粉末或颗粒加到金属液流中混合,一起充填铸型。经悬浮浇注到型腔中的已不是通常的过热金属液,而是含有固态悬浮颗粒的悬浮金属液。悬浮浇注时所加入的金属颗粒,如铁粉、铁丸、钢丸、碎切屑等统称悬浮剂(suspending agent)。由于悬浮剂具有通常的内冷铁的作用,所以也称微型冷铁。

　　悬浮浇注见图1.58所示。浇注的液体金属沿引导浇道7呈切线方向进入悬浮杯8后,绕其轴线旋转,形成一个漏斗形旋涡,造成负压将由漏斗1落下的悬浮剂吸入,形成悬浮的金属液,通过直浇道6注入铸型4的型腔5中。

　　悬浮剂有很大的活性表面,并均匀分布在金属液中,因此与金属液之间产生一系列的热物理化学作用,进而控制合金的凝固过程,起到冷却作用、孕育作用、合金化作用等。经过悬浮处理的金属,缩孔可减少 10% ~ 20%,晶粒可以细化,力学性能可以提高。悬浮铸造已获得越来越广泛的应用,目前已用于生产船舶、冶金和矿山设备的铸件。

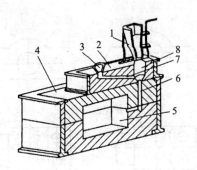

**图 1.58　悬浮浇注示意图**
1—悬浮剂漏斗　2—悬浮浇注系统装置
3—浇口杯　4—铸型　5—型腔
6—直浇道　7—引导浇道　8—悬浮杯

### 1.6.2　半固态金属铸造

在金属凝固过程中,进行强烈搅拌,使普通铸造易于形成的树枝晶网络被打碎,得到一种液态金属母液中均匀悬浮着一定颗粒状固相组分的固 - 液混合浆料,这种半固态金属具有某种流变特性,因而可易于用常规加工技术如压铸、挤压、模锻等实现成形。采用这种既非液态、又非完全固态的金属浆料加工成形的方法,称为半固态金属铸造( semi - solid metal casting)。与以往的金属成形方法相比,半固态金属铸造技术就是集铸造、塑性加工等多专业学科于一体制造金属制品的又一独特领域,其特点主要表现在:①由于其具有均匀的细晶粒组织及特殊的流变特性,加之在压力下成形,使工件具有很高的综合力学性能。由于其成形温度比全液态成形温度低,不仅减少液态成形缺陷,提高铸件质量,还可拓宽压铸合金的种类至高熔点合金。②能够减轻成形件的质量,实现金属制品的近终成形。③能够制造用常规液态成形方法不可能制造的合金,例如某些金属基复合材料的制备。因此,半固态金属铸造技术以其诸多的优越性而被视为突破性的金属加工新工艺。

**1. 半固态金属制备方法**

半固态金属坯料制备方法有熔体搅拌法、应变诱发熔化激活法、热处理法、粉末冶金法等。其中熔体搅拌法是应用最普遍的方法。熔体搅拌法根据搅拌原理的不同可分成如下两种。

(1)机械搅拌法　机械搅拌法的突出特点是设备技术比较成熟,易于实现投产。搅拌状态和强弱容易控制,剪切效率高,但对搅拌器材料的强度、可加工性及化学稳定性要求很高。在半固态成形的早期研究中多采用机械搅拌法。

(2)电磁搅拌法　电磁搅拌法的原理是在旋转磁场的作用下,使熔融金属液在容器内作涡流运动。电磁搅拌法的突出优点是不用搅拌器,对合金液成分影响小,搅拌强度易于控制,尤其适合于高熔点金属的半固态制备。

## 2. 半固态金属铸造的成形工艺

半固态金属铸造成形的工艺流程可分为两种:由原始浆料连铸或直接成形的方法被称为"流变铸造"(rheocasting),另一种为"搅熔铸造"(thixo—casting)。一般搅熔铸造中半固态组织的恢复仍用感应加热的方法,然后进行压铸、锻造加工成形。

半固态金属成形工艺如图 1.59 所示。

**图 1.59　半固态金属铸造成形工艺**

## 3. 半固态金属铸造的工业应用与开发前景

目前,半固态成形的铝和镁合金件已经大量地用于汽车工业的特殊零件上。生产的汽车零件主要有:汽车轮毂、主制动缸体、反锁制动阀、盘式制动钳、动力换向壳体、离合器总泵体、发动机活塞、液压管接头、空压机本体、空压机盖等。

## 1.6.3　近终形状铸造

近终形状铸造(near net shape casting)技术主要包括薄板坯连铸(厚度 40 ~ 100 mm)、带钢连铸(厚度小于 40 mm)以及喷雾沉积等技术。其中喷雾沉积技术为金属成形工艺开发了一条特殊的工艺路线,适用于复杂钢种的凝固成形。其工作原理如图 1.60 所示。

液态金属的喷射流束从安装在中间包底部的耐火材料喷嘴中喷出,金属液被强劲的气体流束

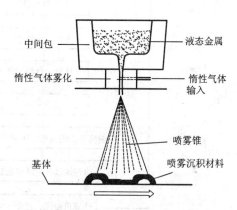

**图 1.60　喷雾沉积工作原理**

雾化,形成高速运动的液滴。在雾化液滴与基体接触前,其温度介于固 - 液相温度之间。随后液滴冲击在基体上,完全冷却和凝固后,形成致密的产品。根据基体的几何形状和运动方式,可以生产各种形状的产品,如小型材、圆盘、管子和复合材料等。当喷雾锥的方向沿平滑的循环钢带移动时,便可得到扁平状的产品。

多层材料可由几个雾化装置连续喷雾成形。空心的产品也可采用类似的方法制成,将液态金属直接喷雾到旋转的基体上,可制成管坯、圆坯和管子。以上讨论的各种方式均可在喷雾射流中加入非金属颗粒,制成颗粒固化材料。该工艺是可代替带钢连铸或粉末冶金的一种生产工艺。

### 1.6.4　计算机数值模拟技术

在铸造领域应用计算机技术标志着生产经验与现代科学的进一步结合,是当前铸造科研开发和生产进展的重要内容之一。随着计算模拟、几何模拟和数据库的建立及其相互联系的扩展,数值模拟已迅速发展为铸造工艺 CAD、CAE,并将实现铸造生产的 CAM。图 1.61 为"大型铸钢件铸造工艺 CAD"系统流程图。

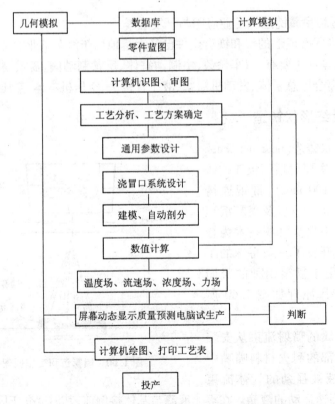

**图 1.61　"大型铸钢件铸造工艺 CAD"流程图**

例如,可用计算机数值模拟技术模拟铸件凝固过程,模拟计算包括冒口在内的三维铸件的温度场分布。先将铸件剖分成六面体的网格,每一个网格单元有一初始温度。然后计算其在实际生产条件下,在各种铸型中的传热情况。算出各个时刻每个单元的温度值,分析铸件薄壁处、棱角边缘处的凝固时间,厚壁处、铸件芯部和冒口处的凝固时间,看看冒口是否能很好地补缩铸件,铸件最后凝固处是否在冒口处。可预测铸件在凝固过程中是否出现缩孔、缩松缺陷,这种模拟计算叫做电脑试浇。由于工艺设计的不同,如砂型种类,冒口大小和位置,初始浇注温度,冷铁多少、大小的不同,其电脑试浇的结果也不同,反复试浇即反复模拟计算,总可以找到一种科学、合理的工艺,即通过电脑模拟计算优化了的工艺,进而组织生产,就可以得到优质铸件,这就是铸造工艺 CAD 技术。由于电脑试浇并非真正的人力、物力投入进行热生产试验,而只要有计算机,在一定的程序软件下进行模拟计算就行,因而可以大量节省生产试验资金,而且可以进行工艺优化,因此其经济效益十分显著。

## 思考练习题

1. 悬浮铸造中加入金属颗粒的主要作用是什么?
2. 半固态金属坯料制备有哪两种普通熔体搅拌法? 各有何特点?
3. 试比较传统的铸造过程与实现了 CAD、CAM 的铸造过程有何不同?

# 2 锻压成形

金属塑性成形是利用金属材料所具有的塑性变形规律,在外力作用下通过塑性变形,获得具有一定形状、尺寸和力学性能的零件或毛坯的加工方法。由于外力多数情况下是以压力的形式出现的,因此也称为金属压力加工(mechanical working of metal)。

塑性成形的产品主要有原材料、毛坯和零件三大类。

金属塑性成形的基本生产方式有:自由锻、模锻、板料冲压、挤压、拉拔、轧制等。

塑性加工与其他成形方法比较具有以下特点。

(1)能改善金属的组织,提高金属的力学性能。金属材料经压力加工后,其组织、性能都得到改善和提高,塑性加工能消除金属铸锭内部的气孔、缩孔和树枝状晶体等缺陷,并由于金属的塑性变形和再结晶,可使粗大晶粒细化,得到致密的金属组织,从而提高金属的力学性能。在零件设计时,若正确选用零件的受力方向与纤维组织方向,可以提高零件的抗冲击性能。

(2)可提高材料的利用率。金属塑性成形主要是靠金属在塑性变形时改变形状,使其体积重新分配,而不需要切除金属,因而材料利用率高。

(3)具有较高的生产率。塑性成形加工一般是利用压力机和模具进行成形加工的,生产效率高。例如,利用多工位冷镦工艺加工内六角螺钉,比用棒料切削加工工效提高约 400 倍以上。

(4)可获得精度较高的毛坯或零件。材料在发生塑性变形时,其体积基本上保持不变。压力加工时,坯料经过塑性变形可获得较高的精度。应用先进的技术和设备,可实现少切削或无切削加工。例如,精密锻造的伞齿轮齿形部分可不经切削加工直接使用,复杂曲面形状的叶片精密锻造后只需磨削便可达到所需精度。

由于各类钢和非铁金属都具有一定的塑性,故它们可以在冷态或热态下进行压力加工。加工后的零件或毛坯组织细密,比同材质的铸件力学性能好,对于承受冲击或交变应力的重要零件如机床主轴、齿轮、曲轴、连杆等,都应采用锻件毛坯加工。所以塑性成形加工在机械制造、军工、航空、轻工、家用电器等行业得到了广泛应用。例如,飞机上的塑性成形零件约占85%;汽车、拖拉机上的锻件占60%~80%。

压力加工的不足之处是不能加工脆性材料和形状特别复杂或体积特别大的零件或毛坯。

# 2.1 金属塑性变形基础

## 2.1.1 金属塑性变形的实质

金属在外力作用下,其内部将产生应力。该应力迫使原子离开原来的平衡位置,从而改变了原子间的距离,使金属发生变形,并引起原子位能的增高。但处于高位能的原子具有返回到原来低位能平衡位置的倾向。因而当外力停止作用后,应力消失,变形也随之消失。金属的这种变形称为弹性变形(elastic deformation)。

当外力增大到使金属的内应力超过该金属的屈服点之后,即使外力停止作用,金属的变形也并不消失,这种变形称为塑性变形(plastic deformation)。金属塑性变形的实质是晶体内部产生了滑移。

**1. 单晶体的塑性变形**

单晶体的塑性变形主要通过滑移和孪生两种方式进行。

(1)滑移

金属塑性变形最常见的方式就是滑移。如图2.1所示,晶体在切应力的作用下,一部分沿一定的晶面(亦称滑移面)和晶向(也称滑移方向)相对于另一部分产生滑移。

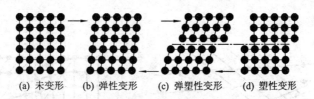

(a) 未变形　(b) 弹性变形　(c) 弹塑性变形　(d) 塑性变形

**图2.1 晶体滑移变形示意图**

实际上,单晶体的滑移变形除了晶体内两部分彼此以刚性的整体相对滑动外,晶体内部的各种缺陷(特别是位错)的运动更容易产生滑移,而且位错运动所需切应力远远小于刚性的整体滑移所需的切应力。如图2.2所示,当位错运动到晶体表面时,晶体就产生了塑性变形。

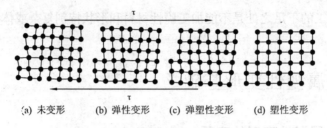

(a) 未变形　　(b) 弹性变形　　(c) 弹塑性变形　　(d) 塑性变形

图 2.2　位错运动引起滑移变形示意图

　　金属晶体的滑移遵循一定的规律。首先,从图 2.3 可以看出,当金属晶体发生滑移时,原子移动的距离是晶格常数的整数倍,所以滑移后仍然可以保持晶体结构的完整性,深入的观察和 X 射线结构分析表明,滑移后晶体结构的取向也没有发生变化。其次,由于金属晶体中各类晶面和晶向的原子密度并不相等,相应地各类晶面之间距的不同晶向的原子间距也不相等,所以当外应力或分切应力一定时,金属晶体必定会以晶面间距较大即晶面之间结合力较小的最密排面作为滑移面进行滑移,如图 2.3 中晶面 Ⅰ 。反之,原子密度小的晶面(图中Ⅱ组及Ⅲ组晶面),由于面间距离小,即晶面之间的结合力甚强而难于进行滑移。同样的道理,滑移方向一般也是金属晶体中的最密排方向。

　　(2)孪生

　　晶体变形的另一种方式是孪生。孪生变形是在切应力作用下,晶体的一部分对应于一定的晶面(孪晶面)沿一定方向进行的相对移动。如图 2.4 所示,原子移动的距离与原子离开孪晶面的距离成正比,每个相邻原子间的位移只有一个原子间距的几分之一,但许多层晶面累积起来的位移便可形成比原子间距大许多的变形。

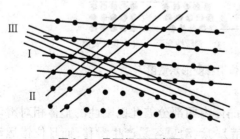

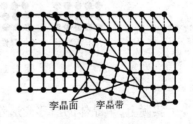

孪晶面　　孪晶带

图 2.3　晶面间距示意图　　　　图 2.4　孪生变形示意图

### 2. 多晶体金属的塑性变形

通常使用的金属都是由大量微小晶粒组成的多晶体。其塑性变形可以看成是由组成多晶体的许多单个晶粒产生变形的综合效果。多晶体的塑性变形虽然是以单晶体的塑性变形为基础的，但取向不同的晶粒彼此之间在变形过程中有约束作用，晶界的存在对塑性变形会产生影响，所以多晶体变形还有自己的特点。

（1）晶粒取向对塑性变形的影响

多晶体中各个晶粒的取向不同，如图 2.5 所示。在大小和方向一定的外力作用下，各个晶粒中沿一定滑移面和一定滑移方向上的分切应力并不相等，因此在某些取向合适的晶粒中，分切应力有可能先满足滑移的临界应力

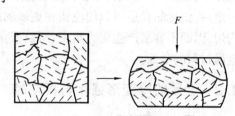

图 2.5 多晶体塑性变形示意图

条件而产生位错运动，这些晶粒的取向称为"软位向"。与此同时，另一些晶粒由于取向的原因可能还不符合发生滑移的临界应力条件而不会发生位错运动，这些晶粒的取向称为"硬位向"。在外力作用下，金属中处于软位向的晶粒中的位错首先发生滑移运动，但是这些晶粒变形到一定程度后就会受到处于硬位向、尚未发生变形的晶粒的障碍，只有当外力进一步增加才能使处于硬位向的晶粒也满足滑移的临界应力条件，产生位错运动从而出现均匀的塑性变形。

所以在多晶体金属中，由于各个晶粒取向不同，一方面使塑性变形表现出很大的不均匀性，另一方面也会产生强化作用。同时，在多晶体金属中，当各个取向不同的晶粒都满足临界应力条件后，每个晶粒既要沿各自的滑移面和滑移方向滑移，又要保持多晶体金属的结构连续性，所以实际的滑移变形过程比单

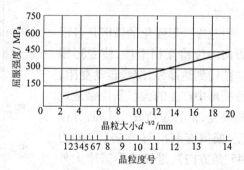

图 2.6 纯铁的强度与其晶粒直径的关系

晶体金属复杂、困难得多。在相同的外力作用下，多晶体金属的塑性变形量一般比相同成分单晶体金属的塑性变形量小。

（2）晶界对塑性变形的影响

在多晶体金属中，晶界原子的排列是不规则的，局部晶格畸变十分严重，还

容易产生杂质原子和空位等缺陷的偏聚。当位错运动到晶界附近时容易受到晶界的阻碍。在常温下多晶体金属受到一定的外力作用时,首先在各个晶粒内部产生滑移或位错运动,只有当外力进一步增大后,位错的局部运动才能通过晶界运动,从而出现更大的塑性变形。这表明与单晶体金属相比,多晶体金属的晶界可以起到强化作用,金属晶粒越细小,晶界在多晶体中占有的体积百分比越大,它对位错运动产生的阻碍也越大,因此细化晶粒可以对多晶体金属起到明显的强化作用,如图 2.6 所示。同时,在常温和一定的外力作用下,当总的塑性变形量一定时,细化晶粒后可以使位错在更多的晶粒中产生运动,这就会使塑性变形更均匀,因而不容易产生应力集中,所以细化晶粒在提高金属强度的同时也改善了金属材料的塑性。

## 2.1.2　金属的冷变形强化与再结晶

### 1. 金属的冷变形强化

金属在冷塑性变形后,其强度和硬度提高,塑性(伸长率和断面收缩率)降低,这种现象称为冷变形强化(cold deformation strengthening)。图 2.7 表示低碳钢和黄铜的冷变形强化现象。在冷变形强化的同时,金属内部存在残余应力(内应力)。

引起冷变形强化的原因是各滑移方向的位错互相干涉,使变形困难。位错到达晶界,继续运动受阻,塑性变形中产生的大量新位错造成晶格畸变,滑移过程中滑移面方位改变,偏离有利滑移方向(与外力成 45°角方向),继续变形需增大外力等。

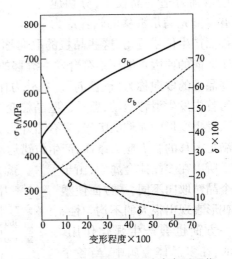

图 2.7　金属塑性变形导致冷变形强化

实线——冷轧的低碳钢($w_c = 0.16\%$)

虚线——冷轧的黄铜($w_{Cu} = 70\%$,$w_{Zn} = 30\%$)

冷变形强化对金属冷变形加工产生很大影响。冷变形强化后金属强度提高,要求压力加工设备的功率增大。冷变形强化后金属塑性下降,使金属继续塑性变形困难,因而必须增加中间退火工序。这样降低了生产率,提高了生产成本。

另一方面,也可利用冷变形强化作为一种强化金属的工艺用于生产。一些不能用热处理方法强化的金属材料,可应用冷变形强化来提高金属构件的承载能力,例如用滚压方法提高青铜轴瓦的承载能力和耐磨性,用喷丸方法提高铸件的疲劳强度等。

**2. 再结晶**

要消除冷变形强化,降低因塑性变形而产生的残余应力,必须对冷态下的塑性变形金属加热,因为金属塑性变形后晶体的晶格畸变,处于不稳定状态,它虽有自发地恢复到原来稳定状态的趋势,但在室温下,原子活动能量小,不可能自行恢复到未变形前的稳定状态。当加热后,原子活动能力增加,就能恢复到原来的稳定状态,消除晶格畸变和降低残余应力。随着加热温度的升高,再结晶过程可分为回复、再结晶和晶粒长大三个阶段。

再结晶温度 $T_{再}$ 可用经验关系式表示如下:

$$T_{再} = 0.4T_{熔}$$

式中,$T_{再}$ 为最低的再结晶温度,$T_{熔}$ 为金属熔点的温度。

(1)回复

当加热温度低于 $T_{再}$ 时,晶格中的原子只能作短距离扩散,使空位与间隙原子合并,空位与位错发生交互作用而消失,使晶格畸变减轻,残余应力显著下降。但变形金属的显微组织无明显变化,仍保持纤维组织,其力学性能变化也不大(图2.8)。

(2)再结晶

当加热温度超过 $T_{再}$ 时,在变形晶粒的晶界、滑移带、孪晶带等晶格严重畸变的区域,形成新的晶核(再结晶核心),晶核向周围长大形成新的等轴晶粒,已经变形的晶粒逐渐消失,直到金属内部的变形晶粒全部为新的等轴晶粒所取代,这个过程称为再结晶。

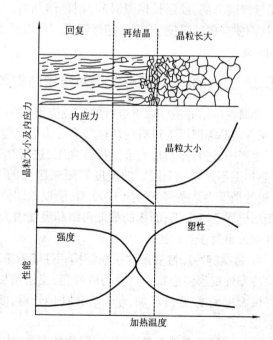

**图2.8  加热温度对冷塑性变形金属组织与性能的影响**

再结晶后形成的是无晶格畸变的、位错密度很低的、新的等轴晶粒。再结晶消除了变形的晶粒,消除了冷变形强化的残余应力,金属又恢复到塑性变形以前的力学性能。需要指出的是,再结晶只是改变了晶粒的形状,消除了因变形而产生的某些晶体缺陷,再结晶没有改变晶格的类型,再结晶不是相变过程。

再结晶过程需要一定的时间。加热温度愈高,所需时间愈少,再结晶速度愈快。为了消除冷变形强化所进行的热处理称为再结晶退火。再结晶退火的温度应比最低再结晶温度高150~250℃,见表2.1。

表 2.1　最低再结晶温度和再结晶退火温度(℃)

| 金　　属 | 最低再结晶温度 | 再结晶退火温度 |
|---|---|---|
| 钢和铁 | 400~450 | 600~700 |
| 铜 | 200~270 | 400~500 |
| 铝 | 100~150 | 250~350 |

(3)晶粒长大

对冷塑性变形金属进行再结晶退火后,一般都得到细小均匀的等轴晶粒。如温度继续升高,或延长保温时间,则再结晶后的晶粒又会长大而形成粗大晶粒,从而使金属的强度、硬度和塑性降低。所以要正确选择再结晶温度和加热时间的长短。

## 2.1.3　金属的冷、热塑性变形对组织结构和性能的影响

金属在再结晶温度以下进行的塑性变形称为冷态塑性变形,简称冷塑性变形;在再结晶温度以上进行的塑性变形称为热态塑性变形,简称热塑性变形。在锻压生产中,进行冷塑性变形又称冷加工,进行热塑性变形又称热加工。显然,冷、热加工不是以一个固定的温度界限来区分的,而是随材料不同而变化。例如,钨的最低再结晶温度约为1200℃,所以钨即使在稍低于1200℃的高温下塑性变形仍属于冷加工;而锡的最低再结晶温度约为-7℃,所以锡即使在室温下塑性变形也属于热加工。

### 1. 金属的冷塑性变形对组织结构和性能的影响

冷塑性变形使金属晶粒的晶格畸变,位错增加,位错密度升高,形成纤维组织。使金属硬度、强度增加,塑性、韧性(伸长率、断面收缩率和冲击韧度)降低,参看图2.7。

冷加工的优点是工件的尺寸、形状精度高,表面质量好。材料强度、硬度提高。劳动条件好。冷加工的缺点是变形抗力大,变形程度小,成形件内部残余应力大。要想继续进行冷加工变形,必须在工序间进行再结晶退火。

锻压生产中常用的冷加工有冷轧、冷拔、冷镦、冷冲压和冷挤压等。

**2. 金属的热塑性变形对组织结构和性能的影响**

金属的热塑性变形是在再结晶温度以上进行的。塑性变形时产生的冷变形强化现象和再结晶过程同时进行,冷变形强化随时被再结晶所消除。热塑性变形能以较小的能量获得较大的变形,即可提高金属的塑性,降低变形抗力。同时还可得到细小的等轴晶粒、均匀致密的组织和力学性能优良的制品。

所以绝大部分钢和有色金属及其合金的铸锭都通过热塑性变形(热锻、热轧等)成形或制成所需的坯件,以消除铸锭中的缺陷、改善组织和提高材料的力学性能。

金属热塑性变形对组织结构和性能的影响如下:

(1)消除铸态金属的某些缺陷,提高材料的力学性能

通过热轧和锻造可使金属铸锭中的疏松、气泡压合,部分消除某些偏析,将粗大的柱状晶粒和枝晶压碎,再结晶成细小均匀的等轴晶粒,改善夹杂物、碳化物的形态与分布。结果提高了金属材料的致密度和力学性能。例如,钢铸锭的密度为 6.9,经热轧后可提高到 7.85。表 2.2 说明碳钢铸锭经锻造后其力学性能提高的情况。

表 2.2 碳的质量分数为 0.3% 的碳钢铸造与锻造状态力学性能的比较

| 毛坯状态 | $\sigma_b/(\text{MPa})$ | $\sigma_s/(\text{MPa})$ | $\delta \times 100$ | $\psi \times 100$ | $\alpha_k/(\text{J} \cdot \text{cm}^{-2})$ |
|---|---|---|---|---|---|
| 铸造 | 500 | 280 | 15 | 27 | 35 |
| 锻造 | 530 | 310 | 20 | 45 | 70 |

从表中可看出,钢材经热塑性变形后其强度、塑性和冲击韧度均有所提高。所以,受力大,承受冲击和交变载荷的机械零件(如齿轮、连杆和轴类等)以及要求偏析小、组织致密的工具(如刀具、量规和模具等)常需经过热塑性成形加工。

(2)形成纤维组织(热加工流线)

热加工时因铸锭中的非金属夹杂物沿金属流动方向被拉长而形成纤维组织。这些夹杂物在再结晶时不会改变其纤维状。存在的纤维组织会导致金属材料的力学性能呈现各向异性。沿纤维方向(纵向)较垂直于纤维方向(横向)的强度、塑性和冲击韧度都较高,见表 2.3。

表 2.3 45 钢的力学性能与纤维方向的关系

| 性能／取样 | $\sigma_b/(\text{MPa})$ | $\sigma_{0.5}/(\text{MPa})$ | $\delta \times 100$ | $\psi \times 100$ | $\alpha_k/(\text{J} \cdot \text{cm}^{-2})$ |
|---|---|---|---|---|---|
| 横向 | 675 | 440 | 10 | 31 | 30 |
| 纵向 | 715 | 470 | 17.5 | 62.8 | 62 |

因此,用热塑性成形加工方法制造零件时,必须考虑流线在零件上的合理分布,应使零件上所受最大拉力方向与流线方向一致;所受剪力和冲击力方向与流线方向相垂直。生产中用模锻方法制造曲轴,用局部镦粗法制造螺钉,用轧制齿形法制造齿轮(图 2.9),形成的流线就能较好地适应零件的受力情况。

　　(a) 模锻制造曲轴　　(b) 局部镦粗制造螺钉　(c) 轧制齿形造齿轮

**图 2.9　合理的热加工流线**

热加工形成的纤维组织,不能用热处理方法消除。对不希望出现各向异性的零件和工具,则在锻造时可采用交替镦粗与拔长来打乱其流线。

### 3. 锻造比

锻造可以改善铸态金属组织的结构和性能,改善的程度取决于塑性变形程度。塑性变形程度常用锻造前后金属坯料的横截面积比值或长度(或高度)比值来表示,这种比例关系称为锻造比(setting ratio)。锻造比分为拔长锻造比和镦粗锻造比。

拔长锻造比($Y_{拔}$)用金属坯料拔长前的横截面积($F_0$)与拔长后的横截面积($F$)之比或拔长后的长度($L$)与拔长前的长度($L_0$)之比来表示,即

$$Y_{拔} = F_0/F$$

$$Y_{拔} = L/L_0$$

镦粗锻造比($Y_{镦}$)用金属坯料镦粗后的横截面积($F$)与镦粗前的横截面积($F_0$)之比或镦粗前高度($H_0$)与镦粗后高度($H$)之比来表示,即

$$Y_{镦} = F/F_0$$

$$Y_{镦} = H_0/H$$

锻造比的正确选择具有重要意义,关系到锻件的质量。所以应根据金属材料的种类和锻件尺寸及所需性能、锻造工序等多方面因素进行锻造比的选择。

用轧材或锻坯作为锻造坯料时,由于坯料已经过热变形,内部组织和力学性

能已得到改善,并具有纤维流线组织,应选择较小锻造比(≥1.5)。

用钢锭作为锻造坯料时,因钢锭内部组织不均,存在柱状晶和粗大晶粒及较多的缺陷,为消除铸造缺陷,改善性能,并使纤维分布符合要求,应选择适当的锻造比进行锻造。对碳素结构钢,拔长锻造比≥3,镦粗锻造比≥2.5。对合金结构钢,锻造比为3~4。

对铸造缺陷严重,碳化物粗大的高合金钢钢锭,应选择较大的锻造比。如不锈钢的锻造比选为4~6,高速钢的锻造比选为5~12。

## 2.1.4　金属的锻造性能及影响锻造性能的因素

金属的锻造性能(malleability)是衡量材料在经受压力加工时获得合格制品难易程度的工艺性能。金属的锻造性能好,表明该金属适合于采用压力加工成形。锻造性能差,表明该金属不宜选用压力加工方法成形。

锻造性能常用金属的塑性和变形抗力来综合衡量。塑性越好,变形抗力越小,则金属的锻造性能好。反之则差。

金属的塑性用金属的断面收缩率 $\psi$、伸长率 $\delta$ 等来表示。变形抗力系指在压力加工过程中变形金属作用于施压工具表面单位面积上的压力。变形抗力越小,则变形中所消耗的能量也越少。

金属的锻造性能取决于金属的本质和加工条件。

### 1. 金属的本质

(1)化学成分的影响

不同化学成分的金属其锻造性能不同。一般情况下,纯金属的锻造性能比合金好;碳钢的含碳量越低,锻造性能越好;钢中含有形成碳化物的元素(如铬、钼、钨、钒等)时,其锻造性能显著下降;钢中含磷会使钢出现冷脆性,含硫会出现热脆性,它们都会降低钢的锻造成形性能。

(2)组织结构的影响

金属内部的组织结构不同,对金属的锻造性能影响很大。纯金属及固溶体(如奥氏体)的锻造性能好,而碳化物(如渗碳体)的锻造性能差。铸态柱状组织和粗晶粒结构不如晶粒细小而又均匀的组织的锻造性能好。

### 2. 加工条件

(1)变形温度的影响

在一定的变形温度范围内,提高金属变形时的温度,是改善金属锻造性能的有效措施,并对生产率、产品质量及金属的有效利用有极大的影响。

金属在加热中,随温度的升高、金属原子的运动能力增强(热能增加,处于极为活泼的状态中),很容易进行滑移,因而塑性提高,变形抗力降低,锻造性能明显改善。但温度过高,对钢而言,必将产生过热、过烧、脱碳和严重氧化等缺陷,甚至使锻件报废,所以应该严格控制锻造温度。

　　锻造温度范围(forging temperature interval)系指始锻温度(开始锻造的温度)和终锻温度(停止锻造的温度)间的温度区间。终锻温度过低,金属的可锻性急剧变差,使加工很难进行,若强行锻造,将导致锻件破裂报废。常用金属材料的锻造温度范围见表2.4。

表2.4　常用金属材料的锻造温度范围

| 金属种类 | 牌号举例 | 始锻温度(℃) | 终锻温度(℃) |
|---|---|---|---|
| 普通碳素钢 | Q215、Q235、Q255 | 1280 | 700 |
| 优质碳素钢 | 40、45、60 | 1200 | 800 |
| 碳素工具钢 | T7、T8、T9、T10 | 1100 | 770 |
| 合金结构钢 | 30CrMnSiA、20CrMnTi、18Cr2Ni4WA | 1180 | 800 |
| | 12CrNi3 | 1150 | 800 |
| 合金工具钢 | Cr12MoV | 1050 | 800 |
| | 4Cr5W2VSi | 1150 | 950 |
| | 3Cr2W8V | 1160 | 850 |
| | 5CrNiMo、5CrMnMo | 1180 | 850 |
| 高速工具钢 | W18Cr4V、W9Cr4V2 | 1150 | 900 |
| 不锈钢 | 1Cr13、2Cr13、1Cr18Ni9Ti、1Cr18Ni9 | 1150 | 850 |
| | Cr17Ni2 | 1180 | 825 |
| 高温合金 | GH33 | 1140 | 950 |
| | GH37 | 1200 | 1000 |
| 铝合金 | LF21、LF2 | 480 | 380 |
| | LY2 | 470 | 380 |
| | LD5、LD6 | 480 | 380 |
| | LC4、LC9 | 450 | 380 |
| 镁合金 | MB5 | 400 | 280 |
| | MB15 | 400 | 300 |
| 钛合金 | TC4 | 950 | 800 |
| | TC9 | 970 | 850 |
| 铜及其合金 | T1、T2、T3、T4 | 900 | 650 |
| | HPb59 - 1 | 760 | 650 |
| | H62 | 820 | 650 |
| | QA110 - 3 - 1.5、QA110 - 4 - 4 | 850 | 700 |

（2）变形速度的影响

变形速度即单位时间内的变形程度。它对金属锻造性能的影响是矛盾的，一方面随着变形速度的增大，回复和再结晶不能及时克服冷变形强化现象，金属则表现出塑性下降、变形抗力增大（图2.10中 *a* 点以左），锻造性能变差。另一方面，金属在变形过程中，消耗于塑性变形的能量有一部分转化为热能（称为热效应现象），使金属温度升高。变形速度越大，热效应现象越明显，使金属的塑性提高、变形抗力下降（图2.10中 *a* 点以右），可锻性变得更好。但这种热效应现象除在高速锤等设备的锻造中较明显外，一般压力加工的变形过程中，因变形速度低，不易出现。

（3）应力状态的影响

金属在经受不同方法产生变形时，所承受的应力性质（压应力或拉应力）和大小是不同的。例如，挤压变形时（图2.11）为三向受压状态。镦粗时坯料中心部分的应力状态是三向压应力（图2.12），而周边部分上下和径向是压应力，切向是拉应力，塑性较差，所以周边部分容易被镦裂。而拉拔时（图2.13）则为两向受压、一向受拉的状态。

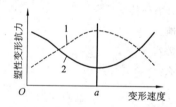

图2.10　变形速度对塑性及变形抗力的影响

1—变形抗力曲线　2—塑性变化曲线

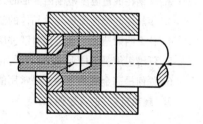

图2.11　挤压时金属应力状态

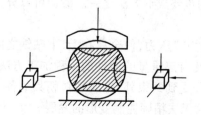

图2.12　镦粗时金属应力状态

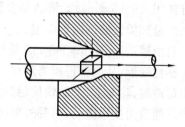

图2.13　拉拔时金属应力状态

实践证明,三个方向的应力中,压应力的数目越多,则金属的塑性越好。拉应力的数目越多,则金属的塑性越差。同号应力状态下引起的变形抗力大于异号应力状态下的变形抗力。拉应力使金属原子间距增大,尤其当金属的内部存在气孔、微裂纹等缺陷时,在拉应力作用下,缺陷处易产生应力集中,使裂纹扩展,甚至达到破坏报废的程度。压应力使金属内部原子间距离减小,不易使缺陷扩展,故金属的塑性会增高。但压应力使金属内部摩擦阻力增大,变形抗力亦随之增大。

综上所述,金属的锻造性能既取决于金属的本质,又取决于变形条件。在压力加工过程中,应该综合考虑各种因素,力求创造最有利的变形条件,充分发挥金属的塑性,降低变形抗力,使功耗最少,变形进行得充分,达到优质低耗的目的。

1. 何谓塑性变形? 塑性变形的实质是什么?

2. 碳钢在锻造温度范围内变形时,是否会有冷变形强化现象?

3. 多晶体的塑性变形与单晶体的塑性变形相比有何特点?

4. 什么叫锻造比? 锻造比对锻件质量有何影响?

5. 纤维组织是怎样形成的? 它的存在有何利弊?

6. 如何提高金属的塑性? 最常用的措施是什么?

7. "趁热打铁"的含意何在?

## 2.2　自由锻造

将金属坯料放在上、下砧铁或锻模之间,使之受到冲击力或压力而变形的加工方法叫锻造(forging)。锻造是金属零件的重要成形方法之一。锻造可以分为自由锻造和模型锻造两种类型。

自由锻造(open die forging)是利用冲击力或压力,使金属在上、下砧铁之间产生塑性变形,从而获得所需形状、尺寸以及内部质量的锻件的一种加工方法。自由锻造时,除与上、下砧铁接触的金属部分受到约束外,金属坯料朝其他各个方向均能自由变形流动,不受外部的限制,故无法精确控制变形的发展。

自由锻造分为手工锻造和机器锻造两种。手工锻造只能生产小型锻件,生产率较低。机器锻造是自由锻的主要方法。

自由锻所用的工具简单,具有很强的通用性,主要有铁砧、大锤、手锤、夹钳、冲子、錾子和型锤等。自由锻造准备周期短,因而应用较为广泛。自由锻件的质量范围可从 1kg 到 300t。对于大型锻件,自由锻是惟一的加工方法,这使得自由锻在重型机械制造中具有特别重要的作用。例如水轮机主轴、多拐曲轴、大型连杆、重要的齿轮等零件在工作时都承受很大的载荷,要求具有较高的力学性能,因此常采用自由锻方法生产毛坯。

由于自由锻件的形状与尺寸主要靠人工操作来控制,所以锻件的精度较低,加工余量大,操作中劳动强度大,生产率低。自由锻主要应用于单件、小批量生产,大型锻件的生产,修配,新产品的试制等。

## 2.2.1 自由锻造的工序

根据各工序变形性质和变形程度的不同,自由锻造工序可分为基本工序、辅助工序和精整工序三大类。

### 1. 基本工序

它是使金属坯料实现主要的变形要求,达到或基本达到锻件所需形状和尺寸的工序。主要有以下几种:

镦粗(upsetting) 是使坯料高度减小、横截面积增大的工序。它是自由锻生产中最常用的工序,适用于块状、盘套类锻件的生产。

拔长(drawing out) 是使坯料横截面积减小、长度增加的工序。它适用于轴类、杆类锻件的生产。为达到规定的锻造比和改变金属内部组织结构,锻制以钢锭为坯料的锻件时,拔长经常与镦粗交替反复使用。

冲孔(punching) 是在坯料上冲出通孔或盲孔的工序。对圆环类锻件,冲孔后还应进行扩孔工作。

弯曲(bending) 是使坯料轴线产生一定曲率的工序。

扭转(twisting) 是使坯料的一部分相对于另一部分绕其轴线旋转一定角度的工序。

错移(offset) 是使坯料的一部分相对于另一部分平移错开,但仍保持轴心平行的工序,它是生产曲拐或曲轴类锻件所必须的工序。

切割(cutting) 是分割坯料或切除锻件余量的工序。

锻接(forging welding) 是将两分离工件加热到高温,在锻压设备产生的冲击力或压力作用下,使两者在固相状态下结合成一牢固整体的工序。

### 2. 辅助工序

它是指进行基本工序之前的预变形工序。如压钳口、倒棱、压肩等。

### 3. 精整工序

它是在完成基本工序之后,用以提高锻件尺寸及位置精度的工序。如校正、滚圆、平整等。

实际生产中最常用的是镦粗、拔长、冲孔三个基本工序。相关工序如表 2.5 所示。

**表 2.5　自由锻造基本工序简图**

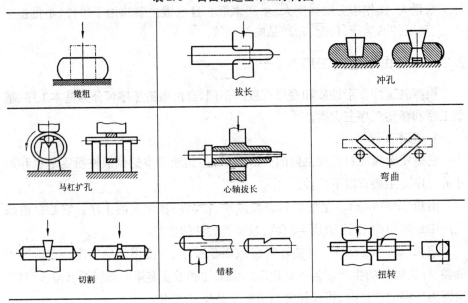

### 2.2.2　自由锻造工艺规程的制订

制订工艺规程、编写工艺卡片是进行自由锻生产必不可少的技术准备工作,是组织生产、规定操作规范、控制和检查产品质量的依据。自由锻工艺规程的主要内容包括:根据零件图绘制锻件图、计算坯料的质量和尺寸、确定锻造工序、选择锻造设备、确定坯料加热规范和填写工艺卡片等。

### 1. 绘制锻件图

锻件图是制定锻造工艺和检验的依据,绘制时主要考虑工艺余块、余量及锻件公差。绘制出的自由锻锻件图如图 2.14 所示。图中双点画线为零件轮廓。

(1)某些零件上的精细结构,如键槽、齿槽、退刀槽以及小孔、不通孔、台阶等,难以用自由锻锻出,必须暂时添加一部分金属以简化锻件形状,这部分添加的金属称为工艺余块(excess metal),它将在切削加工时去除。

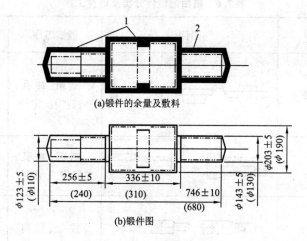

(a)锻件的余量及敷料

(b)锻件图

**图 2.14　典型锻件图**

1—工艺余块；　2—余量

（2）由于自由锻造的精度较低，表面质量较差，一般需要进一步切削加工，所以零件表面要留加工余量（machining allowance）。余量大小与零件形状、尺寸等因素有关。其数值应结合生产的具体情况而定。

（3）锻件公差（forging tolerance）是锻件名义尺寸的允许变动量。公差的数值可查有关国家标准，通常为加工余量的 1/4～1/3。

### 2. 计算坯料质量及尺寸

（1）坯料质量的计算　其计算公式为

$$m_坯 = m_锻 + m_烧 + m_芯 + m_切$$

式中　$m_坯$——坯料质量；

$m_锻$——锻件质量；

$m_烧$——加热时坯料表面氧化而烧损的质量；

$m_芯$——冲孔时芯料的质量；

$m_切$——端部切头损失质量。

（2）坯料尺寸的确定　首先根据材料的密度和坯料质量计算坯料的体积，然后再根据基本工序的类型（如拔长、镦粗）及锻造比计算坯料横截面积、直径、边长等尺寸。

### 3. 选择锻造工序

根据不同类型的锻件选择不同的锻造工序。一般锻件的大致分类及所用工序见表2.6

表2.6　自由锻锻件分类及锻造工序

| 锻件类型 | 图例 | 锻造工序 | 实例 |
|---|---|---|---|
| 盘类、圆环类锻件 | | 镦粗、冲孔、马杠扩孔、定径 | 齿圈、法兰、套筒、圆环等 |
| 筒类零件 | | 镦粗、冲孔、芯棒拔长、滚圈 | 圆筒、套筒等 |
| 轴类零件 | | 拔长、压肩、滚圆 | 主轴、传动轴等 |
| 杆类零件 | | 拔长、压肩、修整、冲孔 | 连杆等 |
| 曲轴类零件 | | 拔长、错移、压肩、扭转、滚圆 | 曲轴、偏心轴等 |
| 弯曲类零件 | | 拔长、弯曲 | 吊钩、轴瓦盖、弯杆 |

　　工艺规程的内容,还包括确定所用工夹具、加热设备、加热规范、加热火次、冷却规范、锻造设备和锻后热处理规范等。

　　表2.7为一个典型的自由锻件(半轴)的锻造工艺卡示例。

**表 2.7　半轴自由锻工艺卡**

| 锻件名称 | 半　　轴 | 锻件图 |
|---|---|---|
| 坯料质量 | 25kg | 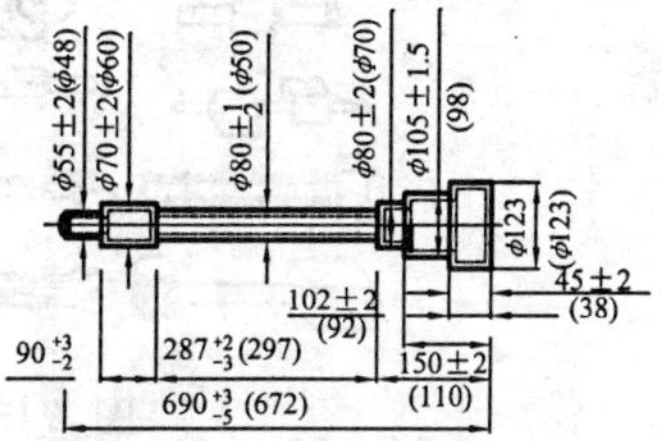 |
| 坯料尺寸 | $\varnothing130mm \times 240mm$ | |
| 材　　料 | 18CrMnTi | |

| 火　　次 | 工　　序 | 图　　例 |
|---|---|---|
| | 锻出头部 | 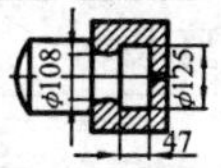 |
| | 拔　　长 | 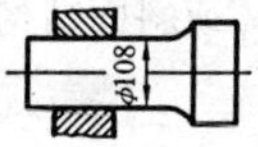 |
| 1 | 拔长及修整台阶 | 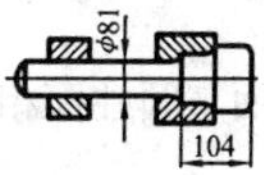 |
| | 拔长并留出台阶 | 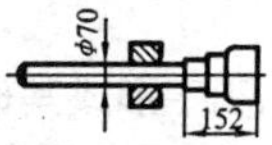 |
| | 锻出凹档及拔出端部并修整 | 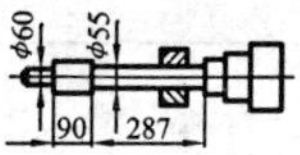 |

## 2.2.3　自由锻锻件的结构工艺性

由于自由锻只限于使用简单的通用工具成形,因此自由锻件外形结构的复杂程度受到很大限制。典型的自由锻锻件如图 2.15 所示。

在设计自由锻锻件时,除满足使用性能的要求外,还应考虑锻造时是否可能,是否方便和经济,即零件结构要符合自由锻的工艺性要求。自由锻零件的结构工艺性具体要求见表 2.8。

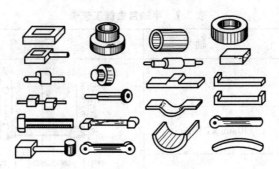

图 2. 15　典型的自由锻件

表 2. 8　自由锻零件的结构工艺性

| 工艺要求 | 合理结构 | 不合理结构 |
|---|---|---|
| 1. 尽量避免锥体或斜面结构 | | |
| 2. 应避免圆柱面与圆柱面相交 | | |
| 3. 避免椭圆形、工字形或其他非规则形状截面及非规则外形 | | |
| 4. 避免加强筋和凸台等结构 | | |
| 5. 复杂件应设计成为由简单件构成的组合体。 | | |

思考练习题

1. 什么叫自由锻造？它有何优、缺点？适合于何种场合使用？
2. 自由锻造使用哪些设备？各适合于何种场合应用？
3. 自由锻造有哪几种基本工序？它们各有何特点？各适用于锻造哪类锻件？
4. 试说明下图所示阶梯轴如何进行自由锻造。
5. 对自由锻造的锻件有哪些结构工艺性要求？
6. 在图示的两种抵铁上进行拔长时,效果有何不同？

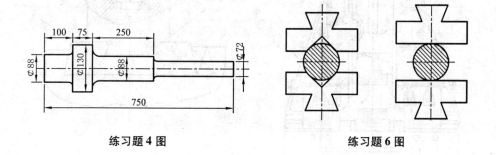

练习题 4 图　　　　　　　　　　练习题 6 图

# 2.3　模型锻造

模锻(die forging)是使金属坯料在冲击力或压力作用下,在锻模模腔内变形,从而获得锻件的工艺方法。

与自由锻相比模锻有如下优点:锻件的尺寸和精度比较高,机械加工余量较小,材料利用率高。可以锻造形状较复杂的锻件。锻件内部流线分布合理。操作方便,劳动强度低,生产率高。模锻生产广泛应用于机械制造业和国防工业中。

模锻生产由于受模锻设备吨位的限制,锻件质量不能太大,一般在 150 kg 以下。又由于制造锻模成本很高,所以模锻不适合于单件小批量生产,而适合于中小型锻件的大批量生产。

模锻按使用的设备不同分为:锤上模锻、压力机上模锻、胎模锻等。

## 2.3.1　锤上模锻

锤上模锻所用设备为模锻锤,由它产生的冲击力使金属变形。图 2.16 所示为一般工厂中常用的蒸汽－空气模锻锤。该种设备上运动副之间的间隙小,运动精度高,可保证锻模的合模准确性。模锻锤的吨位(落下部分的重量)为 1 ~ 16 t。

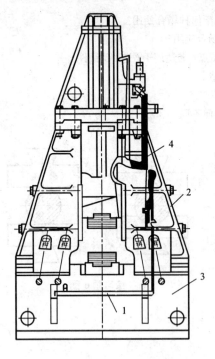

图 2.16　蒸汽－空气模锻锤

1—踏板　2—机架　3—砧座　4—操纵杆

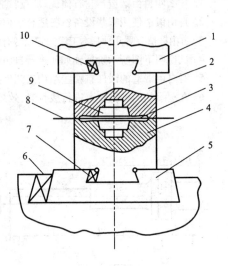

图 2.17　锤上模锻用锻模

1—锤头　2—上模　3—飞连槽
4—下模　5—模垫　6,7—楔铁
8—分模面　9—模膛　10—楔铁

锤上模锻生产所用的锻模如图 2.17 所示。上模 2 和下模 4 分别用楔铁 10、7 固定在锤头 1 和模垫 5 上,模垫用楔铁 6 固定在砧座上。上模随锤头作上下往复运动。9 为模膛,8 为分模面,3 为飞边槽。

根据其功用的不同,模膛分为模锻模膛和制坯模膛两种。

**1. 模锻模膛**

由于金属在此种模膛中发生整体变形,故作用在锻模上的抗力较大。模锻模膛又分为终锻模膛和预锻模膛两种。

(1)终锻模膛　终锻模膛的作用是使坯料最后变形到锻件所要求的形状和尺寸,因此它的形状应和锻件的形状相同。但因锻件冷却时要收缩,终锻模膛的尺寸应比锻件尺寸放大一个收缩量。钢件收缩率取 1.5%。另外,沿模膛四周有飞边槽,用以增加金属从模膛中流出的阻力,促使金属更好地充满模膛,同时容纳多余的金属。对于具有通孔的锻件，由于不可能靠上、下模的突起部分把金属完全挤压到旁边去，故终锻后在孔内有一薄金属，称为冲孔连皮，见图 2.18。最后，把冲孔连皮和飞边冲掉后，才能得到具有通孔的模锻件。

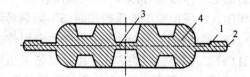

**图 2.18  带有冲孔连皮及飞边的模锻件**
1—飞边  2—分模面
3—冲孔连皮  4—锻件

（2）预锻模膛  预锻模膛的作用是使坯料变形到接近于锻件的形状和尺寸，这样再进行终锻时，金属容易充满终锻模膛。同时减少了终锻模膛的磨损，以延长锻模的使用寿命。预锻模膛与终锻模膛的主要区别是，前者的圆角和斜度较大，没有飞边槽。对于形状或批量不够大的模锻件也可以不设预锻模膛。

### 2. 制坯模膛

对于形状复杂的模锻件，为了使坯料形状基本接近模锻件形状，使金属能合理分布和很好地充满模锻模膛，就必须预先在制坯模膛内制坯。制坯模膛有以下几种：

（1）拔长模膛  拔长模膛是用来减小坯料某部分的横截面积，以增加该部分的长度（图 2.19）。当模锻件沿轴向横截面积相差较大时，常采用这种模膛进行拔长。拔长模膛分为开式见图 2.19（a）和闭式见图 2.19（b）两种。一般情况下，把它设置在锻模的边缘处。生产中进行拔长操作时，坯料除向前送进外并需不断翻转。

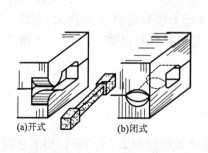

（a）开式  （b）闭式

**图 2.19  拔长模膛**

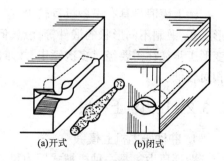

（a）开式  （b）闭式

**图 2.20  滚压模膛**

（2）滚压模膛  在坯料长度基本不变的前提下用它来减小坯料某部分的横截面积，以增大另一部分的横截面积（图 2.20）。滚压模膛分为开式见图 2.20（a）和闭式见图 2.20（b）两种。当模锻件沿轴线的横截面积相差不很大或对拔长后的毛坯作修整时,采用开式滚压模膛。当模锻件的截面相差较大时,则应采用闭式滚压模膛。滚压操作时需不断翻转坯料,但不作送进运动。

(3)弯曲模膛　对于弯曲的杆类模锻件,需采用弯曲模膛来弯曲坯料见图2.21(a)。坯料可直接或先经其他制坯工步后放入弯曲模膛内进行弯曲变形。弯曲后的坯料需翻转90°再放入模锻模膛中成形。

(4)切断模膛　它是在上模与下模的角部组成的一对刃口,用来切断金属见图2.21(b)。单件锻造时,用它从坯料上切下锻件或从锻件上切下钳口。多件锻造时,用它来分离成单个锻件。

此外,还有成形模膛、镦粗台及击扁面等制坯模膛。

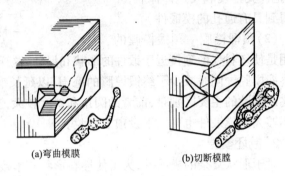

(a)弯曲模膜　　　　　　　(b)切断模膛

图2.21　弯曲连杆锻造过程

根据模锻件的复杂程度不同,所需变形的模膛数量不等,可将锻模设计成单膛锻模或多膛锻模。单膛锻模是在一副锻模上只具有终锻模膛一个模膛。如齿轮坯模锻件就可将截下的圆柱形坯料,直接放入单膛锻模中一次终锻成形。多膛锻模是在一副锻模上具有两个以上模膛的锻模。如弯曲连杆模锻件的锻模即为多膛锻模(图2.22)。

锤上模锻虽具有设备投资较少,锻件质量较好,适应性强,可以实现多种变形工步,锻制不同形状的锻件等优点,但由于锤上模锻震动大、噪声大,完成一个变形工步往往需要经过多次锤击,故难以实现机械化和自动化,生产率在模锻中相对较低。

## 2.3.2　压力机上模锻

### 1. 曲柄压力机上模锻

曲柄压力机是一种机械式压力机,其传动系统如图2.23所示。当离合器7在结合状态时,电动机1的转动通过带轮2、3、传动轴4和齿轮5、6传给曲柄8,再经曲柄连杆机构使滑块10做上下往复直线运动。离合器处在脱开状态时,带轮3(飞轮)空转,制动器15使滑块停在确定的位置上。锻模分别安装在滑块10和工作台11上。顶杆12用来从模膛中推出锻件,实现自动取件。

曲柄压力机的吨位一般为2 000～120 000 kN。

曲柄压力机上模锻的特点如下：

（1）曲柄压力机工作时震动小，噪声小。这是因为曲柄压力机作用于金属上的变形力是静压力，且变形抗力由机架本身承受，不传给地基。

（2）滑块行程固定，每个变形工步在滑块的一次行程中即可完成。

（3）曲柄压力机具有良好的导向装置和自动顶件机构，因此锻件的余量、公差和模锻斜度都比锤上模锻小。

（4）曲柄压力机上模锻所用锻模都设计成镶块式模具。这种组合模制造简单，更换容易，节省贵重的模具材料。

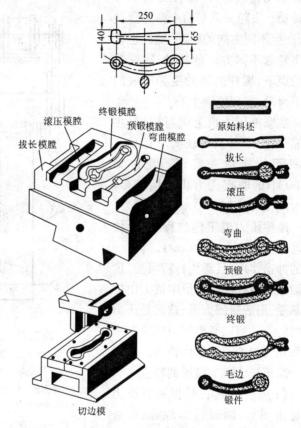

**图 2.22 弯曲和切断模膛**

（5）坯料表面上的氧化皮不易被清除，影响锻件质量。曲柄压力机上也不宜进行拔长和滚压工步。如果是横截面变化较大的长轴类锻件，可采用周期轧制坯料或用辊锻机制坯来代替这两个工步。

由于曲柄压力机上模锻所用设备和模具具有上述特点，因而这种模锻方法具有锻件精度高、生产率高、劳动条件好和节省金属等优越性，故适合于大批量生产条件下锻制中、小型锻件。

## 2. 摩擦压力机上模锻

摩擦压力机的工作原理如图 2.24 所示。锻模分别安装在滑块 7 和机座 10 上。滑块与螺杆 1 相连，沿导轨 9 上下滑动。螺杆穿过固定在机架上的螺母 2，其上端装有飞轮 3。两个摩擦盘 4 同装在一根轴上，由电动机 5 经皮带 6 使摩擦盘轴旋转。改变操纵杆位置可使摩擦盘轴沿轴向串动，这样就会把某一个摩擦盘靠紧飞轮边缘,借摩擦力带动飞轮转动。飞轮分别与两个摩擦盘接触,产生不同方向的转动,螺杆也就随飞轮做不同方向的转动,在螺母的约束下,螺杆的转动变为滑块的上下滑动,实现模锻生产。

在摩擦压力机上进行模锻,主要靠飞轮、螺杆及滑块向下运动时所积蓄的能量来实现。吨位为3 500 kN的摩擦压力机使用较多,最大吨位可达25 000 kN。

摩擦压力机工作过程中,滑块运动速度为 0.5～1.0 m/s,具有一定的冲击作用,且滑块行程可控,这与锻锤相似。坯料变形中抗力由机架承受,形成封闭力系,这又是压力机的特点。所以摩擦压力机具有锻锤和压力机的双重工作特性。

摩擦压力机上模锻的特点:

(1)适应性强,行程和锻压力可自由调节,因而可实现轻打、重打,可在一个模膛内对锻件进行多次锻打。

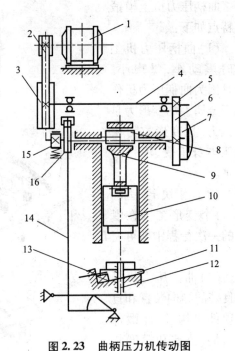

图 2.23　曲柄压力机传动图

1—电动机　2—小带轮　3—大带轮
4—传动轴　5—小齿轮　6—大齿轮
7—离合器　8—曲柄　9—连杆　10—滑块
11—楔形工作台　12—下顶杆　13—楔铁
14—顶料连杆　15—制动器　16—凸轮

不仅能满足模锻各种主要成形工序的要求,还可以进行弯曲、热压、切飞边、冲孔连皮及精压、校正等工序。

(2)滑块运行速度低,锻击频率低,金属变形过程中的再结晶可以充分进行。适合于再结晶速度慢的低塑性合金钢和有色金属的模锻。

(3)设备本身带有顶料装置,故可以采用整体式锻模,也可以采用特殊结构的组合式模具,使模具设计和制造简化、节约材料、降低成本。同时,可以锻制出形状更为复杂、工艺余块和模锻斜度都较小的锻件。此外,还可将轴类锻件直立起来进行局部镦粗。

(4)摩擦压力机承受偏心载荷的能力差,一般只能进行单膛锻模进行模锻。对于形状复杂的锻件,需要在自由锻设备或其他设备上制坯。

摩擦压力机上模锻适合于中小型锻件的小批或中批生产,如铆钉、螺钉、螺母、配汽阀、齿轮、三通阀等。

综上所述,摩擦压力机具有结构简单、造价低、投资少、使用及维修方便、基建要求不高、工艺用途广泛等优点,所以企业中小型锻造车间大多拥有这类设备。

### 3. 平锻机上模锻

平锻机的主要结构与曲柄压力机相同,如图 2.25 所示。只不过其滑块水平运动,故被称为平锻机。电动机 1 的转动经过带轮 5、齿轮 7 传至曲轴 8 后,通过主滑块 9 带动凸模 10 作纵向往复运动,同时又通过凸轮 6、杠杆 14 带动副滑块和活动模 13 作横向往复运动。挡料板 11 通过棍子与主滑块 9 上的轨道相连,当主

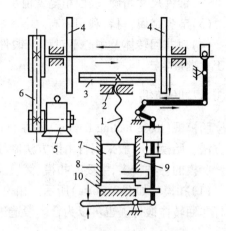

图 2.24　摩擦压力机传动简图
1—螺杆　2—螺母　3—飞轮
4—摩擦盘　5—电动机　6—皮带
7—滑块　8、9—导轨　10—机座

滑块向前运动时(工作行程),轨道斜面迫使棍子上升,并使挡料板绕其轴线转动,挡料板末端便移至一边,以便凸模 10 向前运动。

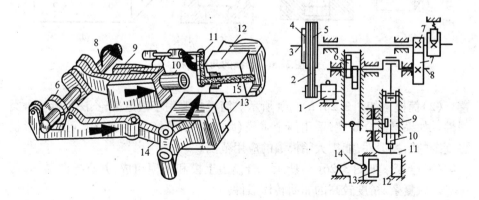

图 2.25　平锻机传动图
1—电动机　2—V 带　3—传动轴　4—离合器　5—带轮　6—凸轮　7—齿轮　8—曲轴　9—主滑块
10—凸模　11—挡料板　12—固定凹模　13—副滑块和活动凹模　14—杠杆　15—坯料

平锻机上模锻有如下特点:

(1)扩大了模锻的范围,可以锻出锤上模锻和曲柄压力机上模锻无法锻出的锻件,模锻工步主要以局部镦粗为主,也可以进行切飞边、切断和弯曲等工步。

（2）锻件尺寸精确,表面粗糙度值小,生产率高。

（3）节省金属,材料利用率高。

（4）对非回转体及中心不对称的锻件较难锻造。平锻机的造价也较高,适用于大批量生产。

### 2.3.3　胎模锻

胎模锻（loose tooling forging）是在自由锻设备上使用胎模生产模锻件的工艺方法。胎模锻一般采用自由锻方法制坯,然后在胎模中成形。

胎模的种类较多,主要有扣模、筒模及合模三种。

（1）扣模　如图3.26（a）所示。扣模用来对坯料进行全部或局部扣形,生产长杆非回转体锻件。也可以为合模锻造进行制坯。用扣模锻造时,坯料不转动。

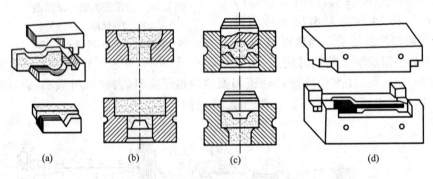

图 2.26　胎模的几种结构

（2）筒模　如图3.26（b）（c）所示。筒模主要用于锻造齿轮、法兰盘等盘类锻件。如果是组合筒模,采用两个半模（增加一个分模面）的结构,可锻出形状更复杂的胎模锻件,能扩大胎模锻的应用范围。

（3）合模　如图3.26（d）所示。合模由上模和下模组成,并有导向结构,可生产形状复杂、精度较高的非回转体锻件。

由于胎模结构较简单,可提高锻件的精度,不需昂贵的模锻设备,故扩大了自由锻生产的范围。但胎模易损坏,较其他模锻方法生产的锻件精度低,劳动强度大,故胎模锻只适用于没有模锻设备的中小型工厂中生产中小批量锻件。

### 2.3.4　模锻件的结构工艺性

设计模锻零件时,应根据模锻特点和工艺要求,使其结构与模锻工艺相适应,以便于模锻生产和降低成本。为此,锻件的结构应符合下列原则:

（1）模锻零件应具有合理的分模面，以使金属易于充满模腔，模锻件易于从锻模中取出，且工艺余块最少，锻模容易制造。

分模面是指上下锻模在模锻件上的分界面。它在锻件上的位置是否合适，关系到锻件成形、锻件出摸、材料利用率及锻模加工等一系列问题。选定分模面的原则是：

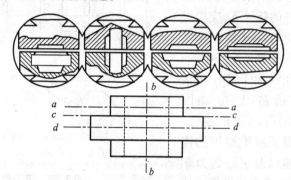

图 2.27　分模面的选择比较

①应保证摸锻件能从模腔中取出来。如图 2.27 所示轮形件，把分模面选定在 $a$—$a$ 面时，已成形的模锻件就无法取出。一般情况，分模面应选在模锻件的最大截面处。

②按选定的分模面制成锻模后，应使上下两模分模面的模腔轮廓一致，以便在安装锻模和生产中容易发现错模现象，及时而方便地调整锻模位置。图 2.27 中的 $c$—$c$ 面被选定为分模面，就不符合此原则。

③分模面应选在能使模腔深度最浅的位置上。这样有利于金属充满模腔，便于取件，并有利于锻模的制造。图 2.27 中的 $b$—$b$ 面，就不适合作分模面。

④选定的分模面应使零件上所加的敷料最少。图 2.27 中的 $b$—$b$ 面被选作分模面时，零件中间的孔不能锻出来，孔部金属都是工艺余块，既浪费金属，又增加了切削加工的工作量。所以该面不宜作分模面。

⑤分模面最好是一个平面，以便于锻模的制造，并防止在锻造过程中上下锻模错动。

按上述原则综合分析，图 2.27 中的 $d$—$d$ 面是最合理的分模面。

（2）模锻零件上，除与其他零件配合的表面外，均应设计为非加工表面。这是因为模锻件的尺寸精度较高，表面粗糙度值较小。模锻件的非加工表面之间形成的角应设计模锻圆角，与分模面垂直的非加工表面，应设计出模锻斜度。

（3）零件的外形应力求简单、平直、对称，避免零件截面间差别过大，或具有薄壁、高肋等不良结构。一般说来，零件的最小截面与最大截面之比不要小于 0.5，否则不易于模锻成形。如图 2.28（a）所示零件的凸缘太薄、太高，中间下凹太深，金属不易充型。如图 2.28（b）所示零件过于扁薄，薄壁部分金属模锻时容易冷却，不易锻出，对保护设备和锻模也不利。如图 2.28（c）所示零件有一个高而薄的凸缘，使锻模的制造和锻件的取出都很困难。改成如图 2.28（d）所示形状则较易锻造成形。

（4）在零件结构允许的条件下，应尽量避免有深孔或多孔结构。孔径小于 30 mm 或孔深大于直径两倍时，锻造困难。如图 2.29 所示齿轮零件，为保证纤维组织的连贯性以及更好的力学性能，常采用模锻方法

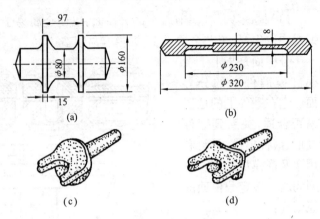

图 2.28　模锻件结构工艺性

生产，但齿轮上的四个 ⌀20 mm 的孔不方便锻造，只能采用机加工成形。

（5）对复杂锻件，为减少工艺余块，简化模锻工艺，在可能条件下，应采用锻造—焊接或锻造—机械联接组合工艺，如图 2.30 所示。

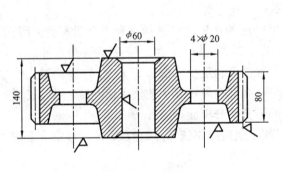

图 2.29　多孔齿轮

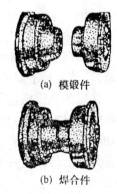

(a) 模锻件

(b) 焊合件

图 2.30　锻－焊结构模锻零件

思考练习题

1. 如何确定分模面的位置？为什么模锻生产中不能直接锻出通孔？

2. 改正图示模锻锻件结构的不合理处。

3. 图示零件采用锤上模锻制造，请选择最合适的分模面位置。

4. 为什么胎模锻可以锻造出形状较为复杂的模锻件？

5. 摩擦压力机上模锻有何特点？为什么？

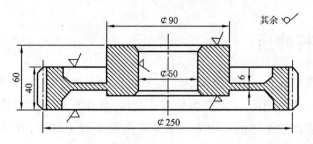

练习题 2 图

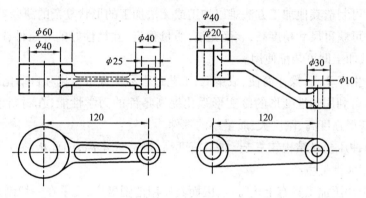

练习题 3 图

6. 下列零件若批量分别为单件、小批、大批量生产时,应选用哪种方法制造? 并定性地画出各种方法所需的锻件图。

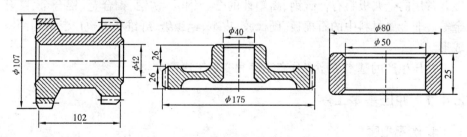

练习题 6 图

7. 下列制品选用哪种锻造方法制作?

活扳手(大批量)　　　　　家用炉钩(单件)

自行车大梁(大批量)　　　铣床主轴(成批)

大六角螺钉(成批)　　　　起重机吊钩(小批)

万吨轮主传动轴(单件)

# 2.4　板料冲压

板料冲压(stamping)是金属塑性加工的基本方法之一,它是通过装在压力机上的模具对板料施压,使之产生分离或变形,从而获得一定形状、尺寸和性能的零件或毛坯的加工方法。因为通常是在常温条件下加工,故又称为冷冲压。只有当板料厚度超过8mm或材料塑性较差时才采用热冲压。

板料冲压与其他加工方法相比具有以下特点:

(1)可制造其他加工方法难以加工或无法加工的形状复杂的薄壁零件。

(2)可获得尺寸精度高,表面光洁,质量稳定,互换性好的冲压件,一般不再进行机械加工即可装配使用。

(3)生产率高,操作简便,成本低,工艺过程易实现机械化和自动化。

(4)可利用塑性变形的冷变形强化提高零件的力学性能,在材料消耗少的情况下获得强度高、刚度大、质量小的零件。

(5)冲压模具结构较复杂,加工精度高,制造成本高,因此板料冲压加工一般适用于大批量生产。

由于冲压加工具有上述特点,因而其应用范围极广,几乎在一切制造金属成品的工业部门中都被广泛采用。尤其在现代汽车、拖拉机、家用电器、仪器仪表、飞机、导弹、兵器以及日用品生产中占有重要地位。

板料冲压所用原材料,特别是制造中空的杯状产品时,必须具有足够的塑性。常用的金属板料有低碳钢、高塑性的合金钢、不锈钢、铜合金、铝合金、镁合金等。非金属材料中的石棉板、硬橡胶、皮革、绝缘纸、纤维板等也广泛采用冲压成形。

冲压生产的基本工序有分离工序和变形工序两大类。

## 2.4.1　冲压基本工序

### 1. 分离工序

分离工序是使坯料的一部分与另一部分相互分离的工序。如落料、冲孔、切断和修整等。

(1)落料及冲孔

落料(blanking)及冲孔(punching)统称为冲裁,冲裁是使坯料按封闭轮廓分离的工序。落料时,冲落部分为成品,而余料为废料。冲孔时,冲落部分是废料,余料部分为成品。

①冲裁变形过程

冲裁时板料的变形和分离过程对冲裁件质量有很大影响。其过程可分为如下三个阶段(图2.31)。

a. 弹性变形阶段  冲头(凸模)接触板料继续向下运动的初始阶段,将使板料产生弹性压缩、拉伸与弯

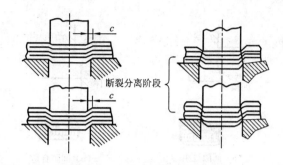

图2.31  冲裁变形和分离过程

曲等变形。板料中的应力值迅速增大。此时,凸模下的板料略有弯曲,凸模周围的板料则向上翘。间隙c的数值越大,弯曲和上翘越明显。

b. 塑性变形阶段  冲头继续向下运动,板料中的应力值达到屈服极限,板料金属产生塑性变形。变形达到一定程度时,位于凸、凹模刃口处的金属硬化加剧,出现微裂纹。

c. 断裂分离阶段  冲头继续向下运动,已形成的上下裂纹逐渐扩展。上下裂纹相迎重合后,板料被剪断分离。

冲裁件分离面的质量主要与凸凹模间隙、刃口锋利程度有关,同时也受模具结构、材料性能及板料厚度等因素影响。

②凸凹模间隙

凸凹模间隙不仅严重影响冲裁件的断面质量,也影响着模具寿命、卸料力、推件力、冲裁力和冲裁件的尺寸精度。

冲裁断面特征如图2.32所示。冲裁断面明显分为圆角带、光亮带、断裂带和毛刺四个部分。当冲裁间隙合理时,凸、凹模刃口冲裁所产生的上下剪裂纹会基本重合,获得的工件断面较光洁,毛刺最小。间隙过小,上下剪裂纹向外错开,在冲裁件断面上会形成毛刺和迭层。间隙过大,材料中拉应力增大,塑性变形阶段过早结束,裂纹向里错开,不仅光亮带小,毛刺和剪裂带均较大(图2.33)。

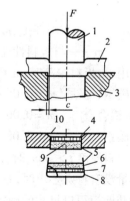

图2.32  冲裁断面的特征

1—凸模  2—板料
3—凹模  4,7—光亮带  5—毛刺
6,9—断裂带  8,10—圆角带

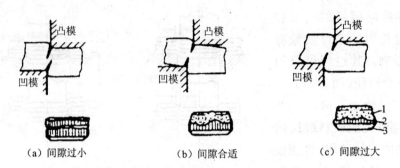

（a）间隙过小　　　　　（b）间隙合适　　　　　（c）间隙过大

**图 2.33　冲裁间隙对断面质量的影响**

1—断裂带　2—光亮带　3—塌角

间隙的大小也影响模具的寿命。间隙越小,摩擦越严重,模具的寿命将降低。间隙对卸料力、推件力也有较明显的影响。间隙越大,则卸料力和推件力越小。

因此,正确选择合理的间隙值对冲裁生产是至关重要的。当冲裁件断面质量要求较高时,应选取较小的间隙值。对冲裁件断面质量无严格要求时,应尽可能加大间隙,以利于提高冲模寿命。

单边间隙 $c$ 的合理数值可按下述经验公式计算:

$$c = mt$$

式中　$t$——板料厚度,mm;

　　　$m$——与板料性能及厚度有关的系数。

实用中,板料较薄时,$m$ 可以选用如下数据:

低碳钢、纯铁　　$m = 0.06 \sim 0.09$

铜、铝合金　　　$m = 0.06 \sim 0.1$

高碳钢　　　　　$m = 0.08 \sim 0.12$

当板料厚度 $t > 3$mm 时,由于冲裁力较大,应适当把系数 $m$ 放大。对冲裁件断面质量没有特殊要求时,系数 $m$ 可放大 1.5 倍。

③凸凹模刃口尺寸的确定

在冲裁件尺寸的测量和使用中,都是以光亮面的尺寸为基准的。落料件的光亮面是因凹模刃口挤切材料产生的,而孔的光亮面是凸模刃口挤切材料产生的。故计算刃口尺寸时,应按落料和冲孔两种情况分别进行。

设计落料模时,应先按落料件确定凹模刃口尺寸,取凹模作设计基准件,然后根据间隙确定凸模尺寸,即用缩小凸模刃口尺寸来保证间隙值。设计冲孔模时,先按冲孔件确定凸模刃口尺寸,取凸模作设计基准件,然后根据间隙确定凹模尺寸,即用扩大凹模刃口尺寸来保证间隙值。

冲模在工作过程中必定有磨损,落料件尺寸会随凹模刃口的磨损而增大,而冲孔件尺寸则随凸模的磨损而减小。为了保证零件的尺寸要求,并提高模具的使用寿命,落料时凹模刃口的尺寸应靠近落料件公差范围内的最小尺寸;冲孔时,选取凸模刃口的尺寸靠近孔的公差范围内的最大尺寸。

④冲裁件的排样

排样(blank layout)是指落料件在条料、带料或板料上合理布置的方法。排样合理可使废料最少,材料利用率提高。图 2.34 为同一个冲裁件采用四种不同排样方式时材料消耗的对比情况。

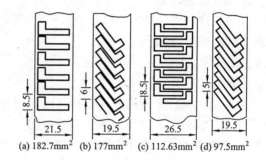

(a) 182.7mm² (b) 177mm² (c) 112.63mm² (d) 97.5mm²

**图 2.34    不同排样方式材料消耗对比**

落料件的排样有两种类型:无搭边排样和有搭边排样。

无搭边排样是利用落料件开头的一个边作为另一个落料件的边缘,见图 2.34(d)。这种排样,材料利用率很高,但毛刺不在同一个平面上,而且尺寸不容易准确,因此只能用于对冲裁件质量要求不高的场合。

有搭边排样是在各个落料件之间均留有一定尺寸的搭边。其优点是毛刺小,而且在同一个平面上,冲裁件尺寸准确,质量较高,但材料消耗多。

(2)修整

修整(shaving)是利用修整模沿冲裁件外缘或内孔刮削一薄层金属,以切掉冲裁件上的剪裂带和毛刺,从而提高冲裁件的尺寸精度,降低表面粗糙度值。修整冲裁件的外形称外缘修整,修整冲裁件的内孔称内孔修整(图2.35)。

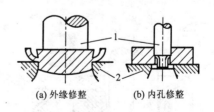

(a) 外缘修整          (b) 内孔修整

**图 2.35    修整工序简图**

1—凸模  2—凹模

修整的机理与冲裁完全不同,而与切削加工相似。对于大间隙冲裁件,单边修整量一般为板料厚度的10%。对于小间隙冲裁件,单边修整量在板料厚度的8%以下。当冲裁件的修整总量大于一次修整量时,或板料厚度大于 3 mm 时,均需多次修整。

外缘修整模的凸凹模间隙,单边取 0.001～0.01 mm。也可以采用负间隙修整,即凸模刃口尺寸大于凹模刃口尺寸的修整工艺。

修整后冲裁件公差等级为 IT6 ~ IT7,表面粗糙度 $Ra$ 为 0.8 ~ 1.6μm。

(3)切断

切断(shearing)是指用剪刃或冲模将板料沿不封闭轮廓进行分离的工序。

剪刃安装在剪床上,把大板料剪切成一定宽度的条料,供下一步冲压工序用。也可把冲刃安装在冲床上,用以剪切形状简单、精度要求不高的平板件。

### 2. 变形工序

变形工序是使坯料的一部分相对于另一部分产生位移而不破裂的工序,如拉深、弯曲、翻边、成形等。

(1)拉深

①拉深过程及变形特点

拉深(drawing)是利用模具使冲裁后得到的平板坯料变形成开口空心零件的工序(图2.36)。其变形过程为:把直径为 $D$ 的平板坯料放在凹模上,在凸模作用下,坯料被拉入凸模和凹模的间隙中,形成空心拉深件。拉深件的底部金属一般不变形,只起传递拉力的作用,厚度基本不变。坯料外径 $D$ 与内径 $d$ 之间的环形部分的金属,切向受压应力作用,径向受超过屈服点的拉应力作用,逐步进入凸模和凹模之间的间隙,形成拉深件的直壁。直壁本身主要受轴向拉应力作用,厚度有所减小,而直壁与底部之间的过渡圆角部分被拉薄得最为严重。

②影响拉深件质量的因素

从拉深过程中可以看出,拉深件主要受拉应力作用。当拉应力值超过材料的强度极限时,拉深件将被拉穿形成废品。最危险部位是直壁与底部的过渡圆角处(图2.37)。

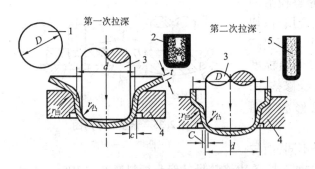

图 2.36　拉深工序　　　　　　　　图 2.37　拉穿废品

1—坯料　2—第一次拉深成品,即第二次拉深的坯料

3—凸模　4—凹模　5—成品

拉深件出现拉穿现象与下列因素有关:

a. 凸凹模的圆角半径　拉深模的工作部分不能是锋利的刃口,必须做成一定的圆角。对于钢的拉深件,取 $r_{凹}=10t$,而 $r_{凸}=(0.6\sim1)r_{凹}$。这两个圆角半径过小时,会使拉深过程中摩擦阻力与弯曲阻力增加,危险断面的变薄加剧。容易将板料拉穿。

b. 凸凹模间隙　拉深模的凸凹模间隙远比冲裁模的大,一般取单边间隙 $c=(1.1\sim1.2)t$。间隙过小,模具与拉深件间的摩擦力增大,易拉穿工件和擦伤工件表面,且降低模具寿命。间隙过大,又容易使拉深件起皱,影响拉深件的尺寸精度。

c. 拉深系数　拉深件直径 $d$ 与坯料直径 $D$ 的比值称为拉深系数,用 $m$ 表示。它是衡量拉深变形程度的指标。$m$ 越小,表明拉深件直径越小,变形程度越大,坯料被拉入凹模越困难,易产生拉穿废品。一般情况下,拉深系数 $m$ 不小于 $0.5\sim0.8$。坯料塑性差取上限,坯料塑性好取下限。

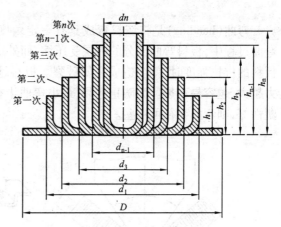

图 2.38　多次拉深时圆筒直径的变化

如果拉深系数过小,不能一次拉深成形时,则可采用多次拉深工艺(图 2.38)。但多次拉深过程中,冷变形强化现象严重。为保证坯料具有足够的塑性,在一两次拉深后,应安排工序间的退火处理。其次,在多次拉深中,拉深系数应一次比一次略大一些,以确保拉深件的质量,使生产顺利进行。总拉深系数值等于各次拉深系数的乘积。

d. 润滑　为了减少摩擦、降低拉深件壁部的拉应力和减小模具的磨损,拉深时通常要加润滑剂或对坯料进行表面处理。

拉深过程中另一种常见缺陷是起皱(图 2.39)。这是法兰部分在切向压应力作用下容易发生的现象。拉深件严重起皱后,法兰部分的金属更难通过凸凹模间隙,致使坯料被拉断而报废。轻微起皱,法兰部分的金属可勉强通过间隙,但也会在产品侧壁留下起皱痕迹,影响产品质量。为防止起皱,可采用设置压边圈方法来解决(图 2.40)。起皱现象与毛坯的相对厚度($t/D$)和拉深系数有关。相对厚度越小或拉深系数越小,越容易起皱。

(2)弯曲

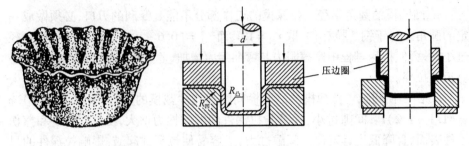

图 2.39　起皱拉深件　　　　　　　　　图 2.40　有压边圈的拉深

　　弯曲(bending)是将坯料弯成具有一定角度和曲率的变形工序(图 2.41)。弯曲过程中,板料弯曲部分的内层受压缩,而外层受拉伸。当外层的拉应力超过板料的抗拉强度时,就会造成金属破裂。板料越厚,内弯曲半径 $r$ 越小,则拉应力越大,越容易弯裂。为防止弯裂,最小弯曲半径应为 $r_{min} = (0.25 \sim 1)t$。材料塑性好,则弯曲半径可小些。

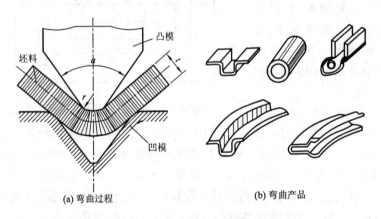

(a) 弯曲过程　　　　　　　　　　　(b) 弯曲产品

图 2.41　弯曲过程中金属变形简图

　　弯曲时还应尽可能使弯曲线与板料纤维垂直(图 2.42)。若弯曲线与纤维方向一致,则容易产生破裂。此时应增大弯曲半径。

　　在弯曲结束后,由于弹性变形的恢复,板料略微弹回一点,使被弯曲的角度增大,此现象称为回弹。一般回弹角为 $0° \sim 10°$。因此,在设计弯曲模时,必须使模具的角度比成品件角度小一个回弹角,以保证成品件的弯曲角度准确。

　　(3) 翻边

　　翻边(flanging)(见图 2.43)。凸模圆角半径 $r_{凸} = (4 \sim 9)t$。在进行翻边工

序时,如果翻边孔的直径超过允许值,会使孔的边缘造成破裂。其允许值用翻边系数 $K_0$ 来衡量。

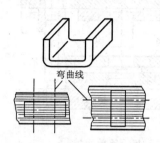

图 2.42　弯曲时的纤维方向

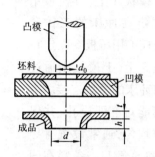

图 2.43　翻边简图

$$K_0 = d_0 / d$$

式中　　$d_0$——翻边前板料的孔径尺寸;

　　$d$——翻边后内孔尺寸。

对于镀锡铁皮,$K_0$ 不小于 0.65;对于酸洗钢,$K_0$ 不小于 0.68。

当零件所需凸缘的高度较大,用一次翻边成形计算出的翻边系数 $K_0$ 值很小时,直接成形无法实现,则可采用先拉深、后冲孔、再翻边的工艺来实现。

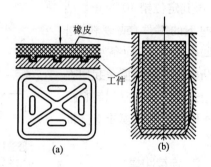

图 2.44　成形工序简图

（4）成形

成形(forming)是利用局部变形使坯料或半成品改变形状的工序(图 2.44),主要用于制造刚性的筋条,或增大半成品的部分内径等。图 2.44(a)是用橡皮压筋;图 2.44(b)是用橡皮芯子来增大半成品中间部分的直径,即胀形。

## 2.4.2　冷冲压模具

冲模是通过加压将金属或非金属板料或型材分离、成形或接合而得到制件的工艺设备。冲模的结构合理与否对冲压件质量、生产率及模具寿命等都有很大的影响。冲模一般分为简单冲模、连续冲模和复合冲模三种。

### 1. 简单冲模

简单冲模(simple die)是指在冲床的一次冲程中只完成一道工序的冲模。

图 2.45 所示为落料用的简单冲模。凹模 2 用压板 7 固定在下模板 4 上,下模板用螺栓固定在冲床的工作台上。凸模 1 用压板 6 固定在上模板 3 上,上模板则通过模柄与冲床的滑块连接。为使凸模能对准凹模孔,并保持间隙均匀,通常设置有导柱 12 和导套 11。条料在凹模上沿两个导板 9 之间送进,碰到定位销 10 为止。凸模冲下的零件(或废料)进入凹模孔落下,而条料则夹在凸模上并随凸模一起回程向上运动。条料碰到卸料板 8 时(固定在凹模上)被推下。

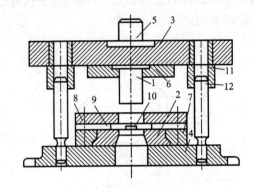

**图 2.45　简单冲模**

1—凸模　2—凹模　3—上模板　4—下模板
5—模柄　6—压板　7—压板　8—卸料板
9—导板　10—定位销　11—导套　12—导柱

### 2. 连续冲模

连续冲模(progressive die)是指在冲床的一次冲程中,坯料在冲模中只经过一次定位就可以完成数道工序的冲模(图 2.46)。工作时,上模向下运动,定位销 2 进

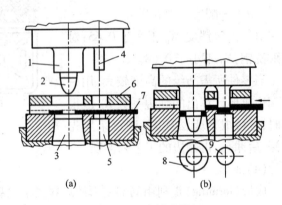

(a)　　　　　　　　　(b)

**图 2.46　连续冲模**

1—落料凸模　2—定位销　3—落料凹模　4—冲孔凸模
5—冲孔凹模　6—卸料板　7—坯料　8—成品　9—废料

入预先冲出的孔中使坯料定位,凸模 1 进行落料,凸模 4 同时进行冲孔。上模回程中卸料板 6 推下废料。再将坯料送进(距离由挡料销控制)进行第二次冲裁。

### 3. 复合冲模

复合冲模(compound die)是指在冲床的一次冲程中,在模具同一部位同时完成数道工序的冲模(图 2.47)。复合冲模的最突出的特点是模具中有一个凸凹模 1。它的外圆是落料凸模刃口,内孔则成为拉深凹模。当滑块带着凸凹模 1 向下运动时,条料首先在凸凹模和落料凹模 4 中落料。落料件被下模当中的拉深凸模 2 顶住。滑块继续向下运动时,凸凹模随之向下运动进行拉深,顶出器 5 和卸料器 3 在滑块的回程中把拉深件 9 顶出,同时完成落料和拉深两道工序。复合模适用于产量大、精度要求较高的冲压件生产。

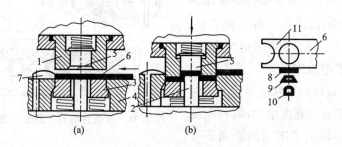

**图 2.47  落料及拉深复合模**

1—凸凹模   2—拉深凸模   3—压板(卸料器)   4—落料凹模

5—顶出器   6—条料   7—档料销   8—坯料

9—拉深件   10—零件   11—切余材料

### 4. 冲模主要部分作用

(1)凸模与凹模  凸模(punch)又称冲头,它与凹模(die)共同作用,使板料分离或变形完成冲压过程。它们是冲模的主要工作部分。

(2)导料板与定位销  导料板控制坯料的进给方向;定位销控制送进量。

(3)卸料板  冲压后用来卸除套在凸模上的工件或废料。

(4)模架  由上下模板、导柱和导套组成。上模板用以固定凸模、模柄等零件,下模板则用以固定凹模、送料和卸料构件等。导套和导柱分别固定在上、下模板上,用以保证上、下模对准。

### 5. 选择冲压设备

冲压生产中常用的设备是剪床和冲床。剪床(plane shear)用来把板料剪切成一定宽度的条料,以供下一步冲压工序用。冲床(press)用来实现冲压工序,以制成所需形状和尺寸的成品零件。冲床的最大吨位已达 40 000 kN。常用的冲压设备有开式冲床和闭式冲床。闭式冲床又分单动冲床和双动冲床。此外,液压机也普遍用于冲压加工。选择冲压设备一般应根据冲压工序的性质选定设备类型,再根据冲压工序所需的冲压力和模具尺寸选定冲压设备的技术规格。

## 2.4.3  冲压件的结构工艺性

冲压件的结构工艺性指冲压件结构、形状、尺寸对冲压工艺的适应性。良好的结构工艺性应保证材料消耗少、工序数目少、模具结构简单且寿命长、产品质量稳定、操作简单等。

### 1. 对冲裁件的要求

（1）冲裁件的外形应能使排样合理，废料最少，以提高材料的利用率。图 2.48 中（a）图比（b）图更为合理，材料利用率可达75%。

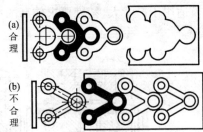

图 2.48　冲裁件的外形应便于合理排样

（2）冲裁件的形状应尽量简单对称，凸、凹部分不能太窄太深，孔间距离或孔与零件边缘之间的距离不可太小，这些值的大小与板料厚度有关，如图 2.49。$t$ 为板料厚度。

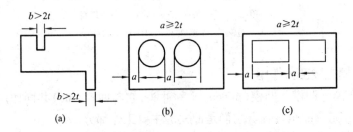

图 2.49　冲裁件凸、凹部分和孔的位置

（3）冲孔时因受凸模强度限制，孔的尺寸不能太小。用一般冲模冲圆孔时，对硬钢，直径要求 $d \geq 1.3\,t$；对软钢及黄铜，$d \geq 1.0\,t$；对铝及锌，$d \geq 0.8\,t$。冲方孔时，对硬钢，要求边长 $a \geq 1.0\,t$；对软钢及黄铜，$a \geq 0.7\,t$；对铝及锌，$a \geq 0.5\,t$（其中 $t$ 为板料厚度）。

### 2. 对弯曲件的要求

（1）弯曲件形状应尽量对称，弯曲半径不能小于材料允许的最小弯曲半径。

（2）弯曲边过短不易成形，故应使弯曲边的平直部分 $H > 2t$（图 2.50）。如果要求 $H$ 很短，则需先留出适当的余量以增大 $H$，弯好后再切去所增加的金属。

（3）弯曲带孔件时，为避免孔的变形，孔的位置应如图 2.51 所示，图中 $L$ 应大于 $(1.5 \sim 2)t$。

（4）在弯曲半径较小的弯边交接处，易产生应力集中而开裂。可在弯曲前钻出止裂孔，以防裂纹的产生，如图 2.52 所示。

（5）尽量采用冲口工艺，以减少组合件的数量。有些零件是用两个以上零件组合而成的，如果采用冲口工艺制成整体零件，则可以节省材料，简化工艺过程。

图 2.50　弯曲边长度　　　　　　　图 2.51　带孔的弯曲件

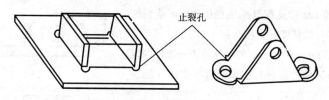

图 2.52　弯曲件上的止裂孔

### 3. 对拉深件的要求

（1）拉深件的形状应力求简单、对称。拉深件的形状有回转体形、非回转体对称形和非对称空间形三类。其中以回转体形，尤其是直径不变的杯形件最易拉深，模具制造也方便。

（2）拉深件应尽量避免直径小而深度过深。否则不仅需要多副模具进行多次拉深，而且容易出现废品。

（3）拉深件的底部与侧壁，凸缘与侧壁应有足够的圆角，一般应满足 $R > r_d$, $r_d \geq 2t$, $R \geq (2 \sim 4)t$, 方形件 $r \geq 3t$。拉深件底部或凸缘上的孔边到侧壁的距离，应满足 $B \geq r_d + 0.5t$ 或 $B \geq R + 0.5t$, 见图 2.53

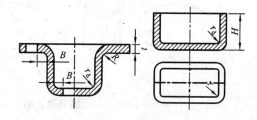

图 2.53　拉深件的尺寸要求

所示。另外，带凸缘拉深件的凸缘尺寸要合理，不宜过大或过小，否则会造成拉深困难或导致压边圈失去作用。

（4）不对拉深件提出过高的精度和表面质量要求。拉深件直径方向的经济精度一般为 IT9～IT10，经整形后精度可达到 IT6～IT7，不变薄拉深件的壁厚在拉深后有少量增厚与变薄，因此，拉深件厚度处不注公差。拉深件的表面质量一般不超过原材料的表面质量。

## 思考练习题

1. 板料冲压有哪些特点？主要的冲压工序有哪些？

2. 间隙对冲裁件断面质量有何影响？间隙过小会对冲裁产生什么影响？

3. 板料冲压工序中的剪切和冲裁、冲孔和落料有什么异同？

4. 用∅50 mm 冲孔模具来生产 ∅50 mm 落料件能否保证落料件的精度？为什么？

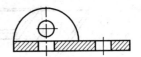

5. 用∅250 mm×1.5 mm 的坯料能否一次拉深成直径为∅50 mm 的拉深件？应采取哪些措施才能保证正常生产？

6. 翻边件的凸缘高度尺寸较大而一次翻边实现不了时，应采取什么措施？

7. 在成批大量生产条件下，冲制外径为 ∅40 mm、内径为∅20 mm、厚度为 2 mm 的垫圈时，应选用何种冲模进行冲制才能保证孔与外圆的同轴度？

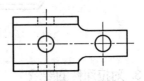

练习题 8 图

8. 试述图示冲压件的生产过程。

9. 如果材料与坯料的厚度及其它条件相同，图示两种零件中，哪一种拉深最困难？为什么？

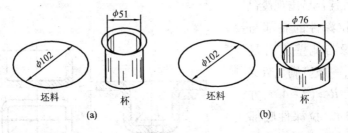

练习题 9 图

# 2.5 其他塑性成形方法

随着工业生产的不断发展,人们对金属塑性成形加工提出了越来越高的要求,不仅要求能够生产各种毛坯,而且要求能够直接生产出更多的具有较高精度与质量的成品零件。在这种需求情况下,其他塑性成形方法在生产实践中得到了迅速发展和广泛的应用,例如精密模锻、精密冲裁、挤压成形、轧制成形等。

## 2.5.1 精密模锻

精密模锻(precision die forging)是在模锻设备上锻造出形状复杂、精度较高锻件的锻造工艺。如精密锻造锥齿轮,其齿形部分可直接锻出而不必再切削加工。精密模锻件尺寸精度可达 IT15 ~ IT12、表面粗糙度值 $Ra3.2 - 1.6\mu m$。图 2.54 是 TS12 差速齿轮锻件图。

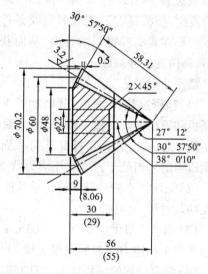

**图 2.54 差速锥齿轮精密模锻零件图**

保证精密模锻的措施:

(1)精确计算原始坯料的尺寸,严格按坯料质量下料,否则会增大锻件尺寸公差,降低精度。

(2)精细清理坯料表面,除净坯料表面的氧化皮、脱碳层及其他缺陷等。

(3)采用无氧化或少氧化加热法,尽量减少坯料表面形成的氧化皮。

(4)制造高精度的锻模,精锻模腔的精度必须比锻件精度高两级。精锻模应有导柱导套结构,以保证合模准确。精锻模上应开有排气小孔,以减小金属的变形阻力,更好地充满模腔。

(5)模锻进行中要很好地冷却锻模和进行润滑。

精密模锻一般都在刚度大、运动精度高的设备(如曲柄压力机、摩擦压力机、高速锤等)上进行,它具有精度高、生产率高、成本低等优点。

## 2.5.2 精密冲裁

精密冲裁(presision blanking)是利用特殊结构的模具直接在板料上冲出断面质量好,尺寸精度高的零件。精密冲裁件的尺寸精度为 IT7 ~ IT8,表面粗糙度

为 $Ra2.4 \sim 0.4\ \mu m$。因此,精密冲裁是一项技术经济效果较好的先进工艺。尤其在大批量生产中,例如钟表、照相机、精密仪表、家用电器等行业,已广泛应用精密冲裁工艺。

精密冲裁应用最多的是采用强力压边精密冲裁,如图 2.55 所示。精密冲裁过程中,由于齿圈压板的强力压边作用,使毛坯变形区金属处于三向压应力状态,克服了普通冲裁过程中出现的弯曲—拉伸—撕裂现象的发生,使板料在不出现剪裂纹条件下以塑性变形方式实现材料的分离,从而获得高质量、高精度的冲裁件。

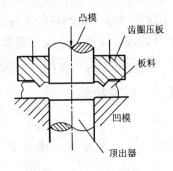

图 2.55　精密冲裁原理图

精密冲裁工艺特点如下:

(1)精密冲裁较普通冲裁增加了 V 形齿圈压板和顶出器。冲裁过程中,压边圈的 V 形齿首先压入板料,在 V 形齿内侧产生向中心的侧压力,顶杆又从另一面施加反向顶力。当凸模下压时,使 V 形齿圈以内的坯料处于三向受压应力状态。

(2)采用极小的冲裁间隙。单面间隙可取材料厚度的 0.5%,以减小变形金属在冲裁过程中的拉应力。

(3)凹模刃口做成 $0.01 \sim 0.03\ mm$ 的小圆角,消除了刃口处的应力集中,故不会产生由拉应力引起的宏观裂纹。

(4)精密冲裁的坯料应具有良好塑性,为提高板料的塑性,精冲前一般要进行软化退火处理。

## 2.5.3　挤压成形

挤压成形(extrasion molding)是指对挤压模具中的金属锭坯施加强大的压力作用,使其发生塑性变形从挤压模具的模口中流出,或充满凸、凹模型腔,从而获得所需形状与尺寸制品的塑性成形方法。

挤压法具有如下特点:

(1)挤压时,金属处于强烈的三向压应力状态,能充分提高金属坯料的塑性,可加工采用锻造等方法加工较为困难的一些金属材料。挤压材料不仅有铜、铝等塑性好的非铁金属,而且碳钢、合金结构钢、不锈钢及工业纯铁等也可以采用挤压工艺成形。在一定变形量下,某些高碳钢、轴承钢、甚至高速钢等也可以进行挤压成形。对于要进行轧制或锻造的塑性较差的材料,如钨和钼等,为了改善其组织和性能,也可采用挤压法对锭坯进行开坯。

（2）挤压法不仅可以生产出断面形状简单的管、棒等型材，而且还可以生产出断面极其复杂的或具有深孔、薄壁以及变断面的零件。

（3）挤压制品精度较高，表面粗糙度值小，一般尺寸精度为 IT8～IT9，表面粗糙度可达 Ra3.2～0.4μm，从而可以实现少、无切屑加工的目的。

（4）挤压变形后零件内部的纤维组织连续，基本沿零件外形分布而不被切断，从而提高了金属的力学性能。

（5）材料利用率、生产率高，生产方便灵活，易于实现生产过程的自动化。

挤压方法的分类形式有很多种。

**1. 根据金属流动方向和凸模运动方向的不同可分为以下四种方式**

（1）正挤压。金属流动方向与凸模运动方向相同，如图 2.56(a) 所示。

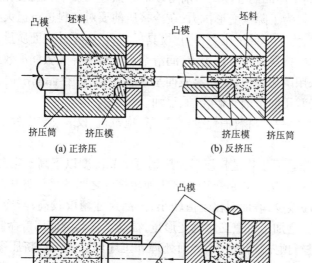

(a) 正挤压　　(b) 反挤压

(c) 复合挤压　　(d) 径向挤压

**图 2.56　挤压类型**

（2）反挤压。金属流动方向与凸模运动方向相反，如图 2.56(b) 所示。

（3）复合挤压。挤压过程中坯料的一部分金属流动方向与凸模运动方向相同，而另一部分金属流动方向与凸模运动方向相反，如图 2.56(c) 所示。

（4）径向挤压。金属流动方向与凸模运动方向成 90°，如图 2.56(d) 所示。

2. 按照挤压时金属坯料所处的温度不同可分为热挤压、冷挤压和温挤压三种方式

(1) 热挤压。挤压时坯料变形温度高于金属材料的再结晶温度,与锻造温度相同。热挤压时,金属变形抗力较小,塑性较好,允许每次变形程度较大,但产品的尺寸精度较低,表面较粗糙。热挤压广泛应用于生产铜、铝、镁及其合金的型材和管材等,也可挤压强度较高、尺寸较大的中、高碳钢、合金结构钢、不锈钢等零件。目前,热挤压越来越多地用于机器零件和毛坯的生产。

(2) 冷挤压。冷挤压是指坯料变形温度低于材料再结晶温度(通常是室温)的挤压工艺。冷挤压时金属的变形抗力比热挤压时大得多,但产品尺寸精度较高,可达 IT8 ~ IT9,表面粗糙度为 $Ra3.2 ~ 0.4 \mu m$,而且产品内部组织为冷变形强化组织,提高了产品的强度。目前可以对非铁金属及中、低碳钢的小型零件进行冷挤压成形。为了降低变形抗力,在冷挤压前要对坯料进行退火处理。

冷挤压时,为了降低挤压力,防止模具损坏,提高零件表面质量,必须采取润滑措施。由于冷挤压时单位压力大,润滑剂易于被挤掉失去润滑效果,所以对钢质零件必须采用磷化处理,使坯料表面呈多孔结构,以存储润滑剂,在高压下起到润滑作用。常用润滑剂有矿物油、豆油、皂液等。

冷挤压生产率高,材料消耗少,在汽车、拖拉机、仪表、轻工、军工等部门广为应用。

(3) 温挤压。温挤压是将坯料加热到再结晶温度以下高于室温的某个合适温度进行挤压的方法。它是介于热挤压和冷挤压之间的挤压方法。与热挤压相比,坯料氧化脱碳少,表面粗糙度值较小,产品尺寸精度较高;与冷挤压相比,降低了变形抗力,增加了每道工序的变形量,提高了模具的使用寿命。温挤压材料一般不需要进行预先软化退火、表面处理和工序间退火。温挤压零件的精度和力学性能略低于冷挤压零件。表面粗糙度为 $Ra6.5 ~ 3.2 \mu m$。温挤压不仅适用于挤压中碳钢,而且也适用于挤压合金钢零件。

挤压一般在专用挤压机上进行,也可在油压机以及经过适当改进后的通用曲柄压力机或摩擦压力机上进行。

## 2.5.4　轧制成形

金属坯料在旋转轧辊的作用下产生连续塑性变形,从而获得所要求截面形状并改变其性能的加工方法,称为辊轧。常采用的辊轧工艺有辊锻、横轧及斜轧等。

### 1. 辊锻

辊锻(roll forging)是使坯料通过装有圆弧形模块的一对相对旋转的轧辊,受压产生塑性变形,从而获得所需形状的锻件或锻坯的锻造工艺方法,如图 2.57

所示。辊锻时轧辊轴线与坯料轴线互相垂直。它既可以作为模锻前的制坯工序也可以直接辊锻锻件。目前,成形辊锻适用于生产以下三种类型的锻件。

(1)扁断面的长杆件,如扳手、链环等。

(2)带有头部,且沿长度方向横截面面积递减的锻件,如叶片等。叶片辊锻工艺和铣削工艺相比,材料利用率可提高4倍,生产率提高2.5倍,而且叶片质量大为提高。

(3)连杆件。国内已有不少工厂采用辊锻方法锻制连杆,它的生产率高,简化了工艺过程。但锻件还需用其他锻压设备进行精整。

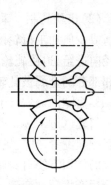

图2.57　辊锻示意图

### 2. 横轧

横轧(cross rolling)是轧辊轴线与坯料轴线互相平行的轧制方法。如辗环轧制、齿轮轧制等。

(1)辗环轧制　它是用来扩大环形坯料的内外直径,获得各种环状零件的轧制方法(图2.58)。驱动辊1由电机带动旋转,利用摩擦力使坯料5在驱动辊和芯辊2之间受压变形。驱动辊还可由油缸推动作上下移动。改变1、2两辊间的距离,使坯料厚度逐渐变小,而直径得到扩大。导向辊3用以保持正确运送坯料。信号辊4用来控制环件直径。坯料变形到与辊4接触,信号辊立即发出信号,使辊1停止工作。

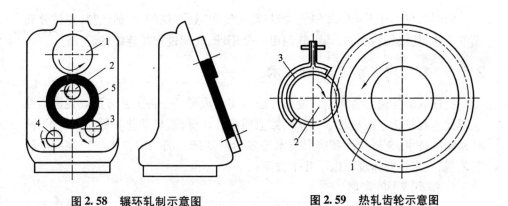

图2.58　辗环轧制示意图　　　　图2.59　热轧齿轮示意图

1—轧轮　2—坯料　3—感应加热器

这种方法生产的环类件呈各种形状,如火车轮箍、轴承内外圈、齿轮及法兰等。

（2）齿轮轧制　采用热横轧可制造出直齿轮和斜齿轮（图2.59），这是一种无屑或少屑加工齿轮的新工艺。轧制前将坯料加热，然后将带有齿形的轧轮1作径向进给，迫使轧轮与坯料2对辗，这样坯料上的一部分金属受压形成齿谷，相邻部分的金属被轧轮齿部"反挤"而上升，形成齿顶。

### 3. 斜轧

斜轧（cross helical rolling）又称螺旋斜轧。斜轧时，两个带有螺旋槽的轧辊相互倾斜配置，轧辊轴线与坯料轴线相交成一定角度，以相同方向旋转。坯料在轧辊的作用下绕自身轴线反向旋转，同时还作轴向向前运动，即螺旋运动，坯料受压后产生塑性变形，最终得到所需制品。例如钢球轧制、周期轧制均采用了斜轧方法，如图2.60所示。斜轧还可直接热轧出带有螺旋线的高速钢滚刀、麻花钻、自行车后闸壳以及冷轧丝杠等。

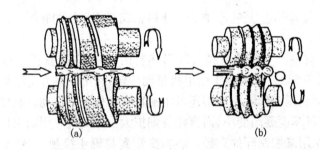

(a)　　　　　　　　　　　　(b)

**图 2.60　螺旋斜轧**

如图2.60（b）所示钢球斜轧，棒料在轧辊间螺旋型槽里受到轧制，并被分离成单个球，轧辊每转一圈，即可轧制出一个钢球，轧制过程是连续的。

## 2.5.5　塑性成形新工艺、新技术

塑性成形是通过金属塑性变形方法来实现成形的一种工艺方法。先进塑性成形技术则是建立在材料学、力学、数值模拟和计算机、自动化和机器人技术、模具和润滑技术、金属塑性和成形技术等多学科基础上的一门技术。塑性成形新工艺、新技术主要体现在以下几个方面：

### 1. 提高成形的精度

近年来"近无余量成形"（near net shape forming）发展很快。其主要优点是能减少材料消耗，节约后续加工的能源，当然成本就会降低。提高产品精度一方面要使金属能充填模腔中很精细的部位，另一方面又要求只有很小的模具变形。等温锻造由于模具与工件的温度一致，工件流动性好，变形力少，模具弹性变形

小,是实现精锻的好方法,也是实现超塑性的重要条件之一。粉末锻造,由于容易得到最终成形所需要的精确的预制坯,所以既节省材料又节省能源。

### 2. 运用超塑性成形工艺

在一定的内部条件(晶粒形状、尺寸和相变等)和外部条件(温度、应变速率等)下材料呈现出异常低的变形抗力和异常高的塑性时,称该现象为超塑性。例如相对延伸率 $\delta$ 值,钢超过500%,纯钛超过300%,锌铝合金超过1000%。该技术可以使锻造温度窄的难变形材料实现超塑性变形,是一种重要的先进制造技术。

### 3. 实现产品、工艺、材料一体化

以前,塑性成形往往是"来料加工",近来由于机械合金化的出现,可以不通过熔炼得到各种性能的粉末,塑性加工时可以自配材料经热等静压(HIP)再经等温锻造得到产品。

复合材料,包括颗粒增强及纤维增强的复合材料的成形,已经自然地落到了塑性加工的范畴。材料工艺一体化给塑性加工界带来更多的机会和更大的活动范围。

### 4. 运用计算机技术

(1)模拟塑性成形过程

塑性成形过程是一个十分复杂的过程,从事塑性加工的理论工作者总是希望获得工件在成形过程中不同阶段不同部位的应力分布、应变分布、温度分布、硬化状况以及残余应力等数据,以便寻求最为有利的工艺参数和模具结构参数,对产品质量实现有效控制。在应用计算机进行这一工作之前,人们只能对变形问题做出诸多假设和简化,分析一些简单的变形问题,获得近似解。随着计算机的应用,使模拟塑性变形过程成为可能。近年来,通过计算机,采用有限元法或其他数值分析方法模拟各种塑性加工工序的变形过程得到了广泛的应用和发展。

(2)控制塑性成形生产过程

板料冲压生产中使用的数控冲床、自动换模系统和自动送料系统,锻造生产中使用的机械手等都是计算机控制塑性成形生产的例子。这样可以大大地提高生产率,降低工人劳动强度和增大生产的安全性。

(3)采用模具 CAD/CAM 技术

锻压加工一般都需要模具,传统的模具设计与制造由于周期长、质量难以保证,很难适应现代技术条件下产品的及时更新换代和提高质量的要求,在此背景下,模具 CAD/CAM(computer aided design and computer aided manufacturing)应运而生,并成为模具设计与制造的重要发展方向之一。

　　横具 CAD/CAM 技术发展很快,应用范围日益扩大,在冷冲模、锻模、挤压模以及注塑成形模等方面都有比较成功的 CAD/CAM 系统。我国模具 CAD/CAM 的研究开发始于上世纪 70 年代末,发展非常迅速。到目前为止,先后通过国家有关部门鉴定的有精冲模、普通冲裁模、辊锻模、锤锻模和注塑模等 CAD/CAM 系统。

　　模具 CAD/CAM 的一般过程是:用计算机语言描述产品的几何形状,并将其输入计算机,从而获得产品的几何信息。再建立数据库,用以储存产品的数据信息,如材料的特性、模具设计准则以及产品的结构工艺性准则等。在此基础上,计算机能自动进行工艺分析、工艺计算,自动设计最优工艺方案,自动设计模具结构图和模具型腔图等,并输出生产所需要的模具零件图和模具总装图。计算机还能将设计所得到的信息自动转化为模具制造的数控加工信息,再输入到数控中心,实现计算机辅助制造。

思考练习题

1. 塑性成形先进技术有何特点?
2. 精密模锻需要哪些工艺措施才能保证产品的精度?
3. 挤压零件的生产特点是什么?
4. 轧制零件的方法有哪几种? 各有何特点?
5. 根据塑性成形技术的发展趋势,你认为今后在哪些方面会有新的突破?

# 3 焊接成形

　　焊接是一种永久性连接金属材料的工艺方法。焊接过程的实质是利用加热或加压力等手段,使用或不使用填充材料,借助金属原子的结合与扩散作用,使分离的金属材料牢固地连接起来。

　　焊接主要用于制造金属结构件,如压力容器、船舶、桥梁、建筑、管道、车辆、起重机、海洋结构、冶金设备。生产机器零件或毛坯,如重型机械和冶金设备中的机架、底座、箱体、轴、齿轮等。对于一些单件生产的特大型零件或毛坯,可通过焊接以小拼大,简化工艺。还能修补铸、锻件的缺陷和局部损坏的零件。这在生产中具有很大的经济意义。世界上主要工业国家每年生产的焊接结构约占钢产量的45%。

　　焊接有连接性能好、省工省料、成本低、重量轻、简化工艺、焊缝密封性好等优点。但同时也存在一些不足之处:如结构不可拆,更换修理不方便;焊接接头组织性能变坏;存在焊接应力,容易产生焊接变形;容易出现焊接缺陷等。有时焊接质量成为突出问题,焊接接头往往是压力容器等重要结构的薄弱环节,实际生产中应特别注意。

　　按照焊接过程特点,焊接方法可分为熔焊、压焊、钎焊三大类。电弧焊是应用较普遍的焊接方法。

## 3.1 焊接的基本原理

### 3.1.1 焊接电弧

　　电弧(arc)实质是在一定条件下,电荷通过两极(electrode collar)之间的气体空间的一种导电现象,或者说是一种气体放电现象,如图3.1。电极可以是金属丝、钨丝、碳棒或焊条等。开始焊接时,先使焊条与焊件瞬时接触,然后将焊条略微提起,于是在焊条端部与焊件之间便产生了明亮的电弧,这是由于短路时强大的电阻热瞬时产生的高温,使两个电极(焊条与焊件)之间气体的中性分子或原子电离成带正电的阳离子和带负电的电子,这种电离称为热电离,同时,由阴

极发射的电子对中性分子或原子的撞击也引起电
离,这种电离称为碰撞电离。于是,这个气体空间便
生成了许多带电粒子,在电场力作用下,这些带电粒
子分别向两极运动,自由电子奔向阳极,阳离子奔向
阴极。它们在运动途中和到达两极表面时,不断发
生相互碰撞和复合,从而产生大量的热能和强烈的
弧光,使电弧中心温度高达 5 000 ~ 8 000K。手工电
弧焊就是利用电弧放出的热量熔化焊件和焊条而进
行焊接的。焊接电弧所产生的热量与电极材料有
关,如钨极电弧产生的热量比钢铁电极多,电弧温度
也高,焊接电弧的热量还与焊接电流的大小成正比。

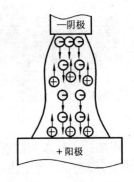

图 3.1　电弧结构图

电流增大,不仅焊条熔化速度加快,生产率提高,而且熔深也增大,所以厚度较大
的焊件应该采用较大的电流进行焊接。手工电弧焊所用的焊接电流一般为 30
~ 300A。

　　在焊接电弧中,阳极区产生的热量和温度都比阴极区高。用钢焊条焊接钢
材时,阳极区温度约为 2 600K,阴极区约为 2 400K。所以,采用直流电焊机焊接
时有正接与反接之分。焊件接正极,焊条接负极,称为正接;反之,称为反接。正
接时,焊件获得的热量较多,熔深较大。因此,除焊条有特殊要求以外,为保证焊
透,一般生产中采用直流正接。交流电焊机焊接时,阴极、阳极不断交替变化,故
不存在极性问题。

　　焊接电弧开始引燃时的电压称为引弧电压,即电焊机的空载电压,一般为
50 ~ 90V。电弧稳定时的电压称为电弧电压,即焊接时的工作电压,其大小随电
弧长度的增减而升降,一般为 15 ~ 35V。当焊条直径和焊接电流一定时,如果电
弧长度增加,则电弧电压升高,此时,焊件的熔化深度减小,空气中的氧、氮容易
侵入熔化金属,而且电弧不稳,所以焊接时应该使电弧保持较短的长度,一般为
2 ~ 6 mm。

## 3.1.2 焊接过程

　　焊条电弧焊(electrode welding)过程中,液态金属、溶渣(slag)和气体之间进
行着一系列复杂的冶金反应,例如,金属的氧化与还原,气体的溶解与析出,有害
杂质的去除等。因此,从某种意义上说,焊接熔池(molten pool)是一座微型的炼
钢炉,但是焊接冶金过程比一般冶金过程条件差得多,这是由于电弧的高温使金
属元素强烈蒸发与烧损,并提高了气体的活泼性;熔池体积小(不过 2 ~ 3cm³),
凝固快(从熔化到凝固仅 10 秒左右),并且电弧和熔化金属都暴露在空气中,所

以焊接冶金反应难以达到平衡状态。

　　焊条电弧焊一般是暴露在空气中进行的,而空气中的主要成分是氮气和氧气。焊接时,进入电弧区的空气以及熔池附近的铁锈、油污和材料表面的潮气,在电弧高温作用下将分解出原子态的氧、氮和氢。原子氧会与熔化金属中的铁、锰、硅等元素反应生成氧化物($FeO$,$MnO$,$SiO_2$);原子氮与液态金属中的铁反应生成脆性氮化物($Fe_4N$,$Fe_2N$),结果,不仅使合金元素烧损,而且使焊缝金属的机械性能,尤其是塑性、韧性显著下降。同时,除了碳氧化生成的一氧化碳气孔以外,焊缝中还会产生氮气气孔和氢气气孔。这是因为原子态的氮和氢能大量溶解于高温液态金属中,而在随后的冷却过程中,溶解度又急剧下降,这些析出的气体如果在熔池凝固前来不及逸出,就会在焊缝内形成气孔。此外,原子氢如果溶解于焊接接头内,将使接头的塑性、韧性急剧下降,这种现象称为"氢脆"(hydrogen brittleness)。

　　由此可见,电弧焊时,为了保证焊缝金属的化学成分与性能,除了必须清除焊件表面的铁锈、油污及烘干焊条的潮气外,还必须对液态金属进行机械保护和冶金处理。所谓机械保护,就是通过熔渣、保护气氛、真空等手段,机械地把液态金属与空气隔开,以防止空气中的氧、氮等气体侵入熔化金属。所谓冶金处理,就是通过冶金反应去除熔池中的氧、氢、硫等有害元素并向熔池中添加合金元素。

　　焊条电弧焊时,上述这些保证焊缝质量的措施,主要是通过带有药皮的焊条(covered electrode)来实现的。埋弧焊是通过焊剂,气体保护焊则是通过保护气体将高温熔池与空气隔离来实现的。

## 3.1.3 焊接接头的组织与性能

### 1. 焊接工件温度变化与分布

　　焊接时,电弧沿着工件逐渐移动并对工件进行局部加热。因此在焊接过程中,焊缝(welding seam)及其附近金属都是由常温状态开始被加热到较高的温度,然后再逐渐冷却到常温。但随着各点金属所在位置的不同,其最高加热温度是不同的。图3.2给出了焊接时焊件横截面上不同点的温度变化情况。由于各点离焊缝中心距离不同,所以各点最高温度不同。但总的看来,在焊接过程中,焊缝的形成是一次冶金过程,焊缝附近区域金属相当于受到一次不同规范的热处理,必然会产生相应的组织与性能的变化。

### 2. 焊接接头的组织与性能

　　下面以低碳钢为例说明焊缝和焊缝附近区域由于受到电弧不同程度的加热而产生的组织性能的变化。如图3.3左侧下部是焊件的横截面,上部是相应各点在焊接过程中被加热的最高温度曲线(并非某一瞬时该截面的实际温度分布曲线)。图中1、2、3等各段金属组织的获得,可用右侧所示的部分铁－碳合金状态图来对照分析。

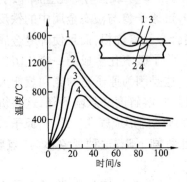

图3.2　焊缝附近区各点温度曲线

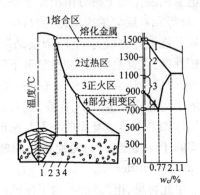

图3.3　低碳钢焊件的横截面组织

(1)焊缝

焊缝的结晶是从熔池底壁开始向中心成长的。因结晶时各个方向冷却速度不同,从而形成柱状的铸态组织,由铁素体和少量珠光体所组成。因结晶是熔池底部的半熔化区开始逐次进行的,低熔点的硫、磷杂质和氧化铁等易偏析物集中在焊缝中心区,将影响焊缝的力学性能。因此,应慎重选用焊条或其他焊接材料。

焊接时,熔池金属受电弧吹力和保护气体吹动,熔池底壁柱状晶体的成长受到干扰,柱状晶体呈倾斜状,晶体有所细化。同时由于焊接材料的渗合金作用,焊缝金属中锰、硅等合金元素含量可能比母材(即焊件)金属高,焊缝金属的性能可能不低于母材的性能。

(2)焊接热影响区

焊接热影响区(heat affect zone)是指焊缝两侧金属因焊接作用而发生组织和性能变化的区域。由于焊缝附近各点受热情况不同,热影响区可分为熔合区、过热区、正火区和部分相变区等。

① 熔合区(weld bond):熔合区是焊缝和基体金属的交界区。此区温度处于固相线和液相线之间,由于焊接过程中母材部分熔化,所以也称为半熔化区。此时,溶化的金属凝固成铸态组织,未熔化金属因加热温度过高而成为过热粗晶。在低碳钢焊接接头中,熔合区虽然很窄(0.1～1 mm),但因其强度、塑性和韧性都下降,而且此处接头断面变化大,易引起应力集中,所以熔合区在很大程度上

决定着焊接接头的性能。

② 过热区(overheated zone):被加热到 Ac$_3$ 以上 100~200 ℃ 至固相线之间的温度区间。由于奥氏体晶粒急剧长大,形成过热组织,故塑性及韧性降低。对于易淬火硬化钢材,此区脆性更大。

③ 正火区(normalized zone):指被加热到 Ac$_3$ 以上 100~200 ℃ 之间的区间。加热时金属发生重结晶,转变为细小的奥氏体晶粒。冷却后得到均匀而细小的铁素体和珠光体组织,其力学性能优于母材。

④ 部分相变区(part phase - changed zone):相当于加热到 Ac$_1$~Ac$_3$ 温度区间。珠光体和部分铁素体发生重结晶,转变成细小的奥氏体晶粒。部分铁素体不发生相变,但其晶粒有长大趋势。冷却后晶粒大小不均,因而力学性能比正火区稍差。

焊接热影响区的大小和组织性能变化的顺序,决定于焊接方法、焊接参数、接头形式和焊后冷却速度等因素。表 3.1 表示不同焊接方法焊接低碳钢时,焊接热影响区的平均尺寸数值。

表 3.1　不同焊接方法热影响区的平均尺寸数值

| 焊接方法 | 过热区宽度(mm) | 热影响区总宽度(mm) |
|---|---|---|
| 焊条电弧焊 | 2.2~3.5 | 6.0~8.5 |
| 埋弧自动焊 | 0.8~1.2 | 2.3~4.0 |
| 手工钨极氩弧焊 | 2.1~3.2 | 5.0~6.2 |
| 气焊 | 21 | 27 |
| 电渣焊 | 18~20 | 25~30 |
| 电子束焊接 | - | 0.05~0.75 |

同一焊接方法使用不同焊接参数时,热影响区的大小不相同。在保证焊接质量的条件下,增大焊接速度或减少焊接电流都能减少焊接热影响区的尺寸。

(3)改善焊接热影响区组织和性能的方法

焊接热影响区在电弧焊接接头中是不可避免的。用焊条电弧焊或埋弧焊方法焊接一般低碳钢结构时,因热影响区狭窄,危害性较小,焊后不进行处理即可使用。但对重要的碳钢构件、合金钢构件或用电渣焊焊接的构件,则必须注意热影响区带来的不利影响。为消除其影响,一般采用焊后正火处理,使焊缝和焊接热影响区的组织转变为均匀的细晶结构,以改善焊接接头的性能。

对焊后不能进行热处理的金属材料或构件,则只能在正确选择焊接方法与焊接工艺上来减少焊接热影响区的范围。

①合理选择电弧焊接方法与焊接规范

用焊条电弧焊或埋弧焊焊接一般低碳钢时,因热影响区较窄,危害性较小,但对合金钢件接头应选择小能量多道焊接来减少热影响区的危害。对特别重要的接头则可选择电子束或激光焊接。

②焊后热处理

为了改善热影响区尤其是过热区的危害,焊后应进行退火处理。如中碳钢或合金结构钢构件,电渣焊接头等。

### 3.1.4　焊接应力与变形

焊接过程是一个极不平衡的热循环过程,即焊缝及其相邻区金属都要由室温被加热到很高温度(焊缝金属处于液态),然后再快速冷却下来。由于在这个热循环过程中,焊件各部分的温度不同,随后的冷却速度也各不相同,因而焊件各部分在热胀冷缩及塑性变形的影响下,必将产生内应力,形成裂纹。

焊缝是靠一个移动的点热源加热,然后逐次冷却下来形成的。因而应力的形成,大小分布状况较为复杂。为简化问题,假定整条焊缝同时形成。焊缝及其相邻区金属处于加热阶段时都会膨胀,但受到焊件冷金属的阻碍,不能自由伸长而受压,形成压应力。该压应力使处于

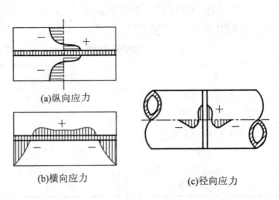

(a)纵向应力

(b)横向应力

(c)径向应力

图 3.4　平板对接焊缝和圆筒环形焊缝的焊接应力

塑性状态的金属产生压缩变形。随后再冷却到室温时,其收缩又受到周边冷金属的阻碍,不能缩短到自由收缩所应达到的位置,因而产生残余拉应力(焊接应力)。图 3.4 所示为平板对接焊缝和圆筒环形焊缝的焊接应力(welding stress)分布状况。以"+"表示拉应力,"-"表示压应力。

焊接应力的存在将影响焊接构件的使用性能,其承载能力大为降低,甚至在外载荷改变时可能出现脆断的危险后果。对于接触腐蚀性介质的焊件(如化工容器),由于应力腐蚀现象加剧,将减少焊件使用期限,甚至产生应力腐蚀裂纹而报废。对于承受重载的重要结构件、压力容器等,焊接应力必须加以防止和消除。首先,在结构设计时应选用塑性好的材料,要避免使焊缝密集交叉,避免使焊缝截面过大和焊缝过长。其次,在施焊中应确定正确的焊接次序。焊前对焊件预热是较为有效的工艺措施,这样可减弱焊件各部位间的温差,从而显著减小

焊接应力。焊接中采用小能量焊接方法或锤击焊缝亦可减小焊接应力。第三,当需较彻底地消除焊接应力时,可采用焊后去应力退火方法来达到。此时可将焊件加热到 500 ~ 650 ℃,保温后缓慢冷却至室温。此外,亦可采用水压试验或振动法消除焊接应力。

焊接应力的存在会引起焊件的变形。焊接变形(welding distortion)的基本类型如图 3.5 所示。具体焊件会出现哪种变形,与焊件结构、焊缝布置、焊接工艺及应力分布等因素有关。一般情况下,结构简单的小型焊件,焊后仅出现收缩变形,焊件尺寸减小。当焊件坡口横截面的上下尺寸相差较大或焊缝分布不对称,以及焊接次序不合理时,则焊件易发生角变形、弯曲变形或扭曲变形。对于薄板焊件,最容易产生不规则的波浪变形。

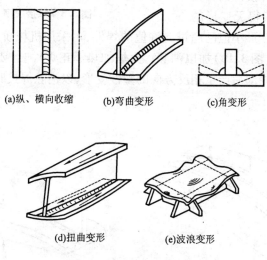

(a)纵、横向收缩　　(b)弯曲变形　　(c)角变形

(d)扭曲变形　　(e)波浪变形

**图 3.5　焊接变形的基本类型**

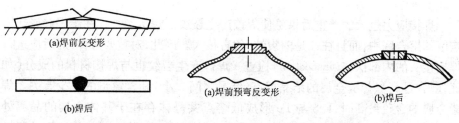

(a)焊前反变形

(b)焊后

**图 3.6　平板焊反变形**

(a)焊前预弯反变形

(b)焊后

**图 3.7　焊接次序**

　　焊件出现变形将影响使用,过大的变形量将使焊件报废,因此必须加以防止和消除。焊件变形主要是由于焊接应力引起的,预防焊接应力产生的措施对防止焊接变形是有效的。当对焊件的变形有较高限定时,在结构设计中采用对称结构或大刚度结构、焊缝对称分布结构,都可减少或不出现焊接变形。施焊时,采用反变形(图3.6、图3.7)措施或刚性夹持方法,都可减少焊件的变形。但刚性夹持法不适合焊接淬硬性较大的钢结构件和铸铁件。

　　正确选择焊接参数和焊接次序,对减小焊接变形也很重要(图3.8)。这样可使温度分布更加均衡,开始焊接时产生的变形可被后来焊接部位的变形所抵消,从而获得无变形的焊件。

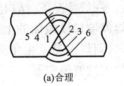 

(a)合理　　　　　　　　　　(b)不合理

图3.8　焊接次序

对于焊后变形小但已超过允许值的焊件,可采用机械矫正法(图3.9)或火焰加热矫正法(图3.10)加以消除。火焰加热矫正焊件时,要注意加热部位,使焊件在加热—冷却后产生相反方向的塑性变形,以消除焊接时产生的变形。

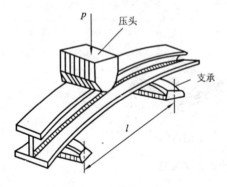

图3.9　机械矫正法

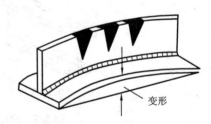

图3.10　火焰加热矫正法

　　焊接应力过大的严重后果是使焊接产生裂纹。焊接裂纹存在于焊缝或热影响区的熔合区中,而且往往是内裂纹,危害很大。因此,对重要焊件,焊后应进行焊接接头的内部探伤(inspection)检查。焊件产生裂纹也与焊接材料的成分(如硫,磷含量高)、焊缝金属的结晶特点(结晶区间大小)和含氢量的多少有关。焊缝金属的含硫量高时,FeS 与 Fe 形成低熔点共晶体存在于基体金属的晶界处(构成液态间层),在应力作用下被撕裂形成热裂纹;含磷量高时,可使钢的脆性加大,焊接性能变坏,也促使形成裂纹。金属的结晶区间越大,形成液态间层的可能性也越大,焊件就容易产生裂纹。钢中含氢量高,焊后经过一段时间,大量氢分子析出集中起来会形成很大的局部压力,造成焊件出现裂纹(称延迟裂纹)。故焊接中应合理选材,采取措施减小应力,并应选用合理的焊接工艺和焊接参数(如采用碱性焊条、小能量焊接、预热、合理的焊接次序等)进行焊接,以确保焊件质量。

**思考练习题**

1. 焊接电弧是怎样一种现象? 用直流电和交流电焊接时电弧有何差异?
2. 何谓焊接热影响区? 低碳钢焊缝及焊接热影响区硬度如何分布?
3. 减少焊接热影响区有什么方法? 有什么实际效果?
4. 焊接应力是什么原因引起的? 它对焊接结构有什么危害? 如何消除焊接应力?
5. 分层焊时,焊工有时会用圆头小锤对红热状态的焊缝进行敲击? 请解释原因。
6. 焊接变形有哪些形式? 在焊前有哪些措施可防止和减小焊接变形?

## 3.2  常用电弧焊方法

### 3.2.1  焊条电弧焊

焊条电弧焊(electrode arc welding)是利用焊条与工件间产生电弧热,将工件和焊条熔化而进行焊接的方法。

焊条电弧焊可以在室内、室外、高空和各种焊接位置进行,设备简单,容易维护,焊钳小,使用灵便,适于焊接高强度钢、铸钢、铸铁和非铁金属,其焊接接头可与工件(母材)的强度相近,是焊接生产中应用最广泛的焊接方法。

**1. 电弧焊的焊接过程**

焊条电弧焊的焊接过程如图 3.11 所示。电弧在焊条和被焊工件间燃烧,电弧热使工件和焊条同时熔化形成溶池,也使焊条的药皮熔化和分解,药皮熔

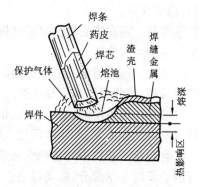

**图 3.11　焊条电弧焊焊接过程**

化后与液态金属发生物理化学反应,所形成熔渣不断从熔池中浮起;药皮受热分解产生大量的 $CO_2$ 和 $H_2$ 等保护气体,围绕在电弧周围,熔渣和气体能防止空气

中氧和氮的侵入,起保护熔化金属的作用。

当电弧向前移动时,工件和焊条不断熔化汇成新的熔池。原来的熔池则不断冷却凝固,构成连续的焊缝。覆盖在焊缝表面的熔渣也逐渐凝固成为固态渣壳。这层熔渣和渣壳对焊缝成形的好坏和减缓金属的冷却速度有着重要的作用。焊缝质量由很多因素决定,如母材金属和焊条的质量,焊前的清理程度,焊接时电弧的稳定情况,焊接操作技术,焊后冷却速度以及焊后热处理等。

**2. 焊条**

(1)焊条的组成及其作用

①焊芯　焊芯(core wire)的作用,一是导电,生弧,形成热源;二是作为焊缝的填充金属,焊芯钢丝都是专门冶炼的,并且特别规定了它们的牌号和成分。按照 GB1300—77《焊接用钢丝》规定,焊接用钢丝分为碳素钢、合金钢和不锈钢三类,牌号冠以"焊"字,代号为"H",其后的数字和符号意义与结构钢牌号相同。焊接碳钢和低合金结构钢时,一般用低碳钢焊丝 H08、H08A、H08MnA 作为焊芯。为保证焊缝的塑性和韧性,上述焊丝中硫、磷、硅的含量,比通常的碳素结构钢和合金结构钢都要低。

②药皮　焊条药皮在焊接过程中对保证焊缝质量和改善工艺性能起着极其重要的作用。据测定,当用裸焊条焊接时,焊缝中的含氧量为 0.15% ~ 0.3% ,含氮量为 0.15 ~ 1.10%,而用厚药皮焊条焊接时,焊缝中的含氧量仅为 0.04% ~ 0.10% ,含氮量只有 0.01% ~ 0.03% ,具体说来,焊条药皮的作用有如下几点:

ⓐ稳弧　药皮中含有的钾、钠、钙等易电离元素的化合物,使焊接电弧引燃容易,稳定性好。

ⓑ造气　药皮中的碳酸盐和有机物,焊接时造成中性或还原性气氛,保护液态金属免受大气污染。

ⓒ造渣　药皮熔化后形成的熔渣,覆盖于液态金属表面,保护熔化金属,改善焊缝成形,减缓凝固和冷却速度。

ⓓ脱氧　药皮中的锰铁,硅铁,铝粉等,对液态金属进行脱氧精炼。同时,锰还可以与硫结合成 MnS,MnS 可熔入渣中而使硫部分脱除。

ⓔ合金化　药皮中的各种铁合金可向焊缝金属添加适当的合金元素,以保证焊缝金属的化学成分,提高焊缝金属的机械性能。

ⓕ改善熔滴过渡　因为药皮比焊芯熔化迟,形成了喇叭小段药皮套管,它可改善熔滴向熔池过渡的方向性,使焊条便于进行仰焊和立焊。

焊条药皮的成分相当复杂,每种焊条的药皮一般都由 7 ~ 15 种原料配制而成。

(2)焊条的种类、型号和牌号

焊接的应用范围越来越广泛,为适应各个行业的需求,不同材料和不同性能要求的焊条品种非常多。我国将焊条按化学成分不同分为七大类,即碳钢焊条,低合金钢焊条,不锈钢焊条,堆焊焊条,铸铁焊条,铜及铜合金焊条,铝及铝合金焊条等。其中应用最多的是碳钢焊条和低合金钢焊条。

焊条型号是国家标准中的焊条代号。碳钢焊条型号见 GB5117—95,如 E4303、E5015、E5016 等。"E"表示焊条;前两位数字表示焊缝金属的抗拉强度等级(单位为 MPa/mm$^2$);第三位数字表示焊条的焊接位置,"0"及"1"表示焊条适用于向下立焊;第三位和第四位组合时表示焊接电流种类及药皮类型,如"03"为钛钙型药皮,交流或直接反接。低合金钢焊条型号中的四位数字之一,还标出附加合金元素的化学成分。如 E5515—B2—V,属低氢钠型,是适用于直流反接进行各种位置焊接的焊条,并含 0.6%B 和 0.1% ~ 0.35%V。

焊条牌号是焊条行业统一的焊条代号。焊条牌号一般用一个大写拼音字母和三位数字表示,如 J422,J507 等。拼音字母表示焊条的大类,如"J"表示结构钢焊条(碳钢焊条和普通低合金钢焊条),"A"表示奥氏体不锈钢焊条,"Z"表示铸铁焊条等;前两位数字表示各大类中若干小类,如结构钢焊条前两位数字表示焊缝金属抗拉强度等级,其等级有 42、50、55、60、70、75、85 等,分别表示其焊缝金属的抗拉强度大于或等于 420、500、550、600、700、750 和 850MPa;最后一位数字表示药皮类型和电流种类,如表 3.2,其中 1 至 5 为酸性焊条(acid electrode),6 和 7 为碱性焊条(basic electrode)。J422 符合国标 E4303,J507 符合国标 E5015,J506 符合国标 E5016。

表3.2　焊条药皮类型和电源种类编号

| 编号 | 1 | 2 | 3 | 4 | 5 | 6 | 7 | 8 |
|---|---|---|---|---|---|---|---|---|
| 药皮类型 | 钛型 | 钛钙型 | 钛铁矿型 | 氧化铁型 | 纤维素型 | 低氢钾型 | 低氢钠型 | 石墨型 |
| 电源种类 | 交、直流 | 交、直流 | 交、直流 | 交、直流 | 交、直流 | 交、直流 | 直流 | 交、直流 |

焊条还可按熔渣性质分为酸性焊条和碱性焊条两大类。药皮熔渣中酸性氧化物(如 $SiO_2$,$TiO_2$,$Fe_2O_3$)比碱性氧化物(如 CaO,FeO,MnO,$Na_2O$)多的焊条为酸性焊条。此类焊条适合各种电源,操作性较好,电弧稳定,成本低,但焊缝塑、韧性稍差,渗合金作用弱,故不宜焊接承受动载荷和要求高强度的重要结构件。熔渣中碱性氧化物比酸性氧化物多的焊条为碱性焊条。此类焊条一般要求采用直流电源,焊缝塑、韧性好,抗冲击能力强,但操作性差,电弧不够稳定,价格较高,故只适合焊接重要结构件。

（3）焊条的选用原则

焊条种类很多，选用是否得当，直接影响焊接质量、生产效率和产品成本。选用焊条时通常要考虑以下几个方面：

①等强度原则　结构钢的焊接，一般应使得焊缝金属与母材等强度，即焊条的强度等级等于或稍高于母材的强度。对于不要求等强度的接头，可选用强度等级比母材低的焊条。

②同成分原则　对特殊用钢（耐热钢、低温钢、不锈钢等）的焊接，为保证接头的特殊性能，应使得焊缝金属的主要合金成分与母材相同或相近。

③抗裂性要求　对于焊接或使用中容易产生裂纹的结构，如焊件形状复杂，厚度大，刚度大，高强钢，母材含碳或硫、磷杂质较多，受动载荷或冲击，以及在低温环境中施焊或使用的结构等，应选用抗裂性能优良的低氢型焊条。

④抗气孔要求　对于难以焊前清理，容易产生气孔的焊件，应选用酸性焊条。

⑤低成本要求　在酸、碱性焊条都能满足要求时，一般应选用酸性焊条。

以上几条，前两条原则一般必须遵循，后三条应视具体情况而定。

## 3.2.2　埋弧自动焊

焊条电弧焊时，引燃电弧，维持弧长，移动电弧以及焊接结束时填满弧坑等动作完全是靠手工进行的。所以手弧焊生产效率低，而且工人的技术水平和思想情绪对焊接质量影响很大，产品质量不够稳定。如果手弧焊的上述几个焊接动作完全由机械自动完成，则上述缺点就能得到较好的克服，埋弧自动焊就是为了满足这种要求而出现的。

### 1. 埋弧自动焊

埋弧自动焊简称埋弧焊（submerged arc welding），其焊接过程如图 3.12 所示。焊接电源两极分别接在导电嘴和焊件上。颗粒状焊剂由漏斗流出后，均匀地堆敷在装配好的焊件上，约 40 ~ 60 mm 厚。由送丝电机驱动的送丝滚轮，靠摩擦力把焊丝盘上的焊丝经导电嘴往下送进。

当焊丝末端与焊件之间引燃电弧后，电弧热使周围的焊剂熔化

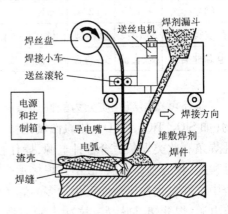

图 3.12　埋弧焊

以致部分蒸发,金属和熔剂的蒸发气体形成一个气泡,电弧就在这个气泡内燃烧,气泡上部被一层渣膜所包围,这层渣膜把空气与电弧和熔池有效地隔开,并使电弧更加集中,同时,还能使有碍操作的弧光不致散发出来。

为了实现电弧的自动移动,送丝机构、焊丝盘、焊剂漏斗和控制盘等全都装在一台小车上。焊接时,只要按下启动按钮,整个焊接过程(包括引弧,稳弧,送进焊丝,移动电弧及焊接结束时填满弧坑等)都将自动进行。由于采用光焊丝,且导电嘴长度仅为 50 mm,同时,渣膜可防止金属滴的外溅,所以埋弧焊可采用大电流(300～2000A)进行焊接,使焊接速度和熔深大大增加。

埋弧焊与手弧焊一样,焊前应将焊缝两侧 50～60 mm 内的一切污垢及铁锈清除干净,以保证焊缝质量。

**2. 埋弧焊的特点**

①生产率高　埋弧焊的电流常用到 1000A 以上,比焊条电弧焊高 6～8 倍,同时节省了更换焊条的时间,所以埋弧焊比焊条电弧焊提高生产率 5～10 倍。

②焊接质量高而且稳定　埋弧焊焊剂供给充足,电弧区保护严密,熔池保持液态时间较长,冶金过程进行得较为完善,气体与杂质易于浮出。同时,焊接参数能自动控制调整,焊接质量高而且稳定,焊缝成形美观。

③节省金属材料　埋弧焊热量集中,熔深大,20～25 mm 以下的工件可不开坡口进行焊接,而且没有焊条头的浪费,飞溅很少,所以能节省大量金属材料。

④改善了劳动条件　埋弧焊看不到弧光,焊接烟雾少。

埋弧焊可以焊接长的直线焊缝和较大直径的环形焊缝。当工件厚度增加和批量生产时,其优点更为显著。但应用埋弧焊时,设备费用较贵,工艺装备复杂,对接头加工与装配要求严格,只适用于批量生产长的直线焊缝与圆筒形工件的纵、环焊缝。对狭窄位置的焊缝以及薄板的焊接,埋弧焊受到一定限制。

**3. 埋弧焊的焊丝与焊剂**

埋弧焊时,焊丝的作用相当于焊芯,焊剂的作用相当于焊条药皮。在焊接过程中,焊剂能隔离空气,使焊缝金属免受空气侵害,同时对熔池金属起类似焊条药皮的一系列冶金作用。因此,焊丝和焊剂是决定焊缝金属成分和性能的主要因素,应合理选用。

埋弧焊焊剂按制造方法可分为熔炼焊剂和陶质焊剂两大类。熔炼焊剂是将原材料配好后在炉中熔炼而成,呈玻璃颗粒状,颗粒强度大,化学成分均匀,不易吸收水分,适于大量生产。按化学成分又可分为锰、中锰、低锰、无锰几种,适用于不同的金属。

陶质焊剂是非熔炼焊剂。它是由矿石、铁合金、粘结剂按一定比例配制成颗粒状,经 300 ~ 400 ℃ 干燥固结而成。这类焊剂易于向焊缝金属补充或添加合金元素。但颗粒强度较低,容易吸潮。

常用焊剂的使用范围及配用焊丝见表 3.3。

表 3.3　国产焊剂使用范围及配用焊丝

| 牌号 | 焊剂类型 | 配用焊丝 | 使用范围 |
|------|----------|----------|----------|
| HJ130 | 无锰高硅低氟 | H10Mn2 | 低碳钢及低合金结构钢如 Q345(即 16Mn)等 |
| HJ230 | 低锰高硅低氟 | H08MnA,H10Mn2 | 低碳钢及低合金结构钢 |
| HJ250 | 低锰中硅中氟 | H08MnMoA,H08Mn2SiA | 焊接 15MnV,14MnMoV,18MnMoNb 等 |
| HJ260 | 低锰高硅中氟 | Cr19Ni9 | 焊接不锈钢 |
| HJ330 | 中锰高硅中氟 | H08MnA,H08Mn2 | 重要低碳钢及低合金钢,如 15g,20g, 16Mng 等 |
| HJ350 | 中锰中硅中氟 | H08MnMoA,H08MnSi | 焊接含 MnMo,MnSi 的低合金高强度钢, |
| HJ431 | 高锰高硅低氟 | H08A,H08MnA | 低碳钢及低合金结构钢 |

### 4. 埋弧焊工艺

埋弧焊要求更仔细地下料,准备坡口装配。焊接前,应将焊缝两侧 50 ~ 60 mm 内的一切污垢与铁锈清除掉,以免产生气孔。

埋弧焊一般在平焊位置焊接。对焊接厚 20 mm 以下工件时,可以采用单面焊。如果设计上有要求(如锅炉或容器)也可双面焊接。当厚度超过 20 mm 时,可进行双面焊接,或采用开坡口单面焊接。由于引弧处和断弧处

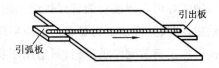

图 3.13　埋弧焊引弧板与引出板

质量不易保证,焊前应在接缝两端焊上引弧板与引出板(图 3.13)焊后再去掉。为了保持焊缝成形和防止烧穿,生产中常采用各种类型的焊剂垫板(图 3.14),或者先用焊条电弧焊封底。

焊接筒体对接焊缝时(图 3.15),工件以一定的焊接速度旋转,焊丝位置不动。为防止熔池金属流失,焊丝位置应逆旋转方向偏离焊件中心线一定距离 $a$,其大小视筒体直径与焊接速度等而定。

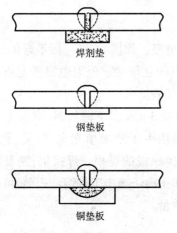

图 3.14　埋弧焊垫板,焊剂垫板

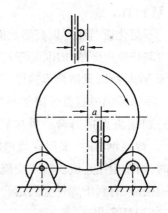

图 3.15　筒体对接埋弧焊

### 3.2.3　气体保护电弧焊

#### 1.惰性气体保护焊

惰性气体保护焊(inert gas shielded arc welding)是以氩、氦、氙等惰性气体保护电极和熔池金属不受空气的有害作用。由于氩气相对容易获得,故常用氩气来起保护作用(图3.16),又称为氩弧焊。

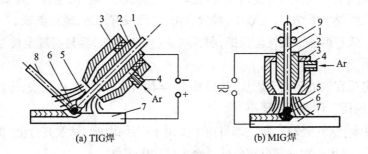

　　　　　(a) TIG焊　　　　　　　　　(b) MIG焊

图 3.16　氩弧焊

1—焊丝或电极　2—导电嘴　3—喷嘴　4—进气管
5—氩气流　6—电弧　7—工件　8—填充焊丝　9—送丝辊轮

在高温下,氩气不与金属起化学反应,也不溶于金属,因此氩弧焊的质量很高,氩弧焊按所用电极的不同,可分为不熔化极氩弧焊,因常用钨极,故又称钨极氩弧焊 TIG(tungsten inert gas arc welding)和熔化极氩弧焊 MIG(metal inert gas welding)。

（1）TIG 焊

不熔化极氩弧焊以高熔点的铈钨棒作为电极。焊接时,铈钨棒不熔化,只起导电与产生电弧的作用,易于实现机械化和自动化焊接。但因电极所能通过的电流有限,所以只适合焊接厚度6 mm以下的工件。

手工铈钨极氩弧焊操作与气焊相似。焊接3 mm以下薄板时,常采用卷边(弯边)接头直接熔合。焊接较厚工件时,需用手工添加填充金属,见图3.16(a)。焊接钢材时,多用直流电源正接,以减少钨极的烧损。焊接铝,镁及其合金时,则希望用直流反接或交流电源。因极间正离子撞击工件熔池表面,可使氧化膜破碎,有利于焊件金属熔合和保证焊接质量。

（2）MIG 焊

熔化极氩弧焊以连续送进的焊丝作为电极,见图3.16(b)进行焊接。此时可用较大电流焊接厚度为25 mm以下的工件。

焊接用的氩气一般用钢瓶装运。当氩气中含有氧、氮、二氧化碳或水分时,会降低氩气的保护作用,并造成夹渣、气孔等缺陷,因此要求氩气纯度应大于99.7%。由于氩气只起保护作用,焊接冶金过程比较单纯,所以焊接前必须把接头表面清理干净,否则杂质与氧化物会留在焊缝中,使焊缝质量显著下降。

氩弧焊主要有以下特点:

①适用于焊接各类合金钢,易氧化的非金属及锆、钽、钼等稀有金属材料。

②氩弧焊电弧稳定,飞溅小,焊缝致密,表面没有熔渣,成形美观。

③电弧和熔池区受气流保护,明弧可见,便于操作,容易实现全位置自动焊接。

④电弧在气流压缩下燃烧,热量集中,熔池较小,焊接速度较快,焊接热影响区较窄,因而工件焊后变形小。

由于氩气价格较高,氩弧焊目前主要用于焊接铝、镁、钛及其合金,也用于焊接不锈钢、耐热钢和一部分重要的低合金结构钢焊件。

钨极脉冲氩弧焊焊接时,电流的幅值按一定的频率周期性变换,其电流波形如图3.17所示。用脉冲电流焊成的连续焊缝实际上是许多单个脉冲形成的熔池连续叠加,高值电流形成熔池,基值电流时加热少,熔池凝固。通过对脉冲电流、基值电流、两电流持续时间的调节与控制,可以准确改变和控制焊接能量,从而控制焊缝的尺寸与焊接质量。

脉冲氩弧焊的特点是:

①焊缝是脉冲式的熔化凝固,易于控制,可避免烧穿工件,适用于焊接 1 ~ 5 mm 的钢材或管材,能实现单面焊双面成形,保证根部焊透。

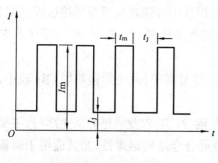

图 3.17 脉冲电流焊

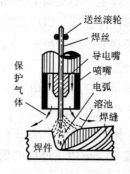

图 3.18 二氧化碳气体保护焊

②熔池脉冲式熔化凝固,易于克服因表面张力或自重影响所造成的焊缝偏浆与塌腰等缺陷,适用于各种空间位置焊接,易于实现全位置自动焊。

③容易调节焊接参数、能量和焊缝在高温条件下的停留时间,因而适合焊接易淬火钢材和高强钢,可减少裂纹倾向和焊接变形。

④质量稳定,接头力学性能比普通氩弧焊高。

**2. 二氧化碳气体保护焊**

二氧化碳气体保护焊(carbon – dioxide arc welding)是以 $CO_2$ 为保护气体的电弧焊。它用焊丝作电极,靠焊丝和焊件之间产生的电弧熔化工件与焊丝,熔池凝固后成为焊缝。焊丝的送进靠送丝机构实现。

$CO_2$ 气体保护焊的焊接装置如图 3.18 所示。焊丝由送丝机构送入送丝软管,再经导电嘴送出。$CO_2$ 气体从焊炬喷嘴中以一定流量喷出。电弧引燃后,焊丝端部及熔池被 $CO_2$ 气体所包围,故可防止空气对高温金属的侵害。但 $CO_2$ 是氧化性气体,在电弧热作用下能分解为 CO 和 $O_2$,与熔池中的铁、碳及其他金属元素作用,易造成气体的强烈飞溅,使焊缝含氧量增加并烧损。为保证焊接质量和焊缝的合金成分,故需采用含锰、硅高的焊接钢丝或含有相应合金元素的钢焊丝。例如,焊接低碳钢常选用 H08MnSiA 焊丝,焊接低合金结构钢则常选用 H08Mn2SiA。

$CO_2$ 气体保护焊的特点是:

①成本低 因采用廉价易得的 $CO_2$ 代替焊剂,焊接成本仅是埋弧焊和焊条电弧焊的 40% 左右。

②生产率高　由于焊丝送进是机械化或自动化进行,电流密度较大,电弧热量集中,故焊接速度较快。此外,焊后没有渣壳,节省了清渣时间,故其效率可比焊条电弧焊生产率提高 1—3 倍。

③操作性能好　$CO_2$ 保护焊是明弧焊,焊接中可清楚地看到焊接过程,容易发现问题并及时调整处理。$CO_2$ 保护焊如同焊条电弧焊一样灵活,适用于各种位置的焊接。

④质量较好　由于电弧在气流下燃烧,热量集中,因而焊接热影响区较小,变形和产生裂纹的倾向性小。

$CO_2$ 保护焊目前广泛用于造船、机车车辆、汽车、农业机械等工业部门,主要用于焊接 30 mm 以下厚度的低碳钢和部分低合金结构钢焊件,尤其适用于薄板焊接。

$CO_2$ 保护焊的缺点是:由于 $CO_2$ 的氧化作用,熔滴飞溅较为严重,因此焊缝成形不够光滑。另外,如果控制或操作不当,容易产生气孔。

### 3. 气体保护焊用药芯焊丝简介

药芯焊丝是一种新型的焊接材料,与普通实芯焊丝不同,药芯焊丝是由薄钢带卷成圆形钢管或异形钢管的同时,填进一定成分的药粉料,经拉拔成形的一种焊丝,焊丝断面有 O 形、E 形和 T 形等各种类型。

药芯焊丝采用气体、焊剂或自保护方式进行保护,可用于结构钢焊接,堆焊等。

药芯焊丝用途广泛,熔敷效率高,焊缝质量好,对钢材的适应性强。当实芯焊丝无法或很难控制时,药芯焊丝更有其优越性。

药芯焊丝根据药芯类型,是否采用外部保护气体,焊接电流种类以及单道焊和多道焊的适用性等进行分类(表 3.4),药芯焊丝型号由焊丝类型代号和焊缝金属的力学性能标准两部分组成,第一部分以英文字母 EF 表示药芯焊丝代号,代号后面的第一位数字表示焊接位置,0 表示用于平焊和横焊,1 表示用于全位置焊。代号后面的第二位数字或英文字母为分类代号。第二部分在短划线后面四位数字表示焊缝金属的力学性能,如 EF01—5032,EF 表示药芯焊丝,0 表示平焊和横焊,1 表示焊丝类型为氧化钛型,50 表示焊缝金属最低抗拉强度为 500MPa,3 表示平均夏比冲击功不低于 27J 的试验温度为 −20 ℃,2 表示平均夏比冲击功不低于 47J 的试验温度为 0 ℃。

表 3.4　碳钢药芯焊丝分类(GB10045—88)

| 焊丝类型 | 药芯类型 | 保护气体 | 电流种类 | 适用性 |
|---|---|---|---|---|
| EF * 1 | 氧化钛型 | 二氧化碳 | 直流,焊丝接正 | 单道焊和多道焊 |
| EF * 2 | 氧化钛型 | 二氧化碳 | 直流,焊丝接正 | 单道焊 |
| EF * 3 | 氧化钙—氟化物型 | 二氧化碳 | 直流,焊丝接正 | 单道焊和多道焊 |
| EF * 4 | —— | 自保护 | 直流,焊丝接正 | 单道焊和多道焊 |
| EF * 5 | —— | 自保护 | 直流,焊丝接负 | 单道焊和多道焊 |
| EF * G | | | | 单道焊和多道焊 |
| EF * GS | | | | 单道焊 |

## 3.2.4　等离子弧焊接与切割

### 1. 等离子弧

　　由物理学可知,处于极高温度下的气体可高度离解,成为几乎全部由阳离子和电子组成的电离气体,称之为等离子体。它是物质三态(固态,液态,气态)之外的第四态。一般的焊接电弧,未受到外部拘束,气体电离程度不高,弧柱截面随功率的增加而增加,能量不集中,称为自由电

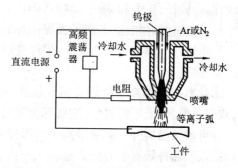

图 3.19　等离子弧的产生

弧。如果把前述钨极氩弧焊的钨极缩入焊炬内,再加一个带有上直径孔道的铜质水冷喷嘴,即压缩嘴(图 3.19),这样电弧在冲出喷嘴时就会受到三种压缩作用:一是喷嘴细孔道的机械压缩,称为机械压缩效应;二是水冷喷嘴使弧柱外层冷却,迫使带电粒子流向弧柱中心收缩,称为热收缩效应;三是无数根平行通电导体的弧柱所产生的自身磁场,使弧柱进一步受到收缩,称为磁压缩效应。在以上三种压缩效应作用下,电弧便成为弧柱直径很细,气体高度电离,能量非常密集的等离子体。

　　用来产生等离子弧的气体称为等离子气。等离子弧焊接时,常用氩气作等离子气,同时还需要另外通入氩保护气体。等离子弧切割时。常用富氮的氮氢混合气体作等离子气,不另通入保护气体。

与自由电弧相比,等离子弧有如下主要特点:

①能量密集温度高　等离子弧的能量密度是钨极氩弧焊时的几十甚至上百倍,最高达 2 4000 ~ 50 000K。等离子弧可迅速熔化任何金属和非金属。

②电弧稳定挺度好　由于等离子弧电离程度极高,放电过程稳定,所以等离子弧焊接电流大至 600 ~ 1000A,小至 0.1A,电弧都能稳定燃烧,并保持良好的挺度与方向性。

③可控性好　通过改变电源电压、焊接电流、喷嘴结构、等离子气的种类和流量等,可以得到冲击力大小不同的刚性弧和柔性弧。刚性弧冲力大,适于切割,柔性弧冲力小,适于焊接。此外,等离子弧的热量、温度等也都是可控的。

### 2. 等离子弧焊接

根据焊透方式不同,等离子弧焊接( plasma arc welding)可以分为穿透法与熔透法。穿透法靠强劲的等离子弧穿透焊件实现焊接,多用于板厚 3 ~ 12 mm 的金属。熔透法电弧压缩程度较轻,不穿透钢板,多用于板厚 3 mm 以下的金属。焊接电流在 30A 以下的熔透法焊接,称为微束等离子弧焊接,此种电弧似针状,温度较低,且柔和,适于焊接 0.01 ~ 1.5 mm 厚的箔材及薄板。

与钨极氩弧焊相比,等离子弧焊接有如下优点:

①质量好　焊接热影响区小,焊件变形小。由于钨极缩入喷嘴内,故可避免钨污染焊缝。

②效率高　等离子弧焊接速度较高,板厚 12 mm 以下可不开坡口,一次焊透,双面成形,背面不需衬垫,这些都使等离子弧焊接生产率较高。

③可焊微型器件　微束等离子弧焊接可焊直径 0.01 mm 细丝和箔材,是目前焊接微型器件最有效方法之一。

④易于操作　电弧呈圆柱形,发散极少,焊炬与焊件间的距离要求不十分严格。因此,等离子弧焊接操作比较容易。

⑤可焊材料广泛　用它可焊接各类钢、铸铁及有色合金,采用一定措施后,还可焊接钨、钼、钽、铌、锆等合金。目前,等离子焊主要用于高合金钢及钨、钼、钴等难熔及特种金属材料的焊接。

### 3. 等离子弧切割

目前工业生产中切割金属最常用的方法是气割。它是利用氧气将金属剧烈氧化成液态渣,然后吹除而实现切割的。气割主要适用于低、中碳钢和低合金结构钢。对于不锈钢、铜、铝等难以气割或不能气割的金属材料,可采用等离子弧切割( plasma cutting)。这种切割方法是利用等离子弧能量密集和高速等离子流冲力大的特点,把金属局部迅速熔化,并立即吹离而形成切口的。等离子弧切割的切口狭窄、整洁、平直,变形小,热影响区小,切割厚度可达 150 ~ 200 mm,切割速度一般高达每小时几十至上百米。目前,它已成功切割各种耐高温、易氧化、导热性好的金属材料(如不锈钢,耐火砖等)。随着空气等离子弧切割技术(即利用压缩空气作为等离子弧切割气体)的发展及切割成本的降低,它有逐步扩大到用于切割碳钢和低合金钢的趋势。

思考练习题

1. 焊条药皮有哪些作用? 在药皮形成中是否可以用硅铁、钛铁来代替锰铁?
2. 为什么用等离子弧可以切割不锈钢、铜、铝合金,而乙炔则难以切割这些金属或合金?
3. 电弧焊分为哪几类? 它们各有何优缺点?

# 3.3　其他焊接方法

## 3.3.1　熔焊

### 1. 气焊

(1)气焊用气体

气焊所用的气体分为两类,即助燃气体(氧气)和可燃气体(如乙炔、液化石油气、氢气、天然气等)。因乙炔气的发热较大,火焰温度最高,是目前气焊,气割中应用最广泛的一种可燃气体,但为生产乙炔所要消耗的电石($CaC_2$)冶炼成本较高,因此,乙炔有被液化石油气等代替或部分代替的趋势,尤其是在气割中,代用气体正逐步推广。

可燃气体与氧气混合燃烧时,放出大量的热,形成热量集中的高温火焰(火焰中的最高温度可达 2 000~3 000K),可将金属加热和熔化,从而达到焊接和切割的目的。

(2)焊炬(焊枪)的构造和工作原理

焊炬按可燃气体和氧气混合方式的不同分为射吸式和等压式两种,图 3.20 是射吸式焊炬的结构,这种焊炬在使用时,先把乙炔阀门 1 拧开,乙炔即进入环形乙炔室了。随后进入射吸管 5 和混合气管 6,从焊嘴 7 喷出。当再拧开氧气阀门 2,这时氧气随着射流针 4 的周围顺着针尖射向吸管 5,经混合气管 6 和乙炔混合后从焊嘴 7 喷出,射吸式焊炬形成射吸能力的过程是:氧气流顺着射流针 4 的针尖射入吸管的同时,在氧气流的喷射作用下,使乙炔室的周围空间形成真空,而将乙炔室中的乙炔大量吸入射流管 5 和混合气管 6 内,充分混合后,由焊嘴喷出。切割用的割炬(割枪)其构造和工作原理与焊炬稍有差别。

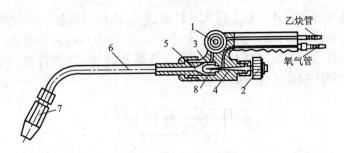

**图 3. 20　射吸式焊炬**

1—乙炔阀门　2—氧气阀门　3—环形乙炔室　4—氧气射流针
5—射吸管　6—混合气管　7—焊嘴　8—射流孔座

（3）气焊焊接操作要点

①焊接时要采用有中性焰或轻微的碳化焰，不要使用氧化焰，火焰的内陷芯尖端要高于熔池表面 4～6mm，不要插入熔池中去，以免渗碳和氧化。

②焊接过程中，焊接火焰始终要笼罩住熔池，不要使熔池和空气接触，焊接操作时尽可能要平稳均速的向前移动，不要一闪一闪的上下左右摆动而使熔池、焊丝、熔滴金属和空气接触，造成焊缝金属氧化和熔池中进入一些气体，形成过多的气孔。

③在焊接中合金钢和高合金钢时，特别是合金工具钢和在空气中能淬硬的合金钢，在准备焊接或补焊时，根据合金元素含量、淬硬程度、应适当地预热。一般中合金钢碳含量高一些，淬硬度亦高一些，要把焊接部位预热至 300～400 ℃，随后把焊剂薄薄的撒在焊缝上，在焊接时焊丝的一端也要薄薄的沾上一层焊剂，以免氧化。

④ 合金工具钢，高速钢以及耐高温、高压钢管等，焊接后都要热处理（正火），必要时还要用石棉包住焊件，使之较慢的冷却，这样一方面消除应力，还能预防冷脆裂纹。尽量不要在寒冷的环境中焊接。

**2. 气割原理及应用**

（1）气割原理

氧－乙炔切割是利用气体火焰将金属预热到能够在氧气流中燃烧温度（即燃点，碳钢大约是 1100～1150 ℃），然后开放切割氧，将金属剧烈氧化成熔渣（氧化铁渣）并从切口中吹掉，从而将金属分离的过程，如图 3.21 所示。

金属的气割性能由以下几点决定：

①金属在氧气流内能够剧烈地燃烧，其氧化物，熔渣的熔点应比金属的熔点低，且流动性好。

②金属的燃点应比熔点低,否则不能实现氧气切割,而变成熔割。

③金属在氧气中燃烧时的发热量,应大于其导热性能,以保持切口处的温度。

在金属材料中,碳钢最符合上述条件,故气割性能最好。铸铁中碳、硅的含量较高,但是碳高,使铸铁的熔点降低,影响气割表面质量。硅高,增加了熔渣中氧化硅的含量,使熔渣粘度增高,因此,给气割造成困难。不锈钢及耐酸钢中由于铬的含量较高,而铬的氧化物增加了熔渣的粘度,因此给气割也造成困难。其他金属材料,如铜和铝,则因其导热率高等原因而不能进行气割。

铸铁和不锈钢过去认为是不能气割的,但通过多年的总结及探索,亦可用来切割厚度不大的铸铁及不锈钢,随着等离子弧及激光切割的应用,铸铁及不锈钢的切割已不再是问题了。

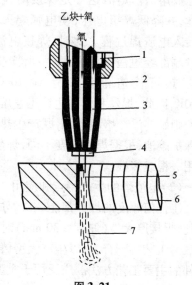

图 3.21

1—割嘴  2—切割氧  3—预热氧
4—预热火焰  5—切口  6—工件
7—氧化铁渣

(2)气割的应用范围

气割的效率高,成本低,设备简单,并能在各种位置进行切割和在钢板上切割各种外形复杂的零件,被广泛地用于钢板下料及铸件浇冒口的切割。

目前,气割主要用于切割各种碳钢和普通低合金钢,其中淬火倾向大的高碳钢和强度等级高的合金钢气割时,为了避免切口淬硬或产生裂纹,应采用适当加大预热火焰功率和放慢切割速度,甚至割前对钢材进行预热等措施。较大厚度的不锈钢和铸铁浇冒口可以用振动法进行氧 – 乙炔切割。

随着各种自动、半自动气割设备和新型割嘴的推广,气割的精度和效率大为提高,应用范围也日益扩大。

**3. 电渣焊**

(1)电渣焊过程

电渣焊(electroslag welding)是利用电流通过液态熔渣所产生的电阻热作为热源的一种熔焊方法,其焊接方法如图3.22所示。两焊件垂直放置(呈立焊缝),相距20—40 mm,两侧装有水冷铜滑块(强迫焊缝成形),底部加装引弧板,顶部加装引出板,开始焊接时,焊丝与引弧板短路起弧,电弧将不断加入的焊剂

熔化成熔渣。熔渣达一定深度时,快速
送丝,并降低焊接电压,使电弧熄灭,于
是转入电渣焊过程。此时,焊接电流从
焊丝端部经过渣池流向焊件,所产生的
电阻热可使渣池温度达到 1600 ～
2000K,因此,焊丝和焊件边缘迅速熔化,
熔渣则始终浮在熔池上部,既产生热量,
又保护熔池,根据焊件厚度不同,焊丝可
采用一根或多根。

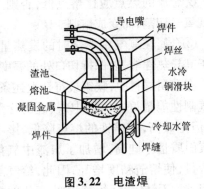

图 3.22　电渣焊

（2）电渣焊的生产特点和应用

①任何厚度的焊件都能一次焊成,三丝摆动可焊接厚度为 450 mm 的工件,
因此,焊接厚大件（厚度≥30 mm）时,成本低,生产率高,质量优,电渣焊与铸造
或锻造工艺相配合,可以生产大型铸 - 焊或锻 - 焊联合结构,因此,它是焊接厚
大件的主要工艺方法。广泛用于重型机械、电站、锅炉、造船、石油化工等工业部
门。

②由于渣池覆盖在熔池上,保护作用良好,熔池冷却缓慢,而且焊缝结晶自
下而上地进行,这些都有利于熔池中气体与杂质的逸出。所以电渣焊出现气孔
等缺陷可能性远较电弧焊小。

③由于焊接热影响区的加热和冷却速度很小,所以焊缝附近不易产生硬脆
的马氏体以及由此引起的裂纹,这对焊接某些易淬硬钢（如中碳钢、合金钢等）
十分有利。但电渣焊热影响区宽度很大,高温停留时间又很长,以致焊缝和热影
响区晶粒长大现象非常严重。因此,电渣焊后常常需要对接头进行细化晶粒的
正火处理。

④渣池温度很低,熔渣的更新率又很小,使金属与金属间的冶金反应较弱,
所以焊缝化学成分是通过采用一定合金成分的焊丝实现的。电渣焊焊接一般碳
钢时,常用焊剂 431 和焊丝 H08MnA 来保证焊缝的机械性能。

### 4. 电子束焊

电子束焊（electron bean welding）是以集中的高速电子束轰击工件表面时所
产生的热能形成金属结合的一种方法。电子束焊焊接方法有三种类型:真空、低
真空和非真空。这些类型的根本区别就在于焊接环境（工件放置环境）的真空
度。

真空电子束焊接如图 3.23 所示。电子枪、工件及夹具全部装在真空室内。
电子枪由加热灯丝、阴极、阳极及聚集装置等组成。当阴极被灯丝加热到 2600K
时,能发出大量电子。这些电子在阴极与阳极（焊件）间的高压作用下,经电磁

透镜聚成电子流束,以极大速度(可达到 160000 km/S)射向焊件表面,使电子的动能转变为热能,其能量密度($10^6 \sim 10^8$ w/cm$^2$)比普通电弧大 1000 倍,故使焊件金属迅速熔化,甚至气化。根据焊件的熔化程度,适当移动焊件,即能得到要求的焊接接头。

真空电子束焊接有以下特点:

①由于在真空中焊接,焊件金属无氧化,无氮化,无金属电极玷污,从而保证了焊缝金属的高纯度。焊缝表面平滑纯净,没有弧坑或其他表面缺陷。内部结合好,无气孔及夹渣。

②热源能量密度大,熔深大,速度快,焊缝深而窄(焊缝宽深比可达1:20),能单道焊厚件。焊接热影响区很小,基本上不产生焊接变形,从而防止难熔金属焊接时产生的裂纹及泄漏。此外,可对精加工后的零件进行焊接。

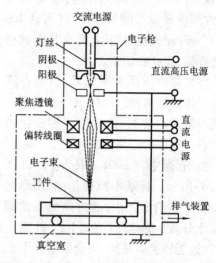

图3.23 真空电子束焊接

③厚件也不必开坡口,焊接时一般不必另填金属。但接头要加工得平整洁净。装配紧,不留间隙。

④电子束参数可在较宽范围内调节,而且焊接过程控制灵活,适应性强。

目前,真空电子束焊接的应用范围正日益扩大,从微型电子线路组件,真空膜盒,钼箔蜂窝结构,原子能燃料元件到大型导弹壳体都已采用电子束焊接。此外,熔点、导热性、溶解度相差很大的异种金属构件,真空中使用的器件和内部要求真空的密封器件等,用真空电子束焊接也能得到良好的焊接接头。真空电子束焊接的缺点是设备复杂,造价高。使用与维护技术要求高,焊件尺寸受真空室限制,对焊件的清整与装配要求严格。因此,其应用也受到一定限制。

低真空焊时,电子束在真空下产生,然后射入较高压强(低真空)的焊接室内,而在非真空电子束焊机中,电子束在真空下产生,然后穿过一系列光阑和差压抽真空的小室。电子束最终射到处于大气压力下的工作环境中,低真空和非真空焊机较容易维护,焊接成本较低。但焊缝质量差于真空电子束焊接。

### 5. 激光焊

利用原子受激辐射原理,使物质受激而产生波长单一,方向一致和强度很高的光束称为激光。产生激光的器件称为激光器。激光与普通光(太阳光、电灯光、烛光、荧光)不同,激光具有单色性好,方面性好以及能量密度高(可达 $10^5$ $\sim 10^{13}$ w/cm²),适用于金属或非金属材料的焊接,穿孔和切割。

在焊接中应用的激光器,目前有固体及气体介质两种。固体激光器常用的激光材料是红宝石,钕玻璃或掺钕钇铝石榴石。气体的则用二氧化碳。

激光焊接(laser welding)如图(3.24)所示。其基本原理是:利用激光器受激产生的激光束,通过聚焦系统聚

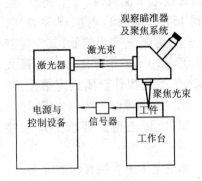

图 3.24 激光焊接示意图

焦到十分微小的焦点(光斑)上,其能量密度大于 $10^5$ w/cm²。当调焦到焊件接缝时,光能转换为热能,使金属熔化形成焊接接头。

按激光器的工作方式,激光焊接可分为脉冲激光点焊和连续激光焊接两种。目前脉冲激光点焊已得到了广泛应用。

通用脉冲激光点焊设备的单个脉冲输出能量为 10J 左右,脉冲持续时间一般不超过 10 ms,主要用于厚度小于 0.5 mm 的金属箔材或直径小于 0.6 mm 的金属线材的焊接。连续激光焊接主要使用大功率 $CO_2$ 气体激光器。在实验室内,其连续功率已达到几十千瓦,能够成功地焊接不锈钢。

激光焊接的特点是:

①向工件输入的线能量很小。这意味着热影响区的范围以及对焊缝附近材料的任何热破坏都降低至最小。

②高功率密度的激光束可以用来焊接难焊的金属,这些金属可能包括金属物理性能差别很大,但冶金上能兼容的异种金属,高电阻率金属或尺寸和质量差别很大的零件之间的焊接等。

③由于热源是一束光,因而不需与工件作电接触。位于狭窄位置的焊缝只要视线能达到焊接点就能焊接。而且由于不需要接触,所以激光可成为高速自动焊系统的理想热源。可以在 25～50 mm/s 速度下完成薄板的缝焊。此外,可使工件固定而激光束沿焊缝移动,或采用工件运动和激光束运动的组合。这种灵活性常常使工件的装卡工作简化。

④用良好聚焦的光点可以进行精密焊接。可以在准确定位下焊出直径为百分之几毫米的焊点。

⑤焊接钢材时,在一定条件下熔化区能发生净化作用。金属中非金属夹杂物的优先吸收激光能导致它们蒸发并从焊缝区排走。

⑥激光焊非常适于自动化。

### 3.3.2 压焊

#### 1. 电阻焊

电阻焊(resistance welding)是利用电流通过接触面及其邻近区域所产生的电阻热作为热源的一种焊接方法。

根据焦耳-楞次定律,电阻焊过程中产生的热量为:$Q = I^2Rt$

由于焊件本身及其接触处的总电阻 $R$ 很小,为提高生产率,减少热量损失,通电加热时间 $t$ 也很短(一般为 0.01 至几秒),所以欲获得足够的热量,使焊接接头迅速达到焊接所需要的高温,电阻焊必须使用几千至几万安培的强大电流(电压仅几伏),这种强大电流由电阻焊机上专用的大功率变压器来供给。电阻焊机装有加压结构,可对接头施加几十兆帕的压力。

(1)电阻焊的类别及其工艺

根据接头形式不同,电阻焊可分为点焊(spot welding),焊缝(seam welding)和对焊(butt welding)三种。点焊,缝焊都采用搭接接头,个别情况下用对接接头;对焊均采用对接接头。

①点焊

点焊时,焊件靠尺寸不大的焊点形成牢固接头。如图 3.25 所示,焊件搭接装配后在两个铜合金电极间预压夹紧,然后通电加热,经过一定时间,两焊件接触处形成一定尺寸的熔核,这时切断电流,待熔核凝固后,去除压力,于是在两焊件接触处形成焊点。熔核周围的环状塑性变形区称为塑性环,它将熔核与大气隔离,保护液态金属,并可防止飞溅。显然,点焊属于熔态压焊。

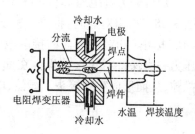

**图 3.25 点焊**

点焊的主要工艺参数是电极压力、焊接电流和通电时间。电极压力过大,接触电阻下降,热量减少,可造成焊点强度不足。电极压力过小,则板间接触不良,热源虽强,但不稳定,甚至出现飞溅,烧穿等缺陷。焊接电流对焊接质量的影响,如图 3.26,图中示出了焊接电流逐渐增大时点焊接头的情况。图(a),电流不足,溶深过小,若电流再小,可造成未熔化;图(b),电流大小合适;图(c),电流过大,熔深过大,并有金属飞溅现象;若电流再大,可烧穿。通电时间对点焊质量的影响,与焊接电流相似。

点焊时,焊件表面必须进行焊前清理,以除去油污和氧化膜。这是由于油污和氧化膜均属不良导体,它们均可造成焊接缺陷,并使电极寿命缩短,生产效率降低。此外,点焊时部分电流可能流经已焊好的焊点,使焊接处电流减少,这种现象称为分流。减少分流的影响,焊点间距不应太小。

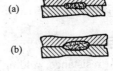

**图 3.26　焊接电流对焊接质量的影响**

②缝焊

缝焊是用旋转的滚轮电极代替点焊的固定电极对焊件进行通电和加压的(图 3.27),焊接时,滚轮电极压紧焊件并旋转;依靠焊件与电极间的摩擦力带动焊件向前移动,当电流断续或连续通过焊件时,便可形成连续焊缝,把工件焊合。

缝焊的焊接过程与点焊相似,但由于很大的分流通过已焊合的部分,所以焊接相同的工件时,所需要的焊接电流约为点焊时的 1.5 ~ 2 倍,故一般仅用于厚度≤3 mm 薄板。为了节约电能,并使焊件和焊接设备有冷却时间,缝焊一般采用连续送进,断续通电的操作,此时,因焊点间有 50% 以上是重叠的,故焊缝仍然是连续的。

③对焊

对焊可分为电阻对焊(upset butt welding)和闪光对焊(flash butt welding),如图 3.28。电阻对焊时,将焊件置于电极中夹紧,在加压状态下通电,利用焊件的内部电阻热和对接端面的接触电阻热,对接头进行顶锻(也可在焊接全过程中压力一直保持不变),使焊件在固态下产生大量塑性变形并在接合面形成共同晶粒,从而形成牢固接头。显然,电阻对焊属于固态压焊。

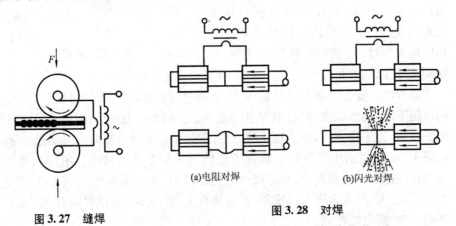

(a)电阻对焊　　　　　(b)闪光对焊

图 3.27　缝焊　　　　　　　　　　　图 3.28　对焊

电阻对焊时焊前清理工作要求较严,否则接头内易产生氧化物夹杂,使焊接质量下降。同时,电阻对焊耗电量也大。所以,它常限于焊接截面不大的零件,如 $\varnothing 20$ mm 以下的钢棒和钢管,以及 $\varnothing 8$ mm 以下的有色金属线材等。

闪光对焊时,先把焊件置于电极中夹紧,然后接通电源,并使焊件缓慢靠拢接触。因端面局部接触,触点在高电流密度作用下迅速熔化,蒸发,爆破,使高温金属飞溅出来。由于焊件不断呈火花溅出,形成"闪光"。经过一定时间,当焊件被加热到端面全部熔化且具有一定塑性区后,突然加速送进焊件,进行顶锻(顶锻中途或顶锻后适时断电),使熔化金属全部被挤到结合面之外,并产生大量塑性变形使焊件焊合。

闪光对焊时,焊件端面的氧化物等杂质,一部分被闪光火花带走,一部分在顶锻时被挤出,因而接头中夹杂物较少,高温金属微粒的强烈氧化,使间隙中含氧量降低,液态金属爆破造成的高压,又使空气难以进入,在焊接钢件时,碳的氧化还在接头周围生成 $CO$、$CO_2$ 保护气体,所以,闪光对焊接头质量较电阻对焊高。此外,闪光对焊所需要的电流强度仅为电阻对焊的 $1/5 \sim 1/2$,故耗电少,可用功率较小的焊机焊接大截面焊件,并且焊前不用清理焊件表面。闪光对焊的缺点是金属损耗较多,焊件需留较大余量,接头处毛刺需要清理。

闪光对焊是对焊的主要形式,常用于各种材料重要工件的焊接,还可焊接异种金属,焊件可小到直径 0.01 mm,也可焊接几万平方毫米的截面。

(2)电阻焊的生产特点和应用

与其他焊接方法相比,电阻焊有如下优点:

①由于加热迅速且温度较低,使焊件的变形和热影响区比较小,故易于获得优质接头。

②不必外加填充金属和焊剂。

③容易实现机械化、自动化,生产率高。

④焊接过程中无弧光,噪音小,烟尘和有害气体很少,劳动条件好。

⑤与铆接结构相比,电阻焊焊件结构简单,重量轻,气密性好,易于获得复杂的零件,且接头表面质量也好。

电阻焊有如下缺点:首先,凡是影响电阻大小和电源波动的因素都可使热量波动,造成接头质量不稳,这在一定程度上限制了电阻焊在一些重要受力构件上的应用。其次,电阻焊耗电量较大,使电网瞬时负荷很大。再次,焊机一般比较复杂,价格也往往较高。

**2. 摩擦焊**

摩擦焊(friction welding)是利用工件间相互摩擦产生的热量,同时加压而进行焊接的方法。

　　图3.29 是连续驱动摩擦
焊示意图。先将两焊件夹在
焊机上,加一下压力使焊件
紧密接触。然后焊件 1 作旋
转运动,使焊件接触面相对
摩擦产生热量,待工件端面
加热到高温塑性状态时,利
用制动装置使焊件 1 骤然停
止旋转,并在焊件 2 的截面

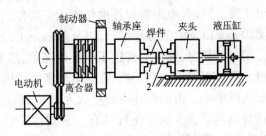

图 3.29　连续驱动摩擦焊

加大压力使两焊件产生塑性变形而焊接起来。

　　摩擦焊的特点是:

　　①在摩擦焊过程后,焊件接触表面的氧化膜与杂质被清除,因此接头组织致
密,不易产生气孔、夹渣等缺陷,接头质量好而且稳定。

　　②可焊接的金属范围较广,不仅可焊同种金属,也可以焊接异种金属。

　　③焊接操作简单,不需焊接材料,容易实现自动控制,生产率高。

　　④电能消耗少(只有闪光对焊
的 1/10 ~ 1/15)。

　　⑤设备复杂,一次性投资大。

　　摩擦焊接头一般是等断面的,
特殊情况下也可以是不等断面的。
但需要至少有一个焊件为圆形或管
状。图 3.30 示出了摩擦焊可用的
接头形状。

　　摩擦焊已广泛用于圆形工件,
棒料及管类件的焊接。可焊实心焊

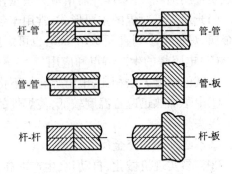

图 3.30　摩擦焊的接头形式

件的直径为 2 mm ~ 100 mm,管类件外径最大可达 150 mm。

### 3.3.3　钎焊

　　钎焊( brazing)是利用熔点比焊件低的钎料作为填充金属,加热时钎料熔化,
而母材不熔化,钎料熔化后,润湿并填满母材连接处的间隙,而形成钎缝,在钎缝
中,钎料与母材相互扩散,熔解而成牢固的结合。

　　根据钎料熔点的不同,钎焊可分为硬钎焊与软钎焊两类。

### 1. 硬钎焊

　　钎料熔点在 450 ℃以上,接头强度在 200 MPa 以上。属于这类的钎料有铜

基、银基和镍基钎料等。银基钎料焊的接头具有较高的强度,良好的导电性和耐蚀性,而且熔点较低,工艺性好。但银钎料较贵,只用于要求高的焊件。镍铬合金钎料可用于钎焊耐热的高强度合金钢与不锈钢。工作温度可高达 900 ℃。但钎焊时的温度要求高于 1000 ℃以上,工艺要求很严。硬钎焊主要用于受力较大的钢铁和铜合金构件的焊接(如自行车架,带锯锯条等)以及工具、刀具的焊接。

### 2. 软钎焊

钎料熔点在 450 ℃以下,接头强度较低,一般不超过 70 MPa。这种钎焊只用于焊接受力不大,工作温度较低的工件。常用的钎料是锡铅合金,所以通称锡焊。这类钎料的熔点一般低于 230 ℃。熔化后渗入接头间隙的能力较强。所以具有较好的焊接工艺性能。软钎焊广泛用于焊接受力不大的常温下工作的仪表,导电元件以及钢件,铜及铜合金等制造的构件。

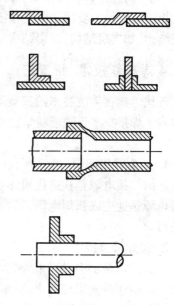

钎焊构件的接头形式都采用板料搭接和套件镶接。图 3.31 是几种常见的形式。这些接头都有较大的钎焊面,以弥补钎料强度低的不足,保证接头有一定的承载能力。接头之间有良好的配合和适当的间隙。间隙太小,会影响钎料的渗入与湿润,达不到配合。间隙太大,不仅浪费钎料,而

图 3.31　几种常见的钎焊接头形式

且会降低焊接接头强度。因此,一般钎焊接头间隙值取 0.05~0.2 mm。在钎焊过程中,一般都需要使用溶剂,即钎剂。其作用是:清除被焊金属表面的氧化膜及其他杂质,改善钎料流入间隙的性能(即湿润性),保护钎料及焊件不被氧化,因此,对钎焊质量影响很大。

软钎焊时,常用的钎剂为松香或氯化锌溶液。硬钎焊钎剂的种类较多,主要有硼砂、硼酸、氟化物、氯化物等,应根据钎料种类选用。钎焊的加热方法有烙铁加热,火焰加热,电阻加热,感应加热,炉内加热,盐浴加热等。可根据钎料种类,工件形状及尺寸,接头数量,质量要求与生产批量等综合考虑选择。其中烙铁加热温度低,一般只适用于软钎焊。

与一般熔化焊相比,钎焊的特点是:

①工件加热温度较低,组织和力学性能变化很小,变形也小。接头光滑平整,工件尺寸精确。

②可焊接性能差异很大的异种金属,对工件厚度的差别也没有严格限制。

③工件整体加热钎焊时,可同时钎焊多条(甚至上千条)接缝组成的复杂形状构件,生产率很高。

④设备简单,投资费用少。

钎焊的接头强度较低,尤其是动载强度低,允许的工作温度不高,焊前清整要求严格,而且钎料价格较贵。因此,钎焊不适合于一般钢结构和重载、动载零件的焊接。钎焊主要用于制造精密仪表,电气部件,异种金属构件以及某些复杂薄板结构,如夹层结构,蜂窝结构等。也常用于钎焊各类导线与硬质合金刀具。

## 3.3.4 焊接新技术、新工艺

现代焊接在传统技术的基础上融合了电子、计算机、激光和新材料学等多学科内容。焊接技术正随着科学技术的进步而不断发展,主要体现在以下几个方面:

### 1. 新型焊接电源

好的焊接电源是获得优质焊接件和节省能耗、降低成本的重要前提。最新焊接电源是逆变式弧焊电源,其特点是可控性好、节省电能和铜铁材料、体积小、运行可靠。

### 2. 激光焊接技术

该技术以高功率激光束为热源,熔化材料形成焊接接头的高精度高效率焊接方法。由于激光束斑点小,功率密度高,具有加热范围小、热影响区窄、残余应力和焊接变形小、焊速快、生产率高等优点,因此适合各种材料的焊接,包括异质材料的焊接。

### 3. 优质、高效、低稀释率堆焊技术

这是一种材料表面改性的经济而快速的工艺方法,其中母材稀释率低、熔敷速度高、堆焊层性能优良是该工艺的主要特点。具体包括:先进的带极堆焊技术、先进的粉末等离子弧堆焊技术等。

### 4. 微连接技术

微连接技术是随着微电子技术而发展起来的一门新兴的焊接技术。主要用于尺寸细小的丝、箔、膜的连接,连接对象的溶解量、扩散量、应变量、表面张力等对连接质量有重要影响。典型微连接技术包括:微连接技术中的压焊方法、微连接技术中的软钎焊方法。

### 5. 焊接机器人及其应用

机器人是焊接自动化的技术关键,是机械和现代电子技术相结合的自动化机器,具有很好的灵活性与柔性。主要包括:点焊机器人和弧焊机器人。主要用

于焊接机器人工作站和焊接机器人生产线。

### 6. 焊接过程数值模拟与专家系统

该技术利用计算机技术和焊接基础理论及试验,通过计算机对焊接过程的温度场、应力与变形、冶金过程、焊接质量等问题进行数值模拟,将大量信息进行收集、存储、处理和分析。使焊接技术从"技艺"走向"科学",对减少实验次数、优化工艺,降低成本、缩短试制周期具有重要的意义。目前,CAD/CAM 的应用正处于不断开发阶段,焊接的柔性制造系统也已出现。

思考练习题

1. 乙炔燃烧的产物是什么? 使用时应注意什么事项?

2. 气焊与气体保护焊有什么本质区别?

3. 电渣焊的热源是什么? 焊接过程有何特点?

4. 电子束焊和激光焊的热源是什么? 各自的适用范围如何? 低真空或非真空电子束焊是怎么回事?

5. 铜和铜合金是否可以进行点焊,缝焊? 为什么?

6. 建筑工地上的螺纹钢对接用什么方法焊? 为什么?

7. 钎焊和熔焊的实质差别是什么? 钎焊的主要适用范围有哪些?

8. 下列制品应该用什么方法焊接?

自动车架　钢窗　自行车圈　高速钢刀片与刀架　锅炉壳体

# 3.4　常用金属材料的焊接

## 3.4.1　金属材料的焊接性

### 1. 焊接性的概念

焊接性(weldability)是指被焊金属在采用一定的焊接方式、焊接材料、工艺参数及结构形式条件下,获得优质焊接接头的难易程度。它包括了两个方面的概念:一是在焊接加工时金属材料形成完整焊接接头的能力;一是焊成的焊接接头在使用条件下安全运行的能力。

### 2. 钢材焊接性的估算方法

实际焊接结构所用的金属材料绝大多数是钢材。影响钢材焊接性的主要因素是化学成分。各种化学元素对焊缝组织,性能,夹杂物的分布以及对焊接热影响区的淬硬程度等的影响不同。对产生裂纹倾向的影响也不同。在各种元素中,碳的影响最为明显,其他元素的影响可折合成碳的影响。因此可用碳当量

（carbon equivalent）法来估算焊接性。硫、磷对钢材的焊接性能影响也很大，在各种合格钢材中，硫、磷含量都受到严格限制。

碳钢及低合金结构钢的碳当量经验公式为：

$$w_{(c)当量} = w_{(c)} + w_{(Mn)/6} + \left[ w_{(Cr)} + w_{(Mo)} + w_{(v)} \right] / 5 + \left[ w_{(Ni)} + w_{(Cu)} \right] / 15$$

式中，$w_{(c)}$，$w_{(Mn)}$，$w_{(Cr)}$，$w_{(Mo)}$，$w_{(v)}$，$w_{(Ni)}$，$w_{(Cu)}$ 为钢中相应元素的质量百分数。

根据经验：$w_{(c)当量} \leqslant 0.4\%$ 时，钢材塑性良好，淬硬倾向不明显，焊接性良好。在一定的焊接工艺条件下，焊件不会产生裂纹。但厚大工件或在低温下焊接时，应考虑预热。

$w_{(c)当量} = 0.4\% \sim 0.6\%$ 时，钢材塑性下降，淬硬倾向明显，焊接性能相对较差。焊前工件需要适当预热，焊后应注意缓冷。要采取一定的焊接工艺措施才能防止裂纹。

$w_{(c)当量} \geqslant 0.6\%$ 时，钢材塑性较低，淬硬倾向很强，焊接性不好。焊前工件必须预热到较高温度，焊接时要采取减少焊接应力和防止开裂的工艺措施，焊后要进行适当的热处理，才能保证焊接接头质量。

利用碳当量法估算钢材焊接性是粗略的，因为钢材的焊接性还受结构刚度、焊后应力条件、环境温度等因素的影响。例如，当钢板厚度增加时，结构刚度增大，焊后残余应力也较大，焊缝中心部位处于三向拉应力状态，因此表现焊接性下降。在实际工作中确定材料焊接性时，除初步估算外，还应根据实际情况进行抗裂试验及焊接接头使用性试验，为制定合理的工艺规程提供依据。

## 3.4.2　碳素钢和低合金结构钢的焊接

### 1. 低碳钢的焊接

低碳钢含碳量 $\leqslant 0.25\%$，其塑性好，一般没有淬硬倾向，对焊接过程不敏感，焊接性好。焊这类钢时，不需要采取特殊的工艺措施，通常在焊后也不需要进行热处理（电渣焊除外）。

厚度大于 50 mm 的低碳钢结构，常用大电流多层焊，焊后进行消除内应力退火。低温环境下焊接刚度较大的结构时，由于焊件各部分温差较大，变形后受到限制，焊接过程容易产生较大的内应力，有可能导致结构开裂，因此应进行焊前预热。

低碳钢可以用各种焊接方法进行焊接，应用最广泛的是焊条电弧焊，埋弧焊，电渣焊，气体保护焊和电阻焊等。

采用熔焊法焊接结构钢时，焊接材料及工艺的选择主要应保证焊接接头与工件材料等强度。焊条电弧焊焊接一般低碳钢结构，可选用 E4313（J421），

E4303（J422），E4320（J424）焊条。焊接动载荷结构，复杂结构或复板结构时，应选用 E4316（J426），E4315（J427）或 E5015（J507）焊条。埋弧焊时，一般采用 H08A 或 H08MnA 焊丝配焊剂 431 进行焊接。

### 2. 中、高碳钢的焊接

中碳钢含碳量在 0.25% ~ 0.6% 之间。随着含碳量的增加，淬硬倾向越加明显，焊接性逐渐变差。实际生产中，主要是焊接各种中碳钢的铸件与锻件。

中碳钢的焊接特点：

①热影响区易产生淬硬组织和冷裂纹。中碳钢属淬火钢，热影响区金属被加热超过淬火温度区段时，受工件低温部分的迅速冷却作用，势必出现马氏体等淬硬组织。当焊件刚性较大或工艺不当时，就会在淬火区产生冷裂纹，即焊接接头焊后冷却到相变温度以下室温后产生裂纹。

②焊缝金属产生热裂纹倾向较大。焊接中碳钢时，因工件基体材料含碳量与硫、磷杂质含量远高于焊芯，基体材料熔化进入熔池，使焊缝金属含碳量增加，塑性下降，加上硫、磷等杂质的存在，焊缝及熔合区在相变前就可能因内应力而产生裂纹。

因此，焊接中碳钢构件，焊前必须进行预热，使焊接时工件各部分的温差小，以减小焊接应力，同时减慢热影响区的冷却速度，避免产生淬硬组织。一般情况下，35 钢和 45 钢的预热温度可选为 150 ~ 250 ℃。结构刚度较大或钢材含碳量更高时，预热温度应更高。

由于中碳钢主要用于制造各类机器零件，焊缝一般有一定的厚度，但长度不大。因此，焊接中碳钢多采用焊条电弧焊。厚件可考虑采用电渣焊，但焊后要进行相应的热处理。

焊接中碳钢焊件，应选用抗裂能力较强的低氢型焊条，要求焊缝与工件材料等强度时，可根据钢材强度选用 E5015（J506），E5015（J507），E6016（J606），E6015（J607）焊条。若不要求等强度时，可选用 E4315（J427）型强度低些的焊条，以提高焊缝的塑性。不论用哪种焊条焊接中碳钢件，均应选用细焊条，小电流，开坡口进行多层焊，以防止工件材料过多地熔入焊缝，同时减小焊接热影响区的宽度。

高碳钢的焊接特点与中碳钢基本相似。由于含碳量更高，焊接性变得更差。进行焊接时，应采用更高的预热温度，更严格的工艺措施。实际上，高碳钢的焊接一般只限采用焊条电弧焊进行修补工作。

### 3. 合金结构钢的焊接

合金结构钢分为机械制造用合金结构钢和低合金结构钢两大类。

用于机械制造的合金结构钢零件（包括调质钢，渗碳钢），一般都采用轧制或锻造的坯料,焊接结构较少,如需焊接,因其焊接性与中碳钢相似,所以其焊接工艺措施与中碳钢基本相同。

(1)热影响区的淬硬倾向　　低合金结构钢焊接时,热影响区可能产生淬硬组织,淬硬程度与钢材的化学成分和强度级别有关。钢中含碳及合金元素越多,钢材强度级别越高,则焊后热影响区的淬硬倾向越大。如 300 MPa 级的09Mn2Si 等钢材的淬硬倾向不大,但当实际含碳量接近允许上限或焊接参数不当时,过热区会出现马氏体等淬硬组织。强度级别较大的低合金钢,淬硬倾向增加,热影响区容易产生马氏体组织,硬度明显增高,塑性和韧度则下降。

(2)焊接接头的裂纹倾向　　随着钢材强度级别的提高,产生冷裂纹的倾向也加剧。影响冷裂纹的因素主要有三个方面:一是焊缝及热影响区的含氢量,其次是热影响区的淬硬程度,第三是焊接接头的应力大小。对于热裂纹,由于我国低合金结构钢系其含碳量低,且大部分含有一定的锰,对脱硫有利。因此产生热裂纹的倾向不大。

根据低合金结构钢的焊接特点,生产中可分别采取以下措施进行焊接。对于强度级别较低的钢材,在常温下焊接时与对待低碳钢基本一样。在低温或在大刚度、大厚度构件上进行小焊脚、短焊缝焊接时,应防止出现淬硬组织,要适当增大焊接电流,减慢焊接速度,选用抗裂性强的低氢型焊条。必要时需采用预热措施。对锅炉、受压容器等重要构件,当厚度大于 20 mm 时,焊后必须进行退火处理,以消除应力。对于强度级别高的低合金结构钢件,焊前一般均需预热。焊接时,应调整焊接参数,以控制热影响区的冷却速度(不宜过快)。焊后还应进行热处理以消除内应力。不能立即热处理的,可先进行消氢处理,即焊后立即将工件加热到 200 ~ 350 ℃,保温 2 ~ 6 h,以加速氢扩散逸出,防止产生因氢引起的冷裂纹。

### 3.4.3　不锈钢的焊接

不锈钢包括不锈钢和耐酸钢两种。能抵抗大气腐蚀的钢,叫不锈钢。在某些浸蚀性强烈的介质中能抵抗腐蚀作用的钢,叫耐酸钢。不锈钢一般含有不小于 12% 的铬以保证钢的耐腐蚀性。为改善钢的组织和性能还可加入镍、锰。

按成分和组织可将常用的不锈钢分为下面几类:

(1)奥氏体不锈钢　　这类钢的 $w_{(c)} = 0.03\% ~ 0.12\%$。$w_{(Cr)} = 17\% ~ 19\%$,$w_{(Ni)} = 8\% ~ 11\%$ 属铬镍不锈钢。

(2)铁素体—奥氏体不锈钢　　此类钢 $w_{(c)} = 0.03\% ~ 0.18\%$。$w_{(Cr)} = 18\% ~ 26\%$,$w_{(Ni)} = 4\% ~ 7\%$ 再按不同成分加入 Mn,Mo,Si 等合金元素。

(3)铁素体不锈钢　　它的成分是 $w_{(c)} ≤ 0.15\%$。$w_{(Cr)} = 12\% ~ 30\%$ 属铬不

锈钢,室温为单相铁素体组织。

(4)马氏体不锈钢　这类钢中 $w_{(c)}=0.07\%\sim0.12\%$。$w_{(Cr)}=18\%\sim26\%$,依需要加入 Ni,Mo 和 Ni,Al,V 等合金元素,该钢淬火后得到马氏体。

### 1. 奥氏体不锈钢的焊接

奥氏体不锈钢焊接性良好,焊接时一般不需要采取特殊的工艺措施,但如果焊材选用不当或焊接工艺选用不正确时,会出现如下缺陷:

(1)晶间腐蚀

不锈钢在 $450\sim850$ ℃温度范围内停留一定时间后,则奥氏体晶粒内多余的碳以碳化物形式沿奥氏体晶界析出,而碳化铬的含铬量则远高于奥氏体平均含铬量,结果在靠近晶界的晶粒表层造成贫铬。在腐蚀介质的作用下,晶界贫铬层遭受迅速的腐蚀,由此产生晶间腐蚀。

焊接过程中,靠近焊缝的母材上或相邻焊道上的某一区域被加热到上述危险温度,并停留一段时间,在母材成分不当或焊材选择不当等条件与焊接工艺条件的共同作用下,焊接接头有产生晶间腐蚀的倾向。

(2)热裂纹

由于焊缝中可能存在的有害杂质在焊接应力作用下造成热裂纹,可采取必要的工艺措施促使焊缝金属晶粒细化,正确选取焊接材料及较快的焊速减少裂纹倾向。另外,采用铁素体—奥氏体双相不锈钢时,一般可避免热裂纹的产生。

### 2. 铁素体不锈钢的焊接

铁素体不锈钢的塑性和韧性很低,焊接裂纹倾向较大,一般焊接前要求预热,同时,铁素体不锈钢在高温下晶粒急剧长大,使钢的脆性增大,晶粒粗大还容易引起晶间腐蚀,降低腐蚀性能,故焊接时宜采用快速窄道焊接,多层焊时应严格控制层间温度。

焊接铁素体不锈钢时往往选用铬镍奥氏体不锈钢焊条,这样得到的焊缝塑性,韧性高,不必进行热处理。

### 3. 马氏体不锈钢的焊接特点

马氏体不锈钢有强烈的淬硬倾向,焊后残余应力较大,易产生裂纹,其含碳量越高,则淬硬和裂纹倾向也越大。

为提高焊接接头的塑性,减少内应力,避免产生裂纹,焊前必须进行预热。预热温度可根据焊件的厚度和刚性大小来决定;当选用马氏体不锈钢焊条焊接时,焊后应及时进行高温回火处理(730 ℃左右回火),当用奥氏体不锈钢焊条焊接时,焊后可不进行热处理,但应注意热影响区有淬硬层。

### 3.4.4　铸铁的焊补

铸铁含碳量高,组织不均匀,塑性很低,属于焊接性很差的材料。因此不应用铸铁设计和制造焊接构件。但铸铁件常出现铸造缺陷,铸铁件在使用过程中有时会发生局部损坏或断裂,用焊接手段将其修复,经济效益是很大的。所以,铸铁的焊接主要是焊补。

铸铁的焊接特点:

①熔合区易产生白口组织。由于焊接时为局部加热,焊后铸铁件上焊补区冷却速度远比铸造成形时快得多,因此很容易形成白口组织,其硬度很高,焊后很难进行机械加工。

②易产生裂纹。铸铁强度低,塑性差。当焊接应力较大时,就会在焊缝及热影响区内产生裂纹,甚至使焊缝整体断裂。此外,当采用非铸铁组织的焊条或焊丝冷焊铸铁件时,铸铁因碳及硫、磷杂质含量高,基体材料过多熔入焊缝中,易产生裂纹。

③易产生气孔。铸铁含碳量高,焊接时易生成 $CO$ 和 $CO_2$ 气体,铸铁凝固中由液态转变为固态所经过的时间很短,熔池中的气体来不及逸出而形成气孔。

此外,铸铁的流动性好,立焊时熔池金属容易流失,所以一般只应进行平焊。根据铸铁的焊接特点,采用气焊、焊条电弧焊(个别大件可采用电渣焊)进行焊补较为适宜。按焊前是否预热,铸铁的焊补可分为热焊法和冷焊法两大类。

a. 热焊法　焊前将工件整体或局部预热到 $600 \sim 700$ ℃。焊补后缓慢冷却。热焊法能防止工件产生白口组织和裂纹,焊件质量较好,焊后可进行机械加工。但热焊法成本较高,生产率低,焊工劳动条件差。一般用于焊补形状复杂,焊后需进行加工的重要焊件。如床头箱,汽缸等。

用气焊进行铸铁热焊比较方便。气焊火焰还可以用于预热工件和焊后缓冷。填充金属应使用专制的铸铁铁棒,并配以 CJ201 气焊剂,以保证焊接质量。也可用铸铁焊条进行焊条电弧焊焊补,药皮成分主要是石墨、硅铁、碳酸钙等,以补充焊补处碳和硅的烧损,并清除杂质。

b. 冷焊法　焊补前工件不预热或只进行 400 ℃以下的低温预热。焊补时主要依靠焊条来调整焊缝的化学成分以防止或减少白口组织和避免裂纹。冷焊法方便,灵活,生产率高,成本低,劳动条件好。但焊接处切削加工性能较差。生产中多采用小电流,短弧,窄焊道(每段不大于 50 mm),并在焊后及时锤击焊缝以松弛应力,防止焊后开裂。

冷焊法一般采用焊条电弧焊进行焊补。根据铸铁性能,焊后对切削加工的要求及铸件的重要性等来选定焊条。常用的有:钢芯或铸铁芯的铸铁焊条,适用于一般非加工的焊补;镍基铸铁焊条,适用于重要铸件加工面的焊补;铜基铸铁焊条,用于焊后需要加工的灰铸铁件的焊补。

### 3.4.5 非铁金属及其合金的焊接

#### 1. 铜及铜合金的焊接

铜及铜合金的焊接比低碳钢困难得多。其特点有:

①铜的导热性能很高(紫铜为低碳钢的 8 倍),焊接时热量极易散失。因此,焊前工件要预热,焊接中要选用较大的电流或火焰。否则容易造成焊不透的缺陷。

②液态铜易氧化,生成的 $Cu_2O$ 与铜可组成低熔点共晶体,分布在晶界上形成薄弱环节。又因为铜的膨胀系数大,冷却时收缩也大,容易产生较大的焊接应力。因此,焊接过程中极易引起开裂。

③铜在液态时吸气性强,特别容易吸收氢气。凝固时,气体将从熔池中析出,来不及析出去就会在工件中形成气孔。

④铜的电阻极小,不适于电阻焊。

⑤某些铜合金比纯铜更容易氧化,使焊接的困难增大。例如,黄铜(铜锌合金)中的锌沸点很低,极易烧蚀蒸发并生成氧化锌($ZnO$),锌的烧损不但改变了接头的化学成分,降低接头性能,而且所形成的氧化锌烟雾易引起焊工中毒。

铜及铜合金可用氩弧焊、气焊、碳弧焊、钎焊等方法进行焊接。其中氩弧焊主要用于焊接紫铜和青铜件,气焊主要用于焊接黄铜件。

#### 2. 铝及铝合金的焊接

工业中主要对钝铝,铝锰合金,铝镁合金和铸铝件进行焊接。铝及铝合金的焊接也比较困难。其焊接特点有:

①铝与氧的亲和力很大,极易氧化生成氧化铝($Al_2O_3$),氧化铝组织致密,熔点高达 2050 ℃,覆盖在金属表面,能阻碍金属熔合。此外,氧化铝的密度较大,易使焊缝形成夹渣缺陷。

②铝的导热系数较大,焊接中要使用大功率或能量集中的热源。焊件厚度较大时应预热。铝的膨胀系数也较大,易产生焊接应力与变形,并可能导致裂纹的产生。

③液态铝能吸收大量氢气,而固态铝却几乎不能溶解氢。因此在熔池凝固中易产生气孔。

④铝在高温时强度和塑性很低,焊接中常由于不能支持熔池金属而形成焊缝塌陷。因此常需采用垫板进行焊接。

目前焊接铝及铝合金的常用方法有氩弧焊、气焊、点焊、缝焊和钎焊。其中氩弧焊是焊接铝及铝合金较好的方法,焊接时可不用溶剂。但要求氩气纯度大于99.9%。气焊常用于要求不高的铝及铝合金工件的焊接。

1. 低合金高强度钢焊接时易产生哪些缺陷? 应采取什么措施防止?

2. 15号钢有很好的焊接性,而在相同条件下焊接15MnVN钢时,焊接接头韧性表现较差,分析其原因。

3. 焊接铁素体和马氏体不锈钢时,易出现哪些问题? 应采取什么工艺措施?

4. 为什么铜及铜合金的焊接比低碳钢的焊接困难得多?

5. 用下列材料制作焊接构件,试分析焊接性如何? 请选择适当的焊接方法并采取必要的工艺措施?

(1)Q235钢板,厚20 mm,大批生产容器;

(2)20钢板,厚6 mm,生产螺旋焊管;

(3)40Cr钢板,厚10 mm,单件生产容器;

(4)1Cr18Ni9Ti钢板,厚5 mm,单件生产容器;

(5)铝合金板,厚20 mm,单件生产容器

# 3.5　焊接件的结构工艺性

## 3.5.1　焊接结构件材料的选择

焊接结构在满足工作性能要求的前提下,首先要考虑选择焊接性较好的材料,低碳钢和碳当量小于0.4%的合金钢都具有良好的焊接性,设计中应尽量选用,含碳量大于0.4%的碳钢,碳当量大于0.4%的合金钢,焊接性不好,设计时一般不宜选用,若必须选用,应在设计和生产工艺中采取必要措施。

强度等级低的低合金钢结构,焊接性与低碳钢基本相同,但只要采取合适的焊接材料与工艺也能获得满意的焊接接头。设计强度要求高的重要的焊接结构。

镇静钢脱氧完全,组织致密,质量较高,可选作重要的焊接结构。

沸腾钢含氧量较高,组织成分不均匀,焊接时易产生裂纹。厚板焊接时还可能出现层状撕裂(lamellar tearing)。因此不宜用作承受动载荷或严寒下工作的重要焊接结构以及盛装易燃、有毒介质的压力容器。

异种金属的焊接,必须特别注意它们的焊接性及差异。一般要求接头强度不低于被焊钢材中的强度较低者,并应在设计中对焊接工艺提出要求,按焊接性

较差的钢种采取措施,如预热或焊后热处理等。对不能用熔焊方法获得满意接头的异种金属应尽量不选用。

此外,设计焊接结构时,应多采用工字钢,槽钢,角钢和钢管等型材,以降低结构重量,减少焊缝数量,简化焊接工艺,增加结构件的强度和刚性。对形状比较复杂的部分,还可以选用铸造件、锻件或冲压件来焊接。

### 3.5.2 焊接接头设计

接头形式应根据结构形状、强度要求、工件厚度、焊后变形大小、焊条消耗、坡口加工难易程度、焊接方法等因素综合考虑决定。

焊接碳钢和低合金钢的接头形式可分为对接接头、T形接头、角接接头和搭接接头四种,如图3.32。其中对接接头受力比较均匀,是最常用的接头形式,重要的受力焊缝应尽量选用。搭接接头因两工件不在同一平面,受力时将产生附加弯矩,而且金属消耗也大,一般应避免采用。但搭接接头不需开坡口,装配时尺寸要求不高,对某些受力不大的平面联接与空间构架,采用搭接节省工时。

角接接头与T形接头受力情况都较对接接头复杂,但接头成直角或一定角度连接时,必须采用这种接头形式。

#### 1. 坡口形式

根据 GB 985—88,气焊、焊条电弧焊及气体保护焊常用的几种焊缝坡口形式与尺寸如图3.32所示。

焊条电弧焊对板厚为 1~6mm 对接接头施焊时,一般可不开坡口(即 I 形坡口)直接焊成。但当板厚增大时,为了保证焊缝焊透,接头处应根据工件厚度预先加工出各种形式的坡口。坡口角度和装配尺寸按标准选用。两个焊接件的厚度相同时,常用的坡口形式角度可按图3.32选用。Y 形坡口和带钝边 U 形坡口用于单面焊,其焊接性较好。但焊后角变形较大,焊条消耗量也大些。双 Y 形坡口双面施焊,受热均匀,变形较小,焊条消耗量较少。但有时受结构形状限制。带钝边 U 形坡口根部较宽,允许焊条深入,容易焊透,而且坡口角度小,焊条消耗量较小。但因坡口形状复杂,一般只在重要的受动载的厚板结构中采用。带钝边双单边 V 形坡口主要用于 T 形接头的焊接结构中。

#### 2. 接头过渡形式

设计焊接构件最好采用相等厚度的金属材料,以便获得优质的焊接接头。当两块厚度相差较大的金属材料进行焊接时,接头处会造成应力集中。而且接头两边受热不匀易产生焊不透等缺陷。不同厚度金属材料对接时,允许的厚度差如表3.6所示。如果 $\delta_1 - \delta$ 超过表中规定值,或者双面超过 $2(\delta_1 - \delta)$ 时,应在较高板料上加工单面或双面斜边的过渡形式,如图 3.33 所示。

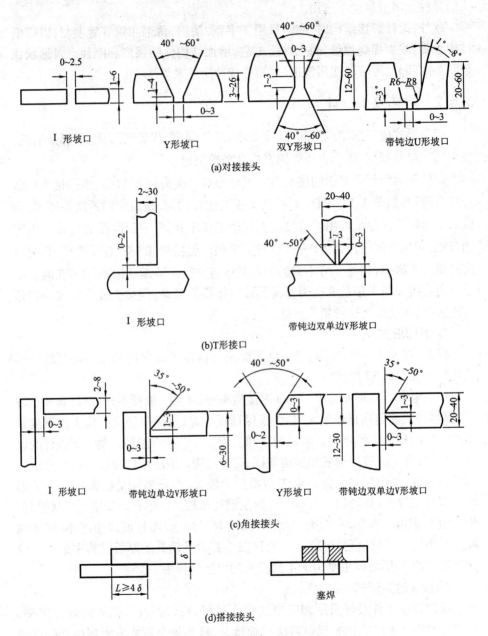

图 3.32　焊条电弧焊接头形式

表3.6 不同厚度金属材料对接时允许的厚度差

| 较薄板的厚度(mm) | 2~5 | 6~8 | 9~11 | ≥12 |
|---|---|---|---|---|
| 允许厚度差($\delta_1-\delta$)(mm) | 1 | 2 | 3 | 4 |

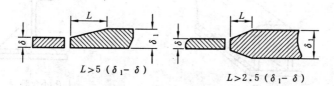

图3.33 不同厚度金属材料对接时的过渡形式

## 3.5.3 焊接件的结构工艺性

### 1. 焊缝的布置

合理的焊缝位置是焊接结构设计的关键,与产品质量、生产率、成本及劳动条件密切相关。其一般工艺设计原则如下:

(1)焊缝布置应尽量分散,焊缝密集或交叉,会造成金属过热,加大热影响区,使组织恶化。因此两条缝的间隙一般要求大于三倍板厚,且不小于 100 mm,图 3.34 所示(a)(b)(c)的结构应改为(d)(e)(f)的结构形式。

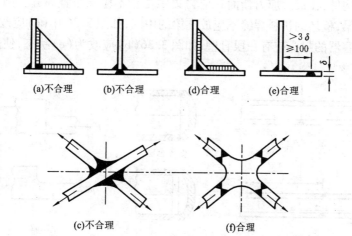

图3.34 焊缝分散布置

　　(2)焊缝的位置应尽可能对称布置,如图 3.35(a)(b)所示的焊件,焊缝位置偏离截面中心,并在同一侧。由于焊缝的收缩,会造成较大的弯曲变形。改为图中(c)(d)(e)所示的焊缝位置对称布置,焊后才不会发生明显的变形。

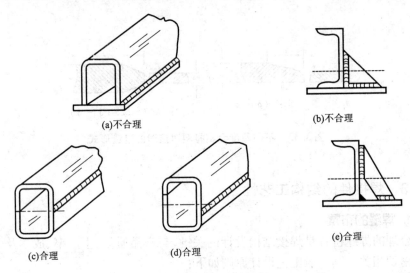

图 3.35　焊缝对称布置

　　(3)焊缝应尽量避开最大应力断面和应力集中位置,对于受力较大,结构复杂的焊接构件,在最大应力断面和应力集中位置不应该布置焊缝。例如大跨度的焊接钢梁,板坯的拼料焊缝不应放在梁的中间,如图 3.36 中(a)应改(d)的状态。压力容器的封头应有一段直壁,如图 3.36(b)应改为(e)状态,使焊缝避开

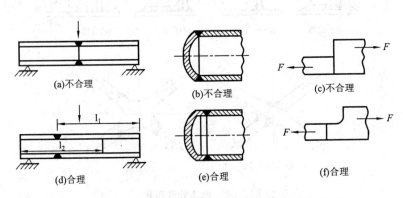

图 3.36　焊缝避开最大应力断面和应力集中位置

应力集中的转角位置。直壁段不小于 25 mm 。在构件截面有急剧变化的位置
或尖锐棱角部位,极易产生应力集中,应避免布置焊缝,(c)应改为(f)。

(4)焊缝应尽量避开机械加工表面,有些焊接结构是一些零件,需要进行机
械加工,如焊接轮毂、管件等。其焊缝位置的设计应尽可能距离已加工表面远一
些,如图 3.37 中(c)(d)。

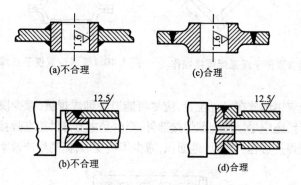

图 3.37   焊缝避开机械加工表面

(5)焊缝位置应便于焊接操作,布置焊缝时,要考虑到有足够的操作空间,
如图 3.38 中(a)、(b)应改为(c)、(d)所示的设计。埋弧焊结构要考虑接头处
在施焊中存放焊剂和熔池保持问题(图 3.39)。点焊与缝焊应考虑电极伸入方
便(图 3.40)。

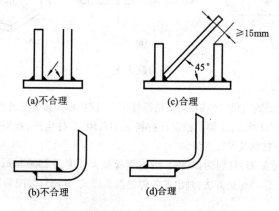

图 3.38   焊缝位置便于焊条电弧焊焊接操作

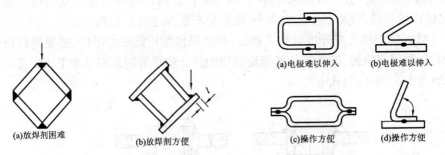

图 3.39　焊缝位置便于埋弧焊焊接操作　　　图 3.40　焊缝位置便于点焊、缝焊焊接操作

　　此外,焊缝应尽量放在平焊位置,应尽可能避免仰焊焊缝,减少横焊焊缝。良好的焊接结构设计,还应尽量使全部焊接部件,至少是主要部件能在焊接前一次装配点固,以简化装配焊接过程,节省场地面积,减少焊接变形,提高生产效率。

　　1. 如图所示三种焊件,其焊缝布置是否合理,请加以改正。

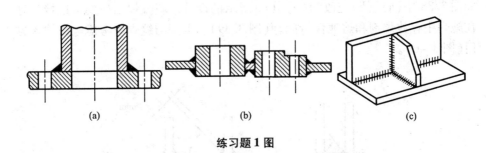

练习题 1 图

　　2. 如图所示的低碳钢煤气炉钢圈,采用焊接生产,试选择焊接方法及焊接次序。

　　3. 下图所示为两种铸造支架。原设计材料为 HT150,单件生产,现拟改为焊接结构,请设计结构图,选择原材料及焊接方法。

　　4. 焊接梁(尺寸如图)材料为 20 钢。现在钢板最大长度为 2500 mm。请确定腹板与上下翼板的焊缝位置,选择焊接方法,画出各条焊缝接头形式,并制订装配和焊接次序。

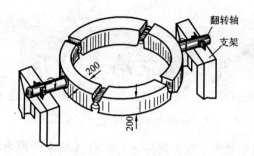

练习题 2 图

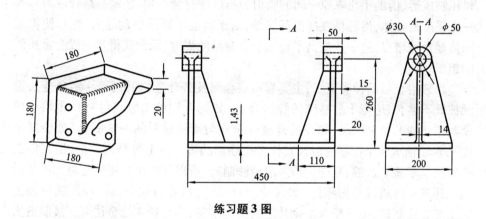

练习题 3 图

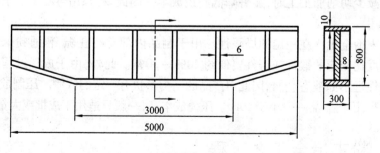

练习题 4 图

# 4 粉末冶金成形

粉末冶金是用金属粉末或金属粉末与非金属粉末的混合物作原料,经过压制、烧结以及后续处理等工序,制造某些金属制品或金属材料的工艺技术。

粉末冶金和金属的熔炼及铸造方法有根本的不同。它是先将均匀混合的粉料压制成形,借助于粉末原子间的吸引力与机械咬合作用,使制品结合成为具有一定强度的整体,然后再在高温下烧结,由于高温下原子活动能力增强,使粉末间接触面积增多,进一步提高了粉末冶金制品的强度,因此获得与一般合金相似的组织。

粉末冶金制品种类繁多,主要有难熔金属及其合金(如钨,钨－钼合金),组元彼此不熔合、熔点十分悬殊的烧结合金(如钨－铜的电触点材料),难熔金属及其碳化物的粉末制品(如硬质合金),金属与陶瓷材料的粉末制品(如金属陶瓷),含油轴承和摩擦零件以及其他多孔性制品等。以上种类的制品,用其他工业方法是不能制造的,只能用粉末冶金法制造,所以其技术经济效益是无法估量的。还有一些机械结构零件(如齿轮、凸轮等),虽然可用铸、锻、冲压或机加工等工艺方法制造,但用粉末冶金法制造更加经济,因为粉末冶金法可直接制造出尺寸准确、表面光洁的零件,是一种少无切削的生产工艺,既节约材料又可省去或大大减少切削加工工时,显著降低制造成本。因此,粉末冶金在工业上得到了广泛应用。

粉末冶金也存在一定的局限性。由于制品内部总有孔隙,普通粉末冶金制品的强度比相应的锻件或铸件要低约 20% ~ 30% 。此外,由于成形过程中粉末的流动性远不如液态金属,因此对产品的结构形状有一定的限制。压制成形所需的压强高,因而制品一般小于 10kg。压模成本高,一般只适用于成批或大量生产。

## 4.1 粉末冶金工艺过程

### 4.1.1 粉末的制取

粉末冶金(powder metallurgy)工艺过程的第一步就是制取粉末(powder)。

粉末可以是纯金属、非金属或化合物。机械行业所用粉末一般由专门厂家按规格要求供应。制取粉末的方法多达数十种，其选择主要取决于该材料的特殊性能及制取成本。粉末的一个重要特点是它的表面积与体积之比很大，例如$1m^3$的金属可制成约$2 \times 10^8$个直径$1\ \mu m$的球形颗粒，其表面积约$6 \times 10^6 m^2$，可见所需能量是很大的。常用的制粉方法有机械方法、物理方法和化学方法等。

（1）机械方法

对于脆性材料通常采用球磨机破碎制粉。另外一种应用较广的方法是雾化法，它是使熔化的液态金属从雾化塔上部的小孔中流出，同时喷入高压气体，在气流的机械力和急冷作用下，液态金属被雾化、冷凝成细小粒状的金属粉末，落入雾化塔下的盛粉桶中。

（2）物理方法

常用蒸气冷凝法，即将金属蒸气冷凝而制取金属粉末。例如，将锌、铅等的金属蒸气冷凝便可获得相应的金属粉末。

（3）化学方法

常用的化学方法有还原法、电解法等。

还原法是从固态金属氧化物或金属化合物中还原制取金属或合金粉末。它是最常用的金属粉末生产方法之一，方法简单，生产费用较低。如铁粉和钨粉，便是由氧化铁粉和氧化钨粉通过还原法生产的。铁粉生产常用固体碳将其氧化物还原，钨粉生产常用高温氢气将其氧化物还原。

电解法是从金属盐水溶液中电解沉积金属粉末。它的成本要比还原法和雾化法高得多，因此，仅在要求有高纯度、高密度、高压缩性的特殊性能时才使用。

值得指出的是：金属粉末的各种性能均与制粉方法有密切关系。

## 4.1.2　粉末制品的成形

### 1. 粉末预处理

粉末成形前需要进行一定的准备，即粉末退火、筛分、混合、制粒、加润滑剂等。

退火可以使氧化物还原，降低碳和其他杂质的含量，提高粉末纯度；消除粉末的冷变形强化；稳定晶体结构。采用还原法、机械研磨法、电解法、雾化法等制取的粉末均要经退火处理。此外，为了防止某些超细金属粉末自燃，需要经退火钝化其表面。

筛分的目的是把不同颗粒大小的原始粉末进行分级。一般采用标准筛网制成的筛子来筛分。

混合是指将两种或两种以上的不同成分的粉末混合均匀的过程。而将成分相同而粒度不同的粉末混合称为合批。充填时,粉末颗粒间的空隙越小,制成的压坯质量越好,烧结也容易。从图 4.1 看出,非单一粒度的粉末具有较好的压制性,所以要使各种粒度的粉末适当合批。

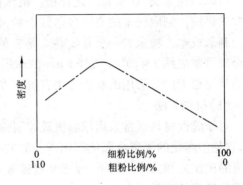

**图 4.1　粗粉和细粉混合对生坯密度的影响**

制粒是将小颗粒的粉末制成大颗粒或团粒的工序,以此来改善粉末的流动性。粉末流动阻力是由粉末颗粒间直接或间接接触而阻碍其他颗粒自由运动引起的。一般细粉流动性差,而将数十细小颗粒聚集在一起制成小球,即制粒后,粉末的流动性则明显改善。

### 2. 压制成形方法

#### (1)压制成形方法

压制成形就是对装入模具型腔的粉料施压,使粉料集聚成为有一定密度、形状和尺寸的制件。下面主要讨论封闭钢模冷成形。

封闭钢模冷压成形,是指在常温下,于封闭钢模中用规定的比压将粉末成形为压坯的方法。它的成形过程由称粉、装粉、压制、保压及脱模组成。

在封闭钢模中冷压成形时,最基本的压制方式有四种,如图 4.2 所示。其他压制方式是基本方式的组合,或是用不同结构来实现的。

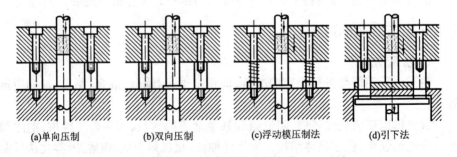

(a)单向压制　　　(b)双向压制　　　(c)浮动模压制法　　　(d)引下法

**图 4.2　四种基本压制方式**

#### ①单向压制

在压制过程中,阴模与芯棒不动,仅只在上模冲上施加压力。这种方式适用于压制无台阶类厚度较薄的零件。

②双向压制

阴模固定不动,上、下模冲从两面同时加压。这种方式适用于压制无台阶类的厚度较大的零件。

③浮动模压制

阴模由弹簧支承着,在压制过程中,下模冲固定不动,一开始在上模冲上加压,随着粉末被压缩,阴模壁与粉末间的摩擦逐渐增大,当摩擦力变得大于弹簧的支承力时,阴模即与上模冲一起下降(相当下模冲上升),实现双向压制。

④引下法

一开始上模冲往下压下既定距离,然后和阴模一起下降,阴模的下降速度可以调整。若阴模的下降速度与上模冲相同,称之为非同时压制;当阴模的引下速度小于上模冲时,称之为同时压制。压制终了时,上模冲回升,阴模被进一步引下,位于下模冲上的压坯即呈静止状态脱出。零件形状复杂时,宜采用这种压制方式。

(2)粉末压制成形中的工艺问题

①封闭钢模冷压成形的基本现象

为将金属粉末成形为压坯,必须将一定量的粉末装于压模中,在压力机上通过模冲对粉末施加压力。这时,粉末颗粒向各个方向流动,从而对阴模壁产生一定的压力,称之为侧压力。

在压制过程中,由于粉末与阴模壁间产生摩擦,这就使压制力沿压坯高度方向出现了明显的压力降,接近模冲端面处压力最大,随着远离模冲端面,压力逐渐减小。模冲端面与毗邻的粉末层间也产生摩擦。这样导致压力分布不均匀,成形的压坯各个部分的密度不相同,称之为密度不均匀。

在压制过程中,金属粉末颗粒首先发生相对移动,相互啮合,在颗粒相互接触处发生弹性变形和塑性变形以及断裂等,随后,压模内的粉末颗粒从弹性变形转为塑性变形,颗粒间从点接触转为面接触。同时,压坯内聚集了很大的内应力,压力消除后,压坯仍紧紧箍住在压模内,要将压坯从阴模中脱出,必须要有一定的脱模力。压坯从压模中脱出后,尺寸会胀大,一般称之为弹性后效或回弹。

②润滑

为了减小压制成形过程中的摩擦和减轻脱模困难,需要有效的润滑。对于封闭钢模冷压,传统方法是将粉末润滑剂混合于金属粉末中,其中一些将位于模壁处,有助于润滑,但大量的润滑剂将遗留在粉末体中,混入的润滑剂对松装粉末的性能有不良影响,也会减小压坯的生坯强度和烧结强度。另一种方法是模壁润滑法。在这两种方法中,最常用的润滑剂是低熔点有机物,如金属硬脂酸盐、硬脂酸及石蜡等。应注意的是,这些润滑剂材料密度都很低,因此添加的重量百分比虽很小,但体积百分比却较大。

③压坯密度

在粉末冶金制品的生产中,需要控制的最重要的性能之一是压坯密度,它不仅标志着压制对粉末密实的有效程度,而且可以决定以后烧结时材料的性能。压坯密度与几个重要变量的关系如图 4.3 所示。一般情况如下:

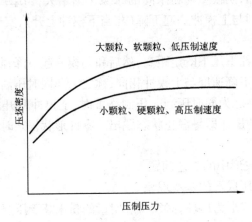

**图 4.3　压坯密度与压制压力、颗粒大小、颗粒硬度及压制速度的关系**

a. 压坯密度随压制压力增高而增大,这是因为压制压力促使颗粒移动、变形及断裂;

b. 压坯密度随粉末的粒度或松装密度增大而增大;

c. 粉末颗粒的硬度和强度减低时,有利于颗粒变形,从而促进压坯密度增大;

d. 减低压制速度时,有利于粉末颗粒移动,从而促进压坯密度增大。

## 4.1.3　烧结

烧结(burning moulding)是将压坯按一定的规范加热到规定温度并保温一段时间,使压坯获得一定的物理及力学性能的工序,是粉末冶金的关键工序之一。

粉末体的烧结过程十分复杂,其机理是:粉末的表面能大,结构缺陷多,处于活性状态的原子也多,它们力图把本身的能量降低。将压坯加热到高温,为粉末原子所贮存的能量释放创造了条件,由此引起粉末物质的迁移,使粉末体的接触面积增大,导致孔隙减少,密度增高,强度增加,形成了烧结。

如果烧结发生在低于其组成成分熔点的温度,则产生固相烧结;如果烧结发生在两种组成成分熔点之间,则产生液相烧结。固相烧结用于结构件,液相烧结用于特殊的产品。

普通铁基粉末冶金轴承烧结时不出现液相,属于固相烧结;而硬质合金与金属陶瓷制品的烧结过程将出现液相,属于液相烧结。液相烧结时,在液相表面张力的作用下,颗粒相互靠紧,故烧结速度快、制品强度高,此时,液、固两相间的比例以及湿润性对制品的性能有着重要影响,例如,硬质合金中的钴(粘结剂),在烧结温度时要熔化,它对硬质相金属键的碳化钨有最好的湿润性,所以钨钴类硬质合金既有高硬度,又较好的强度;而钴对非金属键的氧化铝、氮化硼之类的湿润性很差,所以目前金属陶瓷的硬度虽高于硬质合金,而强度却低于硬质合金。

烧结时最主要的因素是烧结温度、烧结时间和大气环境,此外,烧结制品的性能也受粉末材料、颗粒尺寸及形状、表面特性以及压制压力等因素的影响。

烧结时为了防止压坯氧化,通常是在保护气氛或真空的连续式烧结炉内烧结。常用粉末冶金制品的烧结温度与烧结气氛见表4.1。烧结过程中,烧结温度和烧结时间必须严格控制。烧结温度过高或时间过长,都会使压坯歪曲和变形,其晶粒亦大,产生所谓"过烧"的废品;如烧结温度过低或时间过短,则产品的结合强度等性能达不到要求,产生所谓"欠烧"的废品。通常,铁基粉末冶金制品的烧结温度为 $1\,000 \sim 1\,200\ ℃$,烧结时间为 $0.5 \sim 2\ h$。

表4.1  常用粉末冶金制品的烧结温度与烧结气氛

| 粉冶材料 | 铁基制品 | 铜基制品 | 硬质合金 | 不锈钢 | 磁性材料<br>(Fe – Ni – Co) | 钨、铝、钒 |
|---|---|---|---|---|---|---|
| 烧结温度(℃) | 1050 ~ 1200 | 700 ~ 900 | 1350 ~ 1550 | 1250 | 1200 | 1700 ~ 3300 |
| 烧结气氛 | 发生炉煤气,分解氨 | 分解氨,发生炉煤气 | 真空、氢 | 氢 | 氢、真空 | 氢 |

## 4.1.4  后处理

金属粉末压坯烧结后的进一步处理,叫做后处理。后处理的种类很多,一般由产品的要求来决定,常用的几种后处理方法如下:

### 1. 浸渗

利用烧结件多孔性的毛细现象浸入各种液体。如为了润滑目的,可浸润滑油、聚四氟乙烯溶液、铅溶液等;为了提高强度和防腐能力,可浸铜溶液;为了表面保护,可浸树酯或涂料等。浸渗有的可在常压下进行,有的则需在真空下进行。

### 2. 表面冷挤压

是常采用的后处理方法。例如,为了提高零件的尺寸精度和减小表面粗糙度,可采用整形;为了提高零件的密度,可采用复压;为了改变零件的形状,可采用精压。复压后的零件往往需要复烧或退火。

### 3. 切削加工

有时是必须的,如横槽、横孔,以及尺寸精度要求高的表面等。

### 4. 热处理

可提高铁基制品的强度和硬度。由于孔隙的存在,对于孔隙度大于10%的制品,不得采用液体渗碳或盐浴炉加热,以防盐液浸入孔隙中,造成内腐蚀。另外,低密度零件气件渗碳时,容易渗透到中心。对于孔隙度小于10%的制品,可用与一般钢一样的热处理方法,如整体淬火、渗碳淬火、碳氮共渗淬火等。为了防止堵塞孔隙可能引起的不利影响,可采用硫化处理封闭孔隙。淬火最好采用油作为介质,高密度制品,若为了冷却速度的需要,亦可用水作为淬火介质。

### 5. 表面保护处理

对用于仪表、军工及有防腐要求的粉末冶金制品很重要。粉末冶金制品由于存在孔隙,这给表面防护带来困难。目前,可采用的表面保护处理有蒸汽发蓝处理、浸油、浸硫并退火、浸涂料、渗锌、浸高软化点石蜡或硬脂酸锌后电镀(铜、镍、铬、锌等)、磷化、阳极化处理等。

思考练习题

1. 用粉末冶金工艺生产制品时通常包括哪些工序?
2. 为什么金属粉末的流动特性是重要的?
3. 为什么粉末冶金零件一般比较小?
4. 粉末冶金零件的长宽比是否需要控制? 为什么?
5. 为什么粉末冶金零件需要有均匀一致的横截面?
6. 试比较制造粉末冶金零件时使用的烧结温度与各有关材料的熔点。
7. 烧结过程中会出现什么现象?
8. 怎样用粉末冶金来制造含油轴承?
9. 什么是浸渗处理? 为什么要使用浸渗处理?

## 4.2　粉末冶金制品的结构工艺性

由于粉末的流动性不好,使有些制品形状不易在模具内压制成形,或者压坯各处的密度不均匀,因而影响到成品的质量。粉末冶金制品的结构工艺性要求如下。

（1）壁厚不能过薄，一般不小于2 mm，并尽量使壁厚均匀。法兰只宜设计在工件的一端，两端均有法兰的工件，难于成形。

（2）沿压制方向的横截面有变化时，只能是沿压制方向缩小，而不能逐渐增大。

（3）阶梯圆柱体每级直径之差不宜大于3 mm，每级的长度与直径之比（$L/D$）应在3以下，否则不易压实。

（4）应避免与压制方向垂直的或斜交的沟槽、孔腔，因为粉末冶金制品上不能压制出垂直于压制方向的退刀槽与内、外螺纹，这些只能留待以后切削加工时制出。制品上也无法做出斜孔和旋钮上的网纹花。

（5）应避免内、外尖角，圆角半径 $R$ 应不小于0.5 mm。球面部分也应留出小块平面，便于压实。表4.2列出了粉末冶金制品结构工艺性的正误图例。

**表4.2　粉末冶金制品结构工艺性的正误图例。**

| 例号 | 原来设计 | 修改后的设计 | 说　　明 |
|---|---|---|---|
| 1 | | | 原设计孔四角距外缘太近，不易压实 |
| 2 | | | 法兰厚度太薄，不易压实，且易烧结变形 |
| 3 | | | 原设计的截面沿压制方向逐渐增大，无法压实 |
| 4 | | | 梯形圆柱体各级直径之差不宜大于3 mm，上下底面之差也不能悬殊太大，否则不易压实，也不便取模。不得已时，模具上要做出垫块 |

续表 4.2

| 例号 | 原 来 设 计 | 修改后的设计 | 说　　明 |
|---|---|---|---|
| 5 | | | 粉冶制品上无法压制出与压制方向垂直的沟槽 |
| 6 | | | 粉冶制品上无法压出网纹花 |
| 7 | | | 球面的外形不易压实,应做出小块平面 |
| 8 | R0.1 | R0.5 | 粉冶制品应避免内、外尖角,圆角半径不小于 0.5 mm |
| 9 | <1.5 | | 键槽底部太薄(<1.5 mm),改成凸键后容易压制 |
| 10 | | | 粉冶制品上应避免狭小的深槽,修改后的设计易压制、容易顶出工件,模具也简单 |

思考练习题

采用压制方法生产的粉末冶金制品,有哪些结构工艺性要求?

# 4.3 粉末冶金新技术、新工艺

近年来,粉末冶金技术取得了很大的进展,一系列新技术、新工艺相继出现。下面就几项内容作一简介。

### 1. 粉末制备新技术

(1)机械合金化 机械合金化是一种高能球磨法,可制造细微的复合金属粉末。在高速搅拌球磨条件下,合金各组元的粉末颗粒之间、粉末颗粒和磨球之间发生强烈碰撞,而不断重复冷焊和断裂而实现合金化。也可以在金属粉末中加入非金属粉末来实现机械合金化。与机械混合法不同,用机械合金化制造的粉末材料,其内部的均一性与原材料粉末的粒度无关。因此,可用较粗的原材料粉末(50~100 μm)制成超细弥散体(颗粒间距离小于1 μm)。机械合金化与滚动球磨的区别在于使球体运动的驱动力不同,转子搅动球体产生相当大的加速度并传给物料,因而对物料有较强烈的研磨作用。同时,球体的旋转运动在转子中心轴的周围产生旋涡作用,对物料产生强烈的环流,使粉末研磨得很均匀。

(2)快速冷凝技术 快速冷凝技术是雾化技术的发展,从实验室首次获得非晶态硅合金的片状粉末至今已有30多年,此项技术已进入工业化阶段。从液态金属制取快速冷凝粉末时,当冷却速度为($10^6$~$10^8$)℃/s时,有熔体喷纺法、熔体沾出法;当冷却速度为($10^4$~$10^6$)℃/s时,有旋转盘雾化法、旋转杯雾化法、超声气体雾化法等,如图4.4和图4.5所示。

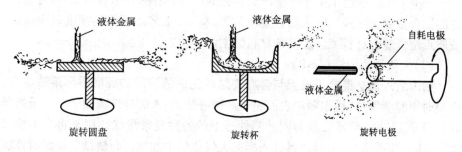

图4.4 离心雾化示意图

### 2. 粉末成形新技术

粉末成形技术有新的发展,例如三轴向压制成形、粉末轧制、连续挤压等。具有重大意义和代表性的特殊成形技术有粉末注射成形、喷射沉积、大气压力固结等。

（1）粉末注射成形（PIM）

粉末注射成形是一种粉末冶金与塑料注射成形相结合的工艺。人们视 PIM 为一种未来的粉末冶金技术。

PIM 可以生产高精度、不规则形状制品和薄壁零件。PIM 技术已经试制出镍基合金、高速钢、不锈钢、蒙乃尔合金以及硬质合金零件等。美国在 1984 年成功生产了波音 707 和波音 727 飞机

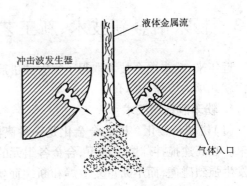

图4.5　超声气体雾化示意图

机翼传动机构中带螺纹的镍密封圈，这种零件用传统的粉末冶金方法一直不能制造。

（2）喷射沉积（Spray Deposition）

喷射沉积法是使雾化液滴处于半凝固状态便沉积为预成形的实体。英国 Ospray 金属公司首先利用这一概念成功进行了中间试验和工业生产，并取得专利，故又名 Ospray 工艺。

工艺过程包括熔融合金的提供、将其气雾化并转变为喷射液滴、相继使之沉积等步骤，在一次形成预形坯后，再进行热加工（可分别进行锻、轧、挤等），使其成为完全致密的棒、盘、板、带或管材。预形坯的相对密度可高达98%－99%。

Ospray 工艺现已半工业化生产高合金型材，如高速钢、不锈钢、高温合金、高性能铝合金如钕－铁－硼永磁合金等的型材。此工艺还可作高密度表面涂层、硬质点增强复合材料或多层结构材料的生产手段。

（3）大气压力固结（CAP）

粉末装入真空混合干燥器与含有烧结活化剂的溶液如硼酸甲醇溶液混合。干燥时甲醇蒸发掉，粉末颗粒表面包覆硼酸薄膜，浇入硼硅玻璃模子。模子的形状可以是圆柱体、管状以及与固结零件近形的各种复杂形状。用泵将模中粉末去气，将玻璃模密封，密封容器放入标准大气压炉中加热进行烧结。烧结时玻璃模软化并紧缩，使零件致密化。烧结完成后，模子从炉中取出并冷却，剥去玻璃模。固结零件的相对密度为95%～99%。大气压力固结的产品作为热加工如热锻、热轧、热挤等的坯料，可加工到全致密。

### 3. 使用纳米金属粉末新材料

纳米粉末一般指颗粒尺寸在0.1 μm 以下的粉末。按颗粒尺寸的大小，它又分为3个等级，粒径处于10～100 nm 范围的称大纳米粉末，处于2～10 nm 范围

的称中纳米粉末,小于 2 nm 的称小纳米粉末。小纳米粉末也称为原子簇,极难制备和捕集,目前仅供物性研究之用,所以,所谓的纳米材料一般是指大、中纳米粉末材料。纳米粉末的一个显著特点是比表面积很大,这就使粉末的性质不同于一般固体,表现出明显的表面效应。

纳米金属粉末的特性如下:

(1)外观呈黑色,可完全吸收电磁波,是物理学上的理想黑体。

(2)在极低温度下几乎无热阻,是极好的导热体。

(3)熔点显著低于块状材料,烧结温度可大为降低。

(4)表面活性很强,容易进行各种活化反应。

(5)导电性能好,超导转变温度较高。

(6)铁磁性金属的纳米粉末具有很强的磁性,其矫顽力很高。

思考练习题

1. 通过对粉末冶金制品制作工艺过程的了解,你认为粉末冶金制品主要存在哪些缺陷?

2. 粉末冶金制品在机械制造业中应用非常广泛,试列举四种应用实例,并叙述在这些应用实例中,采用粉末冶金制品的优越性。

3. 简述粉末冶金技术新进展。

# 5　非金属材料与复合材料的成形

非金属材料是指除金属材料以外的一切材料的总称。金属材料以其高强度、高硬度并具有一定塑性、韧性等力学性能和良好的加工工艺性能,被广泛应用于工业、农业、国防建设和国民经济各个领域。但随着生产和科学技术的不断发展,金属材料难以达到、满足一些特殊性能的要求,如耐高温性能、耐强腐蚀性能等,因而需要研制开发出大批高性能化、高功能化、精细化和智能化的非金属材料与金属材料相辅相成,共同满足各种需求。

工业生产中常见的非金属材料有高分子材料、陶瓷材料等,也使用复合材料。严格地说,复合材料并不完全属于非金属材料,但它的成形与非金属材料成形有密切联系,所以常把它归于非金属材料的成形中。

由于非金属材料与金属材料在结构和性能上有较大差异,其成形特点也不同。与金属材料的成形相比,非金属材料成形有以下特点。

(1)非金属材料可以是流态成形,也可以是固态成形,成形方法灵活多样,因而可以制成形状复杂的零件。例如,塑料可以用注塑、挤塑、压塑成形,还可以用浇注和粘接等方法成形;陶瓷可以用注浆成形,也可用注射、压注等方法成形。

(2)非金属材料的成形通常是在较低温度下成形,成形工艺较简便。

(3)非金属材料的成形一般与材料的生产工艺结合。例如,陶瓷应先成形再烧结,复合材料常常是将固态的增强料与呈流态的基料同时成形。

## 5.1　工程塑料及其成形

### 1.1.1　工程塑料的组成及分类

塑料制品质量轻,比强度高;耐腐蚀,化学稳定性好;有优良的电绝缘性能、光学性能、减摩、耐磨性能和消声减振性能;加工成形方便成本低。因此工程塑料成形已成为许多工业部门中重要的生产方法。塑料制品的主要不足之处在于耐热性差、刚性和尺寸稳定性差、易老化等,使其应用受到一定限制。

### 1. 组成

塑料(plastics)是以合成树脂为主要成分,并加入增塑剂、润滑剂、稳定剂及填料等组成的高分子材料。在一定的温度和压力下,可以用模具使其成形为具有一定形状和尺寸的塑料制件,当外力解除后,在常温下其形状保持不变。

### 2. 分类

按树脂的热性能不同,塑料可分为热塑性塑料和热固性塑料两大类:

热塑性塑料通常为线型结构,能溶于有机溶剂,加热可软化,故易于加工成形,并能反复使用。常用的有聚氯乙烯、聚苯乙烯、ABS 等塑料。

热固性塑料通常为网型结构,固化后重复加热不再软化和熔融,亦不溶于有机溶剂,不能再成形使用。常用的有酚醛塑料、环氧树脂塑料等。

### 3. 常用工程塑料的种类特点及用途

(1) ABS 塑料

ABS 是由丙烯腈、丁二烯、苯乙烯共同聚合而成的共聚物,是热塑性塑料。它具有硬、韧、刚的混合特性,因此综合力学性能较好。同时尺寸稳定,容易电镀和易于加工成形,耐热和耐蚀性较好。在 −40 ℃仍具有一定强度。此外,它的性能可以通过改变单体的含量来进行调整。丙烯腈的增加,可提高耐热、耐蚀性和表面硬度,丁二烯的增加,可提高弹性和韧性;苯乙烯则可用来改善电性能和成形能力。

ABS 塑料用途极其广泛,可制造齿轮、泵的叶轮、管道、电机外壳、仪表壳、汽车上的挡泥板、扶手、小轿车车身、电冰箱外壳以及内衬等。

(2) 聚酰胺(PA)

聚酰胺又名尼龙,是热塑性塑料。它由二元胺与二元酸缩聚而成,或由氨基酸脱水成内酰胺再聚合而成。聚酰胺的强度及韧性较高,并且具有耐磨、耐疲劳、耐油、耐水、耐腐蚀等综合性能。但它的耐热性不高,通常工作温度不超过100 ℃。此外,它的吸水性和成形收缩率较大。聚酰胺可广泛用作机械零件,如轴承、齿轮、蜗轮、螺栓、螺母、垫圈等。

(3) 酚醛塑料

酚醛塑料又名电木(胶木)是热固性塑料。它是由酚类和醛类缩聚而成的。酚醛塑料具有优良的耐热、绝缘、化学稳定性及尺寸稳定性。缺点是较脆。用酚醛塑料粉模压成形可作电器零件,如开关、插座等。用布片、纸浸渍酚醛塑料,制成层压塑料(胶木),可用作轴承、齿轮、垫圈及电工绝缘体等。

(4) 氨基塑料

氨基塑料也是热固性塑料。它绝缘性好、耐电弧性好,阻燃,硬度高,耐磨,耐油脂及溶剂,着色性好。可用作机械零件、绝缘件和装饰件。此外,还可作为木材胶粘剂,制作胶合板、纤维板等。用它制作泡沫塑料,更是价格便宜的隔音、保温优良材料。

（5）环氧塑料

环氧塑料是由环氧树脂加入固化剂后形成的热固性塑料。它具有较高的强度、韧性,优良的电绝缘性,高的化学稳定性和尺寸稳定性,成形性好。环氧塑料可用于制作塑料模具、电气、电子元件及线圈灌封与固定,机械零件的修复等。

环氧塑料是一种很好的胶粘剂,对各种材料（金属及非金属）都有很强的胶粘能力。

## 5.1.2　工程塑料的成形性能

塑料具有高分子聚合物独特的大分子链结构,这种结构决定了塑料的成形性能。

### 1. 塑料形变与温度的关系

热塑料塑料在一定的压力下,随着温度的变化,表现出的形变特性（力学性能）不同,如图 5.1 所示。低于玻璃化温度 $T_g$ 为玻璃态,高于粘流温度 $T_f$（或结晶温度 $T_m$）为粘流态,在玻璃化温度和粘流温度之间为高弹态,当温度高于热分解温度（$T_d$）时,塑料会降解或气化分解。

在玻璃态,高聚物的强度、刚性等力学性能较好,能承受一定的载荷,所以可作为结构材料使用。

在高弹态,高聚物在外力作用下,会产生很大的弹性形变（弹性变形量可达 100% ~ 1000%）,此时的高聚物具有橡胶的特性。

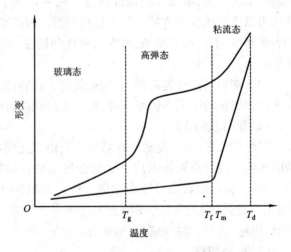

图 5.1　塑料的形变与温度的关系

在粘流态,高聚物开始粘性流动,此时的变形是不可逆变形,一般塑料都在此温度范围成形。

热固性塑料在成形过程中,由于高聚物发生交联反应,分子将由线型结构变为体型结构。其具体过程是,处于稳定态的热固性塑料原料,加热后由稳定态逐步熔融呈塑化态,这时流动性很好,可以很快充填至型腔各处。同时,线性高聚

物的分子主链间形成化学
键结合(即交联),分子逐渐
呈网状的体型结构,高聚物
变为既不熔融也不溶解,形
状固定的塑料制件,这一过
程称为固化。热固性塑料
受热后的状态变化曲线如
图 5.2 所示。

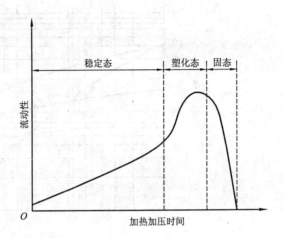

图 5.2 热固性塑料受热后的状态变化曲线

### 2. 塑料的流变性能

由于塑料的大分子结
构和运动特点,在正常使用
中处于玻璃态,而在成形过
程中,除少数工艺外,都要
求塑料处于粘流态(或塑化
态)成形,因为在这种状态
下,塑料聚合物呈熔融的流
体,易于流变成形。但塑料
流体与金属液体的流动性
能不同,主要表现为其粘度
变化趋势的差异。金属液
体随温度和压力的变化粘
度变化不大,而塑料聚合物
熔体是非牛顿流体(或称粘
流体),其粘度随流动中的
剪切速率、温度、压力的变
化而有较大的变化。对于
一种塑料,通常其粘度随温
度的升高而降低,塑料的粘

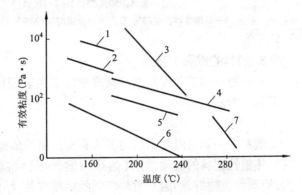

图 5.3 几种常用塑料的粘度与温度变化曲线
1—增塑聚乙烯 2—硬聚乙烯
3—聚甲基丙烯酸甲酯 4—聚丙烯
5—聚甲醛 6—低密度聚乙烯 7—尼龙66

度愈小流动性也愈好,图 5.3 是几种常用塑料的粘度与温度的变化曲线。从图
5.3 中可以看出,不同塑料由于其分子结构的差异,粘度对温度的敏感程度不
同。粘度也随流动时的剪切速率(或称为速度梯度)的变化而变化,剪切速率增
加时粘度会随之降低,如图 5.4 所示。当温度一定时,塑料熔体流动剪切速率愈
高,其粘度愈低,也愈有利于塑料成型,生产中可以采用小浇道(如点浇道)来提
高流速,进而提高剪切速率,以成形流动性较差或壁厚较薄的塑料制品。

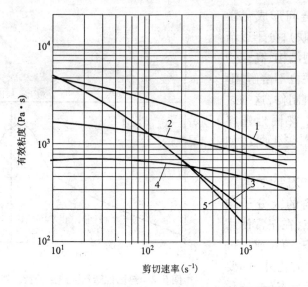

**图 5.4　粘度随剪切速率(速度梯度)的变化**

1—聚砜(350 ℃挤出)　2—聚砜(350 ℃注射)
3—低密度聚乙烯(350 ℃)　4—聚碳酸酯(315 ℃)　5—聚苯乙烯(200 ℃)

### 3. 塑料的成形工艺性

塑料的成形工艺性是塑料在成形加工中表现出来的特有性质,主要表现在以下几个方面。

（1）流动性

塑料在一定的温度与压力下填充模具型腔的能力称为塑料的流动性。

热塑性塑料的流动性用(熔融指数也可称熔融流动率)表示,熔融指数越大,流动性也越好,熔融指数与塑料的粘度有关,粘度愈小熔融指数愈大,塑料的流动性也愈好。

常用塑料的流动性大致可分为三类。

流动性好的,如尼龙、聚乙烯、聚苯乙烯、聚丙烯、醋酸纤维素等;

流动性中等的,如改性聚苯乙烯、ABS、聚甲基丙烯酸甲酯、聚甲醛、氯化聚醚等;

流动性差的,如聚碳酸酯、硬聚氯乙烯、聚苯醚、聚砜、聚芳砜、氟塑料等。

热固性塑料的流动性指标一般用拉西格流动性表示,不同的塑料流动性不同,对于同一种塑料,由于交联反应的相对分子质量不同,填料的性质与多少不同,增塑剂和润滑剂的多少不同,拉西格流动性也不同,同一品种塑料的流动性可分为三个不同的等级。

第一级:拉西格流动值为 100～130 mm,用于压制无嵌件、形状简单的一般厚度塑件。

第二级:拉西格流动值为 131～150 mm,用于压制中等复杂程度的塑件。

第三级:拉西格流动值为 151～180 mm,用于压制结构复杂、型腔很深、嵌件较多的薄壁塑件,或用于传递(压注)成形。

(2)收缩性

塑料制品从模具中取出冷却到室温后,发生尺寸收缩的特性称为收缩性。影响塑料收缩性的因素很多,其中主要是热收缩,即塑料在较高的成形温度下成形,冷却到室温后产生的收缩。由于塑料的热膨胀系数较钢大 3～10 倍,塑料件从模具中成形后冷却到室温的收缩相应也比模具的收缩大,故塑料件的尺寸较型腔小。

塑料制件的成形收缩值可用收缩率表示

$$k = \frac{L_m - L_1}{L_1} \times 100\%$$

式中　$k$——塑料收缩率;

　　　$L_m$——模具在室温时的尺寸,单位为 mm;

　　　$L_1$——塑件在室温时的尺寸,单位为 mm。

塑料的收缩率是塑料成形加工和塑料模具设计的重要工艺参数,它影响塑料件尺寸精度及质量。

(3)结晶性

按照聚集态结构的不同,塑料可以分为结晶型塑料和无定形塑料两类。如果高聚物的分子呈规则紧密排列则称为结晶型塑料,否则为无定型塑料。一般高聚物的结晶是不完全的,高聚物固体中晶相所占质量分数称为结晶度。结晶型高聚物完全熔融的温度 $T_m$ 为熔点。塑料的结晶度与成形时的冷却速度有很大关系,塑料熔体的冷却速度愈慢,塑件的结晶度也愈大。塑料的结晶度大,则密度也大,分子间作用力增强,因而塑料的硬度和刚度提高,力学性能和耐磨性增高,耐热性、电性能及化学稳定性亦有所提高;反之,结晶度低、或成为无定形塑料,其与分子链运动有关的性能,如柔韧性、耐折性,伸长率及冲击强度等则较大,透明度也较高。

(4)热敏性和水敏性

热敏性是指塑料对热降解的敏感性。有些塑料对温度比较敏感,如果成形时温度过高则容易变色、降解,如聚氯乙烯、聚甲醛等。

水敏性是指塑料对水降解的敏感性,也称吸湿性。水敏性高的塑料,在成形过程中由于高温高压,使塑料产生水解或使塑件产生水泡、银丝等缺陷。所以塑料在成形前要干燥除湿,并严格控制水分。

(5)毒性、刺激性和腐蚀性

有些塑料在加工时会分解出有毒性、刺激性和腐蚀性的气体。例如,聚甲醛会分解产生刺激性气体甲醛,聚氯乙烯及其衍生物或共聚物分解出既有刺激性又有腐蚀性的氯化氢气体。成形加工上述塑料时,必须严格掌握工艺规程,防止有害气体危害人体和腐蚀模具及加工设备。

除上述工艺性能外,还有吸气性、粘膜性、可塑性、压缩性、均匀性和交联倾向等。

### 5.1.3　工程塑料成形方法及模具

#### 1. 工程塑料的成形

塑料的加工成形比较简便,形式多样,可根据塑料的性能和对塑料制品的要求,采用压制、挤出、注射、吹塑、浇铸等方法成形。也可用喷涂、浸渍、粘贴等工艺将塑料覆盖于其他材料表面上。此外,塑料还和金属一样,可使用车、铣、刨、钻、磨及抛光等方法进行机械加工。但必须注意到塑料的强度低、导热性差、弹性高、线膨胀系数大等特点,加工时易产生变形、分层、分裂等缺陷,故除夹紧力不宜过大外,其他工艺参数(如刀具几何形状、切削速度、进给量等)均与加工金属有所不同。

(1)注射成形

注射成形(injection molding)是将颗粒状或粉末状塑料放入注射机的加料斗内,使之进入料筒,经加热熔融呈粘流态,依靠柱塞(推杆)或挤压螺杆的压力,使粘流态塑料以较快的速度通过料筒端部的喷嘴注入温度较低的闭合模具内,经过一定时间的冷却即可开启模具,从中取出制品的一种成形方法。此法适用于热塑性塑料或流动性较大的热固性塑料,能生产出形状复杂,尺寸精确的塑料制品。生产率高,易于实现自动化大批量生产。图 5.5 为注射机的注射成形工作原理图和塑模的剖面图。

(2)挤压成形

挤压成形(extrusion molding)是将颗粒状或粉末状塑料放入挤出机的料筒内,经加热熔融呈粘流态,依靠柱塞(推杆)或挤压螺杆的压力,使粘流态塑料以较快的速度连续不断地从模具的型孔内挤出,成为具有恒定截面型材的一种成形方法。此法适用于热性塑料的管材、板材、棒材及丝、网、薄膜、电线、电缆包覆等。图 5.6 为挤出成形及电缆包覆原理图。

(3)吹塑成形

吹塑成形(blow moulding)是制造中空制品或薄膜、薄片等的成形方法。吹

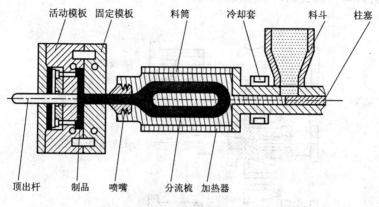

活动模板　固定模板　料筒　冷却套　料斗　柱塞

顶出杆　制品　喷嘴　分流梳　加热器

**图 5.5　注射机和塑模的剖面图**

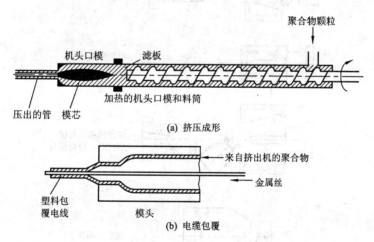

聚合物颗粒

机头口模　滤板

加热的机头口模和料筒

压出的管　模芯

(a) 挤压成形

来自挤出机的聚合物

金属丝

塑料包覆电线　模头

(b) 电缆包覆

**图 5.6　挤压成形及电缆包覆原理图**

塑成形包括注射吹塑成形和挤出吹塑成形两种。它是借助压缩空气,使处于高弹态或粘流态的中空塑料型坯发生吹胀变形,然后经冷却定型获得塑料制品的方法。塑料型坯是用注射成形或用挤出成形生产的。中空型坯或塑料薄膜经吹塑成形后可以作为包装各种物料的容器。吹塑成形的特点是:制品壁厚均匀、尺寸精度高,事后加工量小,适合多种热塑性塑料加工。图 5.7 是塑料瓶的注射吹塑成形过程示意图。其生产步骤是:先由注射机将熔融塑料注入注射模内形成管坯,开模后管坯留在芯模上,芯模是一个周壁带有微孔的空心凸模,然后乘热使吹塑模合模,并从芯模中通入压缩空气,使型坯吹胀达到模腔的形状,继而保持压力并冷却,经脱模后获得所需制品。

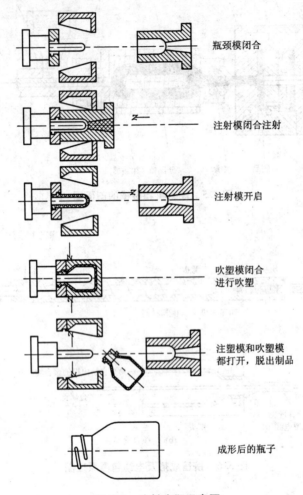

瓶颈模闭合

注射模闭合注射

注射模开启

吹塑模闭合
进行吹塑

注塑模和吹塑模
都打开,脱出制品

成形后的瓶子

**图 5.7　注射吹塑示意图**

　　吹塑成形的设备是注射机、挤出机、模具及模具中的冷却系统。

　　(4)压制成形

　　压制成形大多用于热固性塑料,其方法主要有以下两种:

　　①模压成形　将粉状、粒状、碎屑状或纤维状的物料放入具有一定温度的阴模模腔中,合上阳模后加热使其熔化,并在压力作用下使物料充满模腔,形成与模腔形状一致的制品。其原理如图 5.8 所示。

　　②层压成形　以片状或纤维状材料为填料,通过填料的浸胶,浸胶材料的干

燥压制等步骤,获得层压材料
的方法。此法可生产出板材、
管状、棒状和一些形状简单的
制品。也可用于增强工程塑
料的生产。

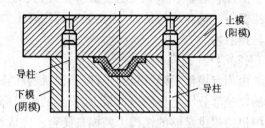

图5.8　模压成形原理图

（5）浇铸成形

塑料的浇注成形是借鉴
液态金属浇铸成形的方法而
形成的。其成形过程是将已准备好的浇铸原料（一般是单体经初步聚合或缩聚
的浆状物或聚合物与单体的溶液等）注入模具中并使其固化（完成聚合或缩聚
反应），从而获得与模具型腔相吻合的塑料制品。此法生产投资少,产品内应力
低,对产品的尺寸限制较小,可生产大型制品。缺点是成形周期长,制品的尺寸
准确性较低。

2. **典型塑料模具**

注射机是注射成形的主要设备,近几年注射机发展很快,品种、规格不断增
多,而且还有新的类型不断出现。按其外形可分为立式、卧式、角式三种,应用较
多的卧式注射机如图5.9所示。

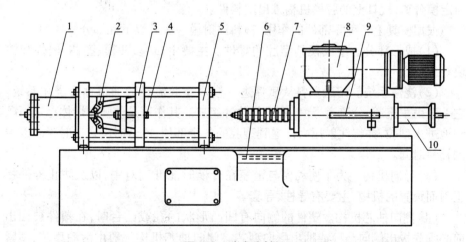

图5.9　卧式注射机

1—锁模液压缸　2—锁模机构　3—移动板　4—顶杆　5—固定板
6—控制台　7—料筒及加料器　8—料斗　9—定量供料装置　10—注射缸

各种注射机尽管外形不同,但基本都是由下列三部分组成。

（1）注射系统

由加料装置(料斗)、定量供料装置、料筒及加热器、注射缸等组成,其作用是使塑料塑化和均匀化,并提供一定的注射压力,通过柱塞或螺杆将塑料注射到模具型腔内。

(2)合模、锁模系统

由固定模板、移动模板、顶杆、锁模机构和锁模液压缸等组成,其作用是将模具的定模部分固定在固定模板上,模具的动模部分固定在移动模板上,通过合模锁模机构提供足够的锁模力使模具闭合。完成注射后,打开模具顶出塑件。

(3)操作控制系统

安装在注射机上的各种动力及传动装置都是通过电气系统和各种仪表控制的,操作者通过控制系统来控制各种工艺量(注射量、注射压力、温度、合模力、时间等)完成注射工作,较先进的注射机可用计算机控制,实现自动化操作。

注射机还设有电加热和水冷却系统用于调节模具温度,并有过载保护及安全门等附属装置。

注射成形模具是注射成形工艺的主要工艺装备,称为注射模。注射模一般由定模部分和动模部分组成,如图5.10所示。动模安装在注射机的移动模板上,定模安装在注射机的固定模板上。注射时,动模与定模闭合构成型腔,定模部分设计有浇注系统,塑料熔体从喷嘴经浇注系统进入型腔成形。开模时动模与定模分离,模具上的脱模机构推出塑料件。

根据模具上各种零部件的作用,塑料注射模一般有以下几部分。

(1)成形部分。组成模具型腔的零件。主要由凸模、凹模、型芯、嵌件和镶块等组成。

(2)浇注系统。熔融塑料从喷嘴进入模具型腔流经的通道称为浇注系统。它一般由主流道、分流道、浇口和冷料井等组成。其作用是使塑料熔体稳定而顺利地进入型腔,并将注射压力传递到型腔的各个部位,冷却时浇道适时凝固以控制补料时间。

(3)导向机构。为了使动模与定模在合模时能准确对中,以及防止推件板歪斜而设置的机构,主要有导柱、导套等。

(4)侧向抽芯机构。塑件的侧向有凹凸形状的孔或凸台时,在塑件被推出前必须先拔出侧向凸模或抽出侧向型芯。侧向抽芯机构一般由活动型芯、锁紧楔、斜导柱等组成。

(5)推出机构。又称脱模机构,它是在开模时将塑件推出的零部件。主要有推板、推杆、主流道拉料杆等组成。

在注射模上还有加热、冷却系统和排气系统等。

我国已经制定的注射模模架的国家标准有《塑料注射模中小型模架及技术

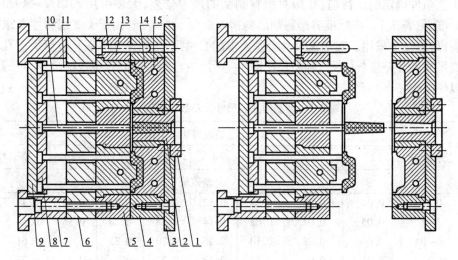

**图 5.10  注射模**

1—定位环  2—主流道衬道  3—定模底板  4—定模板  5—动模板
6—动模垫板  7—模脚  8—推杆固定板  9—推杆固定底板  10—拉料杆
11—推杆  12—导柱  13—凸模  14—凹模  15—冷却水道

条件》(GB/T12556 – 1990)和《塑料注射模大型模架》(GB/T12555 – 1990)。前者适用于尺寸为 $B \times L \leqslant 560\text{mm} \times 990\text{mm}$ 的模板；后者适用于尺寸为 $B \times L = [(630 \times 630) \sim (1250 \times 2000)]\text{mm}^2$ 的模板。并制定了相应模具零部件的国家标准，为模具设计与生产提供了依据。

## 5.1.4  塑料制品的结构工艺性

塑料制品的结构设计应当满足使用性能和成形工艺的要求，力求做到结构合理，造型美观，便于制造。塑料制品的结构设计主要内容包括塑件的尺寸精度、表面粗糙度、起模斜度、制品壁厚、局部结构(如加强肋、圆角、孔、螺纹、嵌件等)和分型面的确定等。

### 1. 尺寸精度

影响塑料制件的尺寸精度因素很多，主要有塑料收缩率波动的影响，模具的制造精度及使用过程中的磨损、成形工艺条件、零件的形状和尺寸大小等。资料表明，模具制造误差和由收缩率波动引起的误差各占制品尺寸误差的 1/3。对于小尺寸的塑料制品，模具的制造误差是影响塑料制品尺寸精度的主要因素，而对大尺寸塑料件，收缩率波动引起的误差则是影响尺寸精度的主要因素。

塑料制品的尺寸精度一般是根据使用要求，同时要考虑塑料的性能及成形工艺条件确定的。目前,我国对塑料制品的尺寸公差,大多引用 SJ1372 – 1978 标准,见表 5.1。该标准将塑料制品的精度分为 8 个等级,由于 1、2 级精度要求高,目前极少采用。对于无尺寸公差要求的自由尺寸,可采用 8 级精度等级。孔类尺寸的公差取( + )号,轴类尺寸取( – )号,中心距尺寸取表中数值之半,再冠以( ± )号。

表 5.1　塑料制品的尺寸公差数值表( mm)

| 公称尺寸 | 精度等级 | | | | | | | |
|---|---|---|---|---|---|---|---|---|
| | 1 | 2 | 3 | 4 | 5 | 6 | 7 | 8 |
| | 公差数值 | | | | | | | |
| 0 ~ 3 | 0.04 | 0.06 | 0.08 | 0.12 | 0.16 | 0.24 | 0.32 | 0.48 |
| 3 ~ 6 | 0.05 | 0.07 | 0.08 | 0.14 | 0.18 | 0.28 | 0.36 | 0.56 |
| 6 ~ 10 | 0.06 | 0.08 | 0.10 | 0.16 | 0.20 | 0.32 | 0.40 | 0.61 |
| 10 ~ 14 | 0.07 | 0.09 | 0.12 | 0.18 | 0.22 | 0.36 | 0.44 | 0.72 |
| 14 ~ 18 | 0.08 | 0.10 | 0.12 | 0.20 | 0.24 | 0.40 | 0.48 | 0.80 |
| 18 ~ 24 | 0.09 | 0.11 | 0.14 | 0.22 | 0.28 | 0.44 | 0.56 | 0.88 |
| 24 ~ 30 | 0.10 | 0.12 | 0.16 | 0.24 | 0.32 | 0.48 | 0.64 | 0.96 |
| 30 ~ 40 | 0.11 | 0.13 | 0.18 | 0.26 | 0.36 | 0.52 | 0.72 | 1.04 |
| 40 ~ 50 | 0.12 | 0.14 | 0.20 | 0.28 | 0.40 | 0.56 | 0.80 | 1.20 |
| 50 ~ 65 | 0.13 | 0.16 | 0.22 | 0.32 | 0.46 | 0.64 | 0.92 | 1.40 |
| 65 ~ 80 | 0.14 | 0.19 | 0.26 | 0.38 | 0.52 | 0.76 | 1.04 | 1.60 |
| 80 ~ 100 | 0.16 | 0.22 | 0.30 | 0.44 | 0.60 | 0.88 | 1.20 | 1.80 |
| 100 ~ 120 | 0.18 | 0.25 | 0.34 | 0.50 | 0.68 | 1.00 | 1.36 | 2.00 |
| 120 ~ 140 | | 0.28 | 0.38 | 0.56 | 0.76 | 1.12 | 1.52 | 2.20 |
| 140 ~ 160 | | 0.31 | 0.42 | 0.62 | 0.84 | 1.24 | 1.68 | 2.40 |
| 160 ~ 180 | | 0.34 | 0.46 | 0.68 | 0.92 | 1.36 | 1.84 | 2.70 |
| 180 ~ 200 | | 0.37 | 0.50 | 0.74 | 1.00 | 1.50 | 2.00 | 3.00 |
| 200 ~ 225 | | 0.41 | 0.56 | 0.82 | 1.10 | 1.64 | 2.20 | 3.30 |
| 225 ~ 250 | | 0.45 | 0.62 | 0.90 | 1.20 | 1.80 | 2.40 | 3.60 |
| 250 ~ 280 | | 0.50 | 0.68 | 1.00 | 1.30 | 2.00 | 2.60 | 4.00 |
| 280 ~ 315 | | 0.55 | 0.74 | 1.10 | 1.40 | 2.20 | 2.28 | 4.40 |
| 315 ~ 355 | | 0.60 | 0.82 | 1.20 | 1.60 | 2.40 | 3.20 | 4.80 |
| 355 ~ 400 | | 0.65 | 0.90 | 1.30 | 1.80 | 2.60 | 3.60 | 5.20 |
| 400 ~ 450 | | 0.70 | 1.00 | 1.40 | 2.00 | 2.80 | 4.00 | 5.60 |
| 450 ~ 500 | | 0.80 | 1.10 | 1.60 | 2.20 | 3.20 | 4.40 | 6.40 |

对于不同品种的塑料制品,在 SJ1372 - 1978 中建议采用三种精度等级,见表 5.2,设计塑料制品时可参考选用。

**表 5.2 精度等级的选用**

| 类别 | 塑 料 品 种 | 建议采用的精度等级 | | |
|---|---|---|---|---|
| | | 高精度 | 一般精度 | 低精度 |
| 1 | 聚苯乙烯、ABS、聚甲基丙烯酸甲酯、聚碳酸酯、酚醛塑料、聚砜、聚苯醚、氨基塑料、30%玻璃纤维增强塑料 | 3 | 4 | 5 |
| 2 | 聚酰胺(6、66、610、9、1010)、氯化聚醚、硬聚氯乙烯 | 4 | 5 | 6 |
| 3 | 聚甲醛、聚丙烯、聚乙烯(高密度) | 5 | 6 | 7 |
| 4 | 软聚氯乙烯、聚乙烯(低密度) | 6 | 7 | 8 |

### 2. 表面粗糙度

塑料制品的表面粗糙度除由于成形工艺控制不当,出现的冷疤、波纹等疵点外,主要由模具的表面粗糙度决定。一般模具成形表面的粗糙度比塑料制品的表面粗糙度减小 1~2 级,因此塑料制品的表面粗糙度不宜过小,否则会增加模具的制造费用。对于不透明的塑料制品,由于外观对外表面有一定的要求,而对内表面要求只要不影响使用,因此可比外表面粗糙度增大 1~2 级。对于透明的塑料制品,内外表面的粗糙度应相同,表面粗糙度需达 $Ra0.8 \sim 0.05 \ \mu m$(镜面),因此需要经常抛光型腔表面。

### 3. 起模斜度

为了使塑料制品易于从模具中脱出,在设计时必须保证制品的内外壁有足够的起模斜度。起模斜度与塑料品种、制品形状和模具结构等有关,一般情况下起模斜度取 $30' \sim 2°$,常见塑料的起模斜度见表 5.3。

**表 5.3 常见塑料的起模斜度**

| 塑 料 种 类 | 起模斜度 |
|---|---|
| 聚乙烯、聚丙烯、软聚氯乙烯 | $30' \sim 1°$ |
| 尼龙、聚甲醛、氯化聚醚、聚苯醚、ABS | $40' \sim 1°30'$ |
| 硬聚氯乙烯、聚碳酸酯、聚砜、聚苯乙烯、有机玻璃 | $5' \sim 2°$ |
| 热固性塑料 | $30' \sim 1°$ |

选择起模斜度一般应掌握以下原则:对较硬和较脆的塑料,起模斜度可以取大值;如果塑料的收缩率大或制品的壁厚较大时,应选择较大的起模斜度;对于高度较大及精度较高的制品应选较小的起模斜度。

### 4. 制品壁厚

制品壁厚首先取决于使用要求,但是成形工艺对壁厚也有一定要求,塑件壁厚太薄,使充型时的流动阻力加大,会出现缺料和冷隔等缺陷;壁厚太厚,塑件易产生气泡、凹陷等缺陷,同时也会增加生产成本。塑件的壁厚应尽量均匀一致,避免局部太厚或太薄,否则会造成因收缩不均产生内应力,或在厚壁处产生缩孔、气泡或凹陷等缺陷。塑料制品的壁厚一般在 1 ~ 4 mm,大型塑件的壁厚可达6 mm 以上,各种塑料的壁厚值参见表5.4 和表5.5。

表5.4　热塑性塑料制品的最小壁厚和建议壁厚(mm)

| 塑料名称 | 最小壁厚 | 建议壁厚 | | |
|---|---|---|---|---|
| | | 小型制品 | 中型制品 | 大型制品 |
| 聚苯乙烯 | 0.75 | 1.25 | 1.6 | 3.2 - 5.4 |
| 聚甲基丙烯酸甲酯 | 0.8 | 1.50 | 2.2 | 4.0 - 6.5 |
| 聚乙烯 | 0.8 | 1.25 | 1.6 | 2.4 - 3.2 |
| 聚氯乙烯(硬) | 1.15 | 1.60 | 1.80 | 3.2 - 5.8 |
| 聚氯乙烯(软) | 0.85 | 1.25 | 1.5 | 2.4 - 3.2 |
| 聚丙烯 | 0.85 | 1.45 | 1.8 | 2.4 - 3.2 |
| 聚甲醛 | 0.8 | 1.40 | 1.6 | 3.2 - 5.4 |
| 聚碳酸酯 | 0.95 | 1.80 | 2.3 | 4.0 - 4.5 |
| 聚酰胺 | 0.45 | 0.75 | 1.6 | 2.4 - 3.2 |
| 聚苯醚 | 1.2 | 1.75 | 2.5 | 3.5 - 6.4 |
| 氯化聚醚 | 0.85 | 1.35 | 1.8 | 2.5 - 3.4 |

表5.5　热固性塑料制品的壁厚范围(mm)

| 塑料种类 | 壁　　厚 | | |
|---|---|---|---|
| | 木粉填料 | 布屑粉填料 | 矿物填料 |
| 酚醛塑料 | 1.5 ~ 2.5(大件3 ~ 8) | 1.5 ~ 9.5 | 3 ~ 3.5 |
| 氨基塑料 | 0.5 ~ 5 | 1.5 ~ 5 | 1.0 ~ 9.5 |

### 5. 加强肋、圆角、孔、螺纹、嵌件

(1)加强肋　作用是在不增加壁厚的情况下,增加塑件的强度和刚度,避免

塑件变形翘曲。加强肋的尺寸如图 5.11 所示。

加强肋的设计应注意以下几个方面。

①加强肋与塑件壁连接处应采用圆弧过渡。

②加强肋厚度不应大于塑件壁厚。

③加强肋的高度应低于塑件高度 0.5mm 以上，如图 5.12 所示。

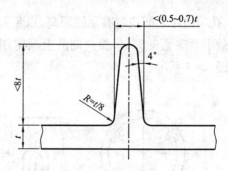

图 5.11 加强肋的尺寸

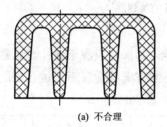 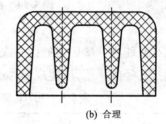

(a) 不合理　　　　　　　　　(b) 合理

图 5.12 加强肋的高度

④加强肋不应集中设置在大面积塑件中间，而应相互交错分布，如图 5.13 所示，以避免收缩不均引起塑件变形或断裂。

（2）圆角　塑料制品除使用要求尖角外，所有内外表面的连接处，都应采用圆角过渡。一般外圆弧的半径是壁厚的 1.5 倍，内圆弧的半径是壁厚的 0.5 倍。

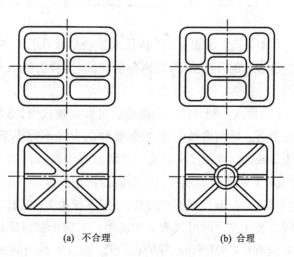

(a) 不合理　　　　　　　　(b) 合理

图 5.13 加强肋应交错分布

（3）孔　塑料制品上的孔，应尽量开设在不减弱制品强度的部位，孔与孔之间、孔与边距之间应留有足够距离,以免造成边壁太薄而破裂,不同孔径的孔边壁最小厚度见表5.6。塑料制品上固定用孔的四周应采用凸边或凸台来加强,如图5.14所示。

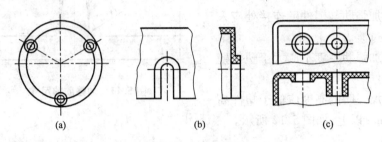

(a)　　　　　　　　(b)　　　　　　　　(c)

图5.14　孔的加强肋

由于盲孔只能用一端固定的型芯成形,其深度应浅于通孔。通常,注射成形时孔深不超过孔径的4倍,压塑成形时压制方向的孔深不超过孔径的2倍。

表5.6　孔与边壁的最小距离(mm)

| 孔　　径 | 2 | 3.2 | 5.6 | 12.7 |
| --- | --- | --- | --- | --- |
| 孔与边壁的最小距离 | 1.6 | 2.4 | 3.2 | 4.8 |

当塑件孔为异型孔时(斜孔或复杂形状孔),要考虑成形时模具结构,可采用拼合型芯的方法成形,以避免侧向抽芯结构,图5.15是几种复杂孔的成形方法。

(4)螺纹　塑料制品上的螺纹可以直接成形,通常无需后续机械加工,故应用较普遍。塑料成形螺纹时,外螺纹的大径不宜小于4 mm,内螺纹的小径不宜小于2 mm,螺纹精度一般低于3级。在经常装卸和受力较大的地方,不宜使用塑料螺纹,而应在塑件中装入带螺纹的金属嵌件。由于塑料成形时的收缩波动,塑料螺纹的配合长度不宜太长,一般不超过7~8牙,且尽量选用较大的螺距,如果需要使用细牙时可按表5.7选用。为防止塑料螺纹最外圈崩裂或变形,螺孔始端应有0.2~0.8 mm深的台阶孔,螺纹末端与底面也应留有大于0.2 mm的过渡段,如图5.16(b)所示,与之相配的螺纹见图5.16(a)。

(5)嵌件　是在塑料制品中嵌入的金属或非金属零件,用以提高塑件的力学性能或导电磁性等。常见的金属嵌件形式如图5.17所示。

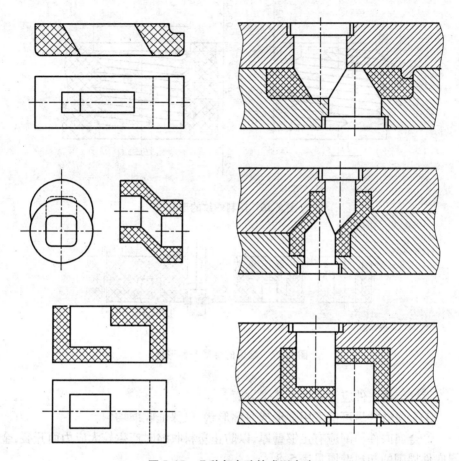

图 5.15 几种复杂孔的成形方法

表 5.7 塑料螺纹的螺牙选用范围

| 螺纹公称直径 （mm） | 螺 纹 种 类 | | | | |
|---|---|---|---|---|---|
| | 公制标准螺纹 | 一级细牙螺纹 | 二级细牙螺纹 | 三级细牙螺纹 | 四级细牙螺纹 |
| 3 | + | - | - | - | - |
| 3～6 | + | - | - | - | - |
| 6～10 | + | + | - | - | - |
| 10～18 | + | + | + | - | - |
| 18～30 | + | + | + | + | - |
| 30～50 | + | + | + | + | + |

注:表中" +"建议采用范围," -"为不采用范围。

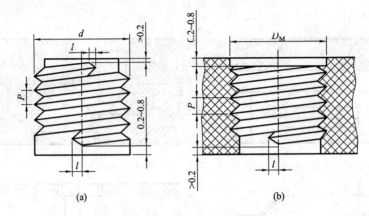

图 5.16　塑料螺纹的形状

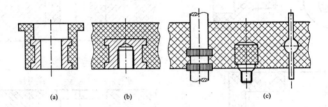

图 5.17　常见的金属嵌件形式

设计金属嵌件应注意以下几个方面。

①金属嵌件尽可能采用圆形或对称形状,以保证收缩均匀。

②金属嵌件周围应有足够壁厚,以防止塑料收缩时产生较大应力而开裂,金属嵌件周围的塑料壁厚见表 5.8。

③金属嵌件嵌入部分的周边应有倒角,以减小应力集中。

表 5.8　金属嵌件周围的塑料厚度(mm)

| | 金属嵌件直径 $D$ | 塑料层最小厚度 $C$ | 顶部塑料层最小厚度 $H$ |
|---|---|---|---|
| | 0 ~ 4 | 1.5 | 0.8 |
| | 4 ~ 8 | 2.0 | 1.5 |
| | 8 ~ 12 | 3.0 | 2.0 |
| | 12 ~ 16 | 4.0 | 2.5 |
| | 16 ~ 25 | 5.0 | 3.0 |

### 6. 支撑面

以塑料制品的整个底面作支撑面是不稳定的,见图5.18(a)。通常采用有凸起的边缘或用底脚(三点或四点)来做支撑面,如图5.18(b)所示。当制品的底部有肋时,肋的端面应低于支撑面0.5 mm左右,见图5.18(c)。

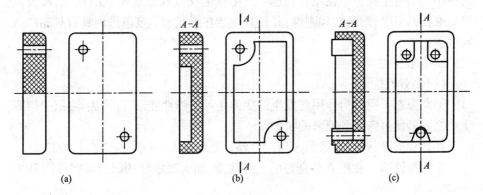

**图5.18 塑料制品的支撑面**

1. 常用的热塑性塑料与热固性塑料有哪些? 两者的主要区别是什么?
2. 塑料在粘流态时的粘度有何特点?
3. 热塑性塑料成形工艺性能有哪些? 如何控制这些工艺参数?
4. 冰箱内的塑料内胆应用什么方法成形?
5. 注射成形适用什么塑料? 成形设备是什么?
6. 可口可乐塑料瓶、塑料脸盆、变形金刚玩具等制品,应采用什么成形方法?
7. 分析注射成形、挤压成形、吹塑成形、压制成形的主要异同点。

# 5.2 橡胶及其成形

## 5.2.1 工业橡胶的组成及特点

### 1. 工业橡胶的组成

工业橡胶(rubber)的主要成分是生胶。生胶基本上是线型非晶态高聚物,其结构特点是由许多能自由旋转的链段构成柔顺性很大的大分子长链,通常显卷曲线团状。当受外力时,分子便沿外力方向被拉直,产生变形,外力去除后又恢复到卷曲状态,变形消失。所以,生胶具有很高的弹性。但生胶分子链间相互作用力很弱,强度低,易产生永久变形。此外,生胶的稳定性差,如会发粘、变硬、溶于某些溶剂等。因此,工业橡胶中还必须加入各种配合剂。

橡胶的配合剂主要有硫化剂、填充剂、软化剂、防老化剂及发泡剂等。硫化剂的作用是使生胶分子在硫化处理中产生适度交联而形成网状结构,从而大大提高橡胶的强度、耐磨性和刚性,并使其性能在很宽的温度范围内具有较高的稳定性。

### 2. 橡胶的性能特点

(1)高弹性能

①高弹态　受外力作用而发生的变形是可逆弹性变形,外力去除后,只需要千分之一秒便可恢复到原来的状态。

高弹变形时,弹性模量低,只有1MPa。变形量大,可达100% ~ 1 000%。

②回弹性能　橡胶具有良好的回弹性能,如天然橡胶的回弹高度可达70% ~80%。

(2)强度　经硫化处理和碳黑增强后,其抗拉强度达25 ~ 35 MPa,并具有良好的耐磨性。

### 3. 常用橡胶材料

根据原材料的来源不同可分为天然橡胶和合成橡胶。

(1)天然橡胶

天然橡胶是橡胶树上流出的胶乳经过加工制成的固态生胶。它的成分是异戊二烯高分子化合物。天然橡胶具有很好的弹性,但强度、硬度并不高。为了提高其强度并使其硬化,要进行硫化处理。经处理后,抗拉强度约为17 ~ 29 MPa,用碳黑增强后可达35 MPa。

天然橡胶是优良的电绝缘体,并有较好的耐碱性,但耐油、耐溶剂性和耐臭氧老化性差,不耐高温,使用温度为 – 70 ~ 110 ℃,广泛用于制作轮胎、胶带、胶管等。

(2)合成橡胶

①丁苯橡胶(SBR)　丁苯橡胶是应用最广、产量最大的一种合成橡胶。它是以丁二烯和苯乙烯为单体形成的共聚物。丁苯橡胶的性能主要受苯乙烯含量的影响,随苯乙烯含量的增加,丁苯橡胶的耐磨性、硬度增大而弹性下降。

丁苯橡胶比天然橡胶质地均匀,耐磨、耐热,耐老化性能好,但加工成形困难,硫化速度慢。这种橡胶广泛用于制造轮胎、胶布、胶板等。

②顺丁橡胶(BR)　顺丁橡胶是丁二烯的聚合物。其原料易得,发展很快,产量仅次于丁苯橡胶。

顺丁橡胶的特点是具有较高的耐磨性,比丁苯橡胶高 26%,可用于制造轮胎、三角胶带、减震器、橡胶弹簧、电绝缘制品等。

## 5.2.2 橡胶制品成形技术

橡胶的成形按生产设备的不同可分为两类:其一是在平板硫化机中模压成形,其二是在注射机中注射成形。若按成形方法分,主要有压制成形、压铸成形、注射成形和挤出成形等。下面分析压制成形和注射成形。

### 1. 橡胶的压制成形

**（1）压制成形工艺流程**

橡胶的压制成形是橡胶制品生产中应用最早而又最多的方法,它是将经过塑炼和混炼预先压延好的橡胶坯料,按一定规格和形状下料后,加入到压制模中,合模后在液压机上按规定的工艺条件进行压制,使胶料在受热受压下以塑性流动充满型腔,经过一定时间完成硫化,再进行起模、清理毛边,最后检验得到所需制品的方法。橡胶压制成形的工艺流程如图 5.19 所示。

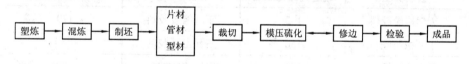

**图 5.19 橡胶压制成形的工艺流程**

①塑炼 橡胶具有的高弹性使之不容易与各种配合剂混合,也难以加工成形。为了适合加工工艺的需要,改变其高弹性,使橡胶具有一定的可塑度,通常在一定的温度下利用机械挤压、辊轧等方法,使生胶分子链断链,使其由强韧的弹性状态转变为柔软、具有可塑性的状态,这种使弹性生胶转变为可塑状态的加工工艺过程称为塑炼。

②混炼 为了提高橡胶制品的使用性能,改进橡胶的工艺性能和降低成本,必须在生胶中加入各种配合剂。将各种配合剂混入生胶中,制成质量均匀的混炼胶的工艺过程称为混炼。

③制坯 制坯是将混炼胶通过压延或挤压的方法制成所需的坯料,通常是片材,也可为管材或型材。

④裁切 在裁切坯料时,坯料质量应有超过成品质量 5% ~ 10% 的余量,结构精确的封闭式压制模成形时余量可减小到 1% ~ 2%,一定的过量不仅可以保证胶料充满型腔,还可以在成形时排除型内的气体和保持足够的压力。裁切可用圆盘刀或冲床按型腔形状剪切。

⑤模压硫化 模压硫化是成形的主要工序,它包括加料、闭模、硫化、起模和模具清理等步骤,胶料经闭模加热加压后成形,经过硫化使胶料分子交联,成为具有高弹性的橡胶制品。起模后的橡胶制品经修边和检验合格后即为成品。

(2)压制工艺

橡胶压制成形工艺的关键是控制模压硫化过程。

硫化是指橡胶在一定压力和温度下,坯料结构中的线性分子链之间形成交联,随着交联度的增加,橡胶变硬强化的过程。硫化过程控制的主要参数是硫化温度、时间和压力等。所用设备多为单层或多层平板硫化机。

①硫化温度 硫化温度是橡胶发生硫化反应的基本条件,它直接影响硫化速度和产品质量。硫化温度高,硫化速度快,生产效率就高。但是硫化温度过高会使橡胶高分子链裂解,从而使橡胶的强度、韧度下降,因此硫化温度不宜过高。橡胶的硫化温度主要取决于橡胶的热稳定性,橡胶的热稳定性愈高则允许的硫化温度也愈高。表 5.9 是常见胶料的最适宜硫化温度。

表 5.9 常见胶料的最宜硫化温度(℃)

| 胶料类型 | 最适宜硫化温度 | 胶料类型 | 最适宜硫化温度 |
|---|---|---|---|
| 天然橡胶胶料 | 143 | 丁基橡胶胶料 | 170 |
| 丁苯橡胶胶料 | 150 | 三元乙丙胶料 | 160 ~ 180 |
| 异戊橡胶胶料 | 151 | 丁腈橡胶胶料 | 180 |
| 顺丁橡胶胶料 | 151 | 硅橡胶胶料 | 160 |
| 氯丁橡胶胶料 | 151 | 氟橡胶胶料 | 160 |

②硫化时间 硫化时间是和硫化温度密切相关的,在硫化过程中,硫化胶的各项物理、力学性能达到或接近最佳点时,此种硫化程度称为正硫化或最宜硫化。在一定温度下达到正硫化所需的硫化时间称为正硫化时间,一定的硫化温度对应有一定的正硫化时间。当胶料配方和硫化温度一定时,硫化时间决定硫化程度,不同大小和壁厚的橡胶制品通过控制硫化时间来控制硫化程度,通常制品的尺寸越大或越厚,所需硫化的时间越长。

③硫化压力 为使胶料能够流动充满型腔,并使胶料中的气体排出,应有足够的硫化压力。通常在 100 ~ 140 ℃ 范围压模时,必须施用 20 ~ 50 MPa 的压力,才能保证获得清晰复杂的轮廓。增加压力能提高橡胶的力学性能,延长制品的使用寿命。试验表明,用 50 MPa 压力硫化的轮胎的耐磨性能,较压力在 2 MPa 硫化的轮胎的耐磨性能高出 10% ~ 20%。但是,过高的压力会加速分子的降解作用,反而会使橡胶的性能降低。

通常,对硫化压力的选取应根据胶料的配方、可塑性、产品的结构等因素决定。在工艺上应遵循的原则为:制品塑性大,压力小;制品厚,层数多,结构复杂,压力大;薄制品压力低。生产中采用的硫化压力多在 3.5~14.7 MPa 之间,模压一般天然橡胶制品常用压力在 4.9~7.84 MPa 之间。

**2. 橡胶注射成形**

(1)橡胶注射成形工艺过程

橡胶注射成形是在专门的橡胶注射机上进行的,常用的有立式或卧式的螺杆或柱塞式注射机。橡胶注射成形的工艺过程主要包括胶料的预热塑化、注射、保压、硫化、脱模和修边等工序。将混炼好的胶料通过加料装置加入料筒中加热塑化,塑化后的胶料在柱塞或螺杆的推动下,经过喷嘴射入到闭合的模具中,模具在规定的温度下加热,使胶料硫化成形。

在注射成形过程中,由于胶料在充形前一直处于运动状态受热,因此各部分的温度较压制成形时均匀,且橡胶制品在高温模具中短时即能完成硫化,制品的表面和内部的温差小,硫化质量较均匀。所以,注射成形的橡胶制品具有质量较好,精度较高,而且生产效率较高的工艺特点。

(2)注射成形工艺条件

注射成形工艺条件主要有料筒温度、注射温度(胶料通过喷嘴后的温度)、注射压力、模具温度和成形时间。

①料筒温度。胶料在料筒中加热塑化,在一定温度范围内,提高料筒温度可以使胶料的粘度下降,流动性增加,有利于胶料的成形。

一般柱塞式注射机料筒温度控制在 70~80 ℃;螺杆式注射机因胶温较均匀,料筒温度控制在 80~100℃,有的可达 115 ℃。

②注射温度。胶料在料筒中除受料筒的加热外,在注射过程中还受到摩擦热,故胶料的注射温度均高于料筒温度。不同橡胶品种或同种生胶,由于胶料的配方不同,通过喷嘴后的升温也不同。注射温度高硫化时间短,但是容易出现焦烧,一般应控制在不产生焦烧的温度下,尽可能接近模具温度。

③注射压力。注射压力指注射时螺杆或柱塞施于胶料单位面积上的力。注射压力大,有利于胶料充模,还使胶料通过喷嘴时的速度提高,剪切摩擦产生的热量增大,这对充模和加快硫化有利。采用螺杆式注射机时,注射压力一般为 80~110 MPa。

④模具温度。在注射成形中,由于胶料在充型前已经具有较高的温度、充型之后能迅速硫化,表层与内部的温差小,故模具温度较压制成形的高,一般可高出 30~50 ℃。注射天然橡胶时,模具温度为 170~190 ℃。

⑤成形时间。成形时间是指完成一次成形过程所需时间,它是动作时间与

硫化时间之和,由于硫化时间所占比例最大,故缩短硫化时间是提高注射成形效率的重要环节。硫化时间与注射温度、模具温度、制品壁厚有关。表5.10是天然橡胶注射成形与压制成形时间对比表;由表中可以看出注射成形时间较压制成形时间少得多。

表 5.10　　天然橡胶注射成形与压制成形时间对比表

| 成形方法 | 料筒温度(℃) | 注射温度(℃) | 模具温度(℃) | 成形时间 |
|---|---|---|---|---|
| 注射成形 | 80 | 150 | 175 | 80(s) |
| 压制成形 | — | — | 143 | 20~25(min) |

思考练习题

1. 橡胶材料的主要特点是什么? 常用的橡胶种类有哪些?
2. 为什么橡胶先要塑炼? 成形时硫化的目的是什么?
3. 简述橡胶压制成形过程。控制硫化过程的主要参数有哪些?

# 5.3　胶粘剂及粘接成形工艺

工程中,工程材料的连接方法除焊接、铆接、螺纹连接之外,还有一种连接工艺称为粘接剂粘接,又称胶接(band)。其特点是接头处应力分布均匀,应力集中小,接头密封性好,而且工艺操作简单,成本低。胶接作为一种新型的零件连接方法广泛应用于机械制造、飞机制造、船舶制造、建筑以及电工电子等行业,还广泛应用于密封与修补各种金属制品的胶接结构设计领域。

## 5.3.1　胶粘剂的组成及性能特点

胶粘剂(adhesive)的组成是根据使用性能要求的不同而采用不同的配方,但其中粘性基料是主要的组成成分。粘性基料对胶粘剂的性能起主要作用,它必须具有优异的粘附力及良好的耐热性、抗老化性等。常用粘性基料有环氧树脂、酚醛树脂、聚氨酯树脂、氯丁橡胶、丁腈橡胶等。

胶粘剂中除了粘性基料外,通常还有各种添加剂,如填料、固化剂、增塑剂等。这些添加剂是根据胶粘剂的性质及使用要求选择的。

根据胶粘剂的粘性基料的化学成分不同,胶粘剂可分为无机胶和有机胶;按其主要用途,又可分为结构胶、非结构胶和其他胶粘剂。

### 5.3.2　常用胶粘剂

#### 1. 有机胶粘剂

（1）环氧胶粘剂。环氧胶粘剂是以环氧树脂为基料的胶粘剂。目前常用的环氧树脂主要是双酚 A 型的,它对许多工程材料如金属、玻璃、陶瓷等,均有很强的粘附力。

由于环氧树脂是线型高聚物,本身不会固化,所以必须加入固化剂,使其形成体型结构,才能发挥其优异的物理、力学性能。常用的固化剂有胺类、酸酐类、咪唑类和聚酰胺树脂等。

环氧树脂固化后会变脆,为了提高冲击韧度,常加入增塑剂和增韧剂,如对苯二甲酸二丁酯、丁腈橡胶等。环氧胶粘剂常用作各种结构用胶。

（2）改性酚醛胶粘剂。酚醛树脂固化后有较多的交联键,因此它具有较高的耐热性和很好的粘附力。但脆性较大,为了提高韧性,需要进行改性处理。

由酚醛树脂与丁腈混炼胶混合而成的改性胶粘剂称为酚醛—丁腈胶。它的胶接强度高,弹性、韧性好,耐振动,耐冲击,具有较广的使用温度范围,可在 -50~180 ℃之间长期工作。此外,它还耐水、耐油、耐化学介质腐蚀。主要应用于金属及大部分非金属材料的结构中,如汽车刹车片的粘合,飞机中铝、钛合金的粘合等。

由酚醛树脂与缩醛树脂混合而成的胶粘剂称为酚醛—缩醛胶。它具有较高的胶接强度,特别是冲击韧性和耐疲劳性好。同时,也具有良好的耐老化性和综合性能,适用于各种金属和非金属材料的胶接。但其耐热性能比酚醛—丁腈胶差。

#### 2. 无机胶粘剂

无机胶粘剂主要有磷酸型、硼酸型和硅酸型。目前工程上最常用的是磷酸型。

磷酸型胶粘剂的组成如下:

磷酸（相对密度为 1.7）100 ml 　　　　　　　　　　
氢氧化铝（化学纯）5~10 g 　　}磷酸铝 1 ml 　}调制成胶
氧化铜（180 目以上）3.5~4.5 g

与有机胶粘剂相比,无机胶有下列特点:

①优良的耐热性,长期使用温度为 800~1 000 ℃,并具有一定的强度,这是有机胶无法比拟的。

②胶接强度高,抗剪强度可达 100 MPa,抗拉强度可达 22 MPa。

③较好的低温性能,可在 -196 ℃下工作,强度几乎无变化。

④耐候性、耐水性和耐油性良好,但耐酸、碱性较差。

### 5.3.3　胶接工艺

胶接方法的基本工艺过程是:

(1)接头设计。根据零部件的结构、受力特征和使用的环境条件进行接头的形式、尺寸的设计。

(2)胶粘剂的选择。根据前述胶粘剂的选用原则,选择合理的胶粘剂。

(3)表面处理。对于胶接接头的强度要求较高、使用寿命要求较长的被胶接物,应对其表面进行胶接前的处理,如机械打毛、清洗等。

(4)配胶。将组成胶粘剂的粘料、固化剂和其他助剂按照所需比例均匀搅拌混合,有时还需将它们在烘箱或红外线灯下预热至 $40 \sim 50 ℃$,

(5)装配与涂(注)胶。将被胶接物按所需位置进行正确装配或涂胶(有的涂胶在装配前),涂胶的方法有涂刷、辊涂、刀刮、注入等。

(6)固化。固化是在一定的温度和压力下进行的。每种胶粘剂都有自己的固化温度,交联在一定的固化温度下才能充分进行。

思考练习题

1. 有机胶与无机胶,各有何优点?
2. 胶粘剂的主要成分有哪些?
3. 胶接基本工艺过程有哪些?
4. 胶接技术可以用于哪些行业和领域?

## 5.4　工业陶瓷及其成形

### 5.4.1　陶瓷的种类

陶瓷(ceramics)是一种无机非金属材料,它可分为普通陶瓷和特种陶瓷两大类。前者是以粘土、长石和石英等天然原料,经过粉碎、成形和烧结而成,主要用作日用、建筑和卫生用品,以及工业上的低压电器、高压电器,耐酸、过滤器皿等。后者是以人工化合物为原料(如氧化物、氮化物、碳化物、硅化物、硼化物及氟化物等)制成的陶瓷,它具有独特的力学、物理、化学、电、磁、光学等性能,主要用于化工、冶金、机械、电子、能源和一些新技术产品中。

### 5.4.2　常用陶瓷材料

#### 1. 普通陶瓷

普通陶瓷是由天然原料配制、成形和烧结而成的粘土类陶瓷。它的质地坚硬,绝缘性、耐蚀性、工艺性好,可耐 1200 ℃ 高温,且成本低廉。除用作日用陶瓷外,工业上主要用于制作绝缘的电瓷和对酸碱有一定耐蚀性的化学瓷,有时也可作承载要求较低的结构零件用瓷。

#### 2. 氧化铝陶瓷

氧化铝陶瓷是一种 $Al_2O_3$ 为主要成分的陶瓷,其所含玻璃相和气相极少,故其强度比普通陶瓷高 3~6 倍,并具有硬度高、抗化学腐蚀能力和介电性好,耐高温(熔点为 2050 ℃)的特性,但脆性大、抗冲击性差,不宜承受环境温度的剧烈变化。近年来出现的氧化铝——微晶刚玉瓷、氧化铝金属瓷等,进一步提高了刚玉瓷的性能,广泛用于制造高温测温热电偶绝缘套管,耐磨、耐蚀用水泵,拉丝模及切削淬火钢的刀片等。

#### 3. 氮化硅陶瓷

氮化硅陶瓷是将硅粉经反应烧结而成或将 $Si_3N_4$ 经热压烧结而成的一种陶瓷。它们都是以共价键为主的化合物,原子间结合牢固,因此,化学稳定性好、硬度高、摩擦系数小并具有自润滑性和优异的电绝缘性,抗热振性更为突出。经反应烧结而成的氮化硅陶瓷,常用于制造耐磨、耐蚀、耐高温、绝缘的零件,如耐蚀水泵密封环、电磁泵管道、阀门、热电偶套以及高温轴承材料。热压烧结而成的氮化硅陶瓷,可用于制作燃气轮机转子叶片、转子发动机刮片和切削加工用刀片等。

#### 4. 氮化硼陶瓷

氮化硼陶瓷通常是由 BN 粉末经冷压或热压烧结而成的一种陶瓷。其晶体结构属六方晶型,与石墨相似。但其强度比石墨高,有良好的耐热性(在氮气或惰性气体中最高使用温度达 2800 ℃),是典型的电绝缘材料和优良的热导体。此外,还具有良好的化学稳定性和机械加工性。适用于制造冶炼用的坩埚、器皿、管道、半导体容器和各种散热绝缘体,玻璃制品模具等。

如果以六方氮化硼为原料,经碱金属或碱土金属触媒作用,并在高温、高压下转化为立方氮化硼,则可成为一种硬度仅次于金刚石的新型超硬材料,可作为磨料用于磨削既硬又韧的高速钢、模具钢、耐热钢等,并可制成金属切削用的刀片。

#### 5. 碳化物陶瓷

碳化物陶瓷有 SiC、WC、TiC 等。这类材料具有高的硬度、熔点和化学稳定性。

碳化硅陶瓷具有较高的高温强度,其抗弯强度在1400℃时仍保持在300～600 MPa,而其他陶瓷在1200℃时抗弯强度已显著下降。此外,它还具有很高的热传导能力,较好的热稳定性、耐磨性、耐蚀性和抗蠕变性。

碳化硅陶瓷可用来制造工作温度高于1500℃的零件,如火箭喷嘴、热电偶套管、高温电炉零件,各种泵的密封圈等。

### 5.4.3 陶瓷制品成形技术

陶瓷制品的生产过程包括:原料处理、坯料准备、成形、干燥、施釉、烧结及后续处理等。陶瓷制品的成形,就是将坯料制成一定形状和规格的坯体。常用的成形方法有注浆成形、可塑成形和压制成形三大类。

(1)注浆成形。传统的注浆成形是指在石膏模的毛细管力作用下,含一定水分的粘土泥浆脱水硬化、成坯的过程。现在,一般将坯料具有一定液态流动性的成形方法统称为注浆成形法。

传统的注浆成形周期长、劳动强度大、不适合连续自动化生产。近年来,各种强化注浆方法快速发展,如自动化管道注浆、成组浇注等,缩短了生产周期、提高了坯体质量。

基本注浆方法有空心注浆(单面注浆)和实心注浆(双面注浆)两种。

空心注浆的石膏模没有型芯,泥浆注满模腔后放置一段时间,待模腔内壁粘附一定厚度的坯体后,多余的泥浆倒出,形成空心注件,然后带模干燥。待注件干燥收缩脱离模型后就可取出,如图5.20所示。模腔工作面的形状决定坯体的外形,坯体厚度取决于吸浆时间等。这种方法适合于小件、薄壁制品的成形。

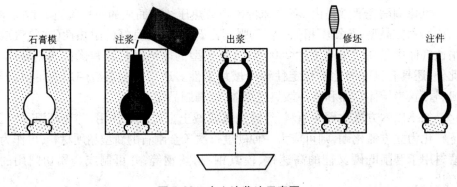

石膏模　　注浆　　出浆　　修坯　　注件

**图5.20　空心注浆法示意图**

实心注浆是将泥浆注入外模和型芯之间,石膏模从内外两个方向同时吸水。注浆过程中泥浆不断减少,需要不断补充,直至泥浆全部硬化成坯,如图 5.21 所示。实心注浆的坯体外形决定于外模的工作面,内形决定于模芯的工作面。坯体厚度由外模与模芯之间的空腔决定。实心注浆适合于坯体的内外表面形状、花纹不同,大型、壁厚制品的成形。

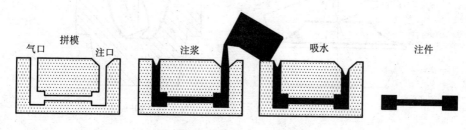

气口　拼模　注口　　　　　注浆　　　　　　吸水　　　　　注件

**图 5.21　实心注浆法示意图**

有时可采用强化注浆方法,即在注浆过程中施加外力,加速注浆过程的进行,使得吸浆速度和坯体强度得到明显改善。

热压铸成形是将含有石蜡的浆料在一定温度和压力下注入金属模具中,待坯体冷却凝固后再脱模的成形方法。其制品的尺寸准确,结构紧密,表面光洁。广泛应用于制造形状复杂、尺寸精度要求高的工业陶瓷制品。如电容器瓷件、氧化物陶瓷、金属陶瓷等。

(2)可塑成形。可塑成形是对具有一定塑性变形能力的泥料进行加工成形的方法。主要有滚压成形、塑压成形、注塑成形及轧模成形等。

滚压成形是在旋坯成形的基础上发展而来的。成形时,盛放着泥料的石膏模型和滚压头分别绕自己的轴线以一定的速度同方向旋转。滚压头在旋转的同时,逐渐靠近石膏模型,并对泥料进行滚压成形。滚压成形坯体致密均匀、强度较高。滚压机可以和其他设备配合组成流水线,生产率高。

滚压成形可以分为阳模滚压和阴模滚压,如图 5.22 所示。阳模滚压又称为外滚压,由滚压头决定坯体的外形和大小,适合成形扁平、宽口器皿。阴模滚压又称为内滚压,滚压头形成坯体的内表面,适合成形口径较小而深的制品。

(3)压制成形。压制成形是将含有一定水分的粒状粉料填充到模型中加压,粉料颗粒产生移动和变形而逐渐靠拢,所含气体被挤压排出,模腔内松散的粉料形成致密的坯体。压制成形过程简单、坯体收缩小、致密度高、制品尺寸精确,对坯料的可塑性要求不高。其缺点是难以成形形状复杂的制品,故多用来压制扁平状制品。粉料含水 3% ~7% 时为干压成形,8% ~15% 时为半干压成形,

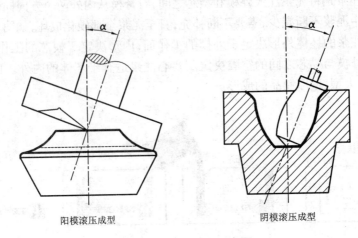

阳模滚压成型　　　　　　　　　　　阴模滚压成型

**图 5.22　滚压成形示意图**

小于 3% 为特殊压制成形,如等静压。陶瓷制品的压制成形类似于粉末冶金的模压成形,其加压方式有单面加压、双面同时加压和双面先后加压。成形压力是影响坯件质量的主要因素,一般成形压力为 (40～100)MPa,采用 2～3 次先小后大加压的操纵方法。

　　(4) 成形模具。石膏模具是陶瓷生产中应用最广泛的多孔模具。它的气孔率在 30%～50%,气孔直径在 (1～6)μm。成形时坯料中的水分在毛细管力作用下迅速吸出,硬化成坯。

　　为了满足高压注浆、高温快速干燥及机械化、自动化的生产要求,而采用新型多孔模具。它除了具有类似石膏模具的吸水性能外,其强度和耐热性优于石膏模。如多孔塑料模、多孔金属模等。

　　滚压头、压制成形模具、热等静压模具等均采用金属模具。

　　冷等静压成形,一般采用耐油氯丁橡胶、硅橡胶等橡胶模具。

　　1. 陶瓷制品的生产过程是怎样的?

　　2. 陶瓷注浆成形对浆料有何要求? 其坯体是如何形成的? 该法适于制作何类制品?

　　3. 含碳化物粉末冶金材料属于哪一类陶瓷? 它们有何用途?

　　4. 如果让你来制作一个陶瓷花瓶,除了采用注浆成形的方法以外,你认为还可以采用什么方法? 请设计出它的整个制作工艺过程。

# 5.5 复合材料及其成形

## 5.5.1 复合材料的性能特点

复合材料(composite materials)是将两种或两种以上不同性质的材料组合在一起,构成的材料性能比其组成的材料性能优异的一类新型材料。复合材料由两类物质组成:一类作为基体材料,形成几何形状并起粘接作用,如树脂、陶瓷、金属等;另一类作为增强材料,起提高强度或韧度作用,如纤维、颗粒、晶须等。

复合材料具有以下性能特点。

### 1. 比强度和比模量高

在复合材料中,由于一般作为增强相的多数是强度很高的纤维,而且组成材料密度较小,所以复合材料的比强度、比模量比其他材料要高得多(表 5.11)。这对于宇航、交通运输工具,在保证性能的前提下要求减轻自重具有重大的实际意义。

表 5.11　各类材料强度性能的比较

| 材　料 | 相对密度 | 抗拉强度 $\sigma_b$(MPa) | 弹性模量 $E$(MPa) | 比强度 $\sigma_b(\rho)$ | 比弹性模量 $E(\rho)$ |
|---|---|---|---|---|---|
| 钢 | 7.8 | 1010 | $206 \times 10^3$ | 129 | $26 \times 10^3$ |
| 铝 | 2.8 | 461 | $74 \times 10^3$ | 165 | $26 \times 10^3$ |
| 钛 | 4.5 | 942 | $74 \times 10^3$ | 209 | $25 \times 10^3$ |
| 玻璃钢 | 2.0 | 1040 | $39 \times 10^3$ | 520 | $20 \times 10^3$ |
| 碳纤维Ⅱ/环氧树脂 | 1.45 | 1472 | $137 \times 10^3$ | 1015 | $95 \times 10^3$ |
| 碳纤维Ⅰ/环氧树脂 | 1.6 | 1050 | $235 \times 10^3$ | 656 | $147 \times 10^3$ |
| 有机纤维 PRD/环氧树脂 | 1.4 | 1373 | $78 \times 10^3$ | 981 | $56 \times 10^3$ |
| 硼纤维/环氧树脂 | 2.1 | 1344 | $206 \times 10^3$ | 640 | $98 \times 10^3$ |
| 硼纤维/铝 | 2.65 | 981 | $196 \times 10^3$ | 370 | $74 \times 10^3$ |

### 2. 疲劳强度较高

碳纤维增强复合材料的疲劳极限相当于其抗拉强度的 70% ~80%,而多数金属材料疲劳强度只有抗拉强度的 40% ~50%。这是因为,在纤维增强复合材料中,纤维与基体间的界面能够阻止疲劳裂纹的扩展。当裂纹从基体的薄弱环节处产生并扩展到结合面时,受到一定程度的阻碍,因而使裂纹向载荷方向的扩展停止,所以复合材料有较高的疲劳强度。

### 3. 减震性好

当结构所受外载荷频率与结构的自振频率相同时,将产生共振,容易造成灾难性事故。而结构的自振频率不仅与结构本身的形状有关,而且还与材料比模量的平方根成正比关系。因为纤维增强复合材料的自振频率高,故可以避免共振。此外,纤维与基体的界面具有吸振能力,所以具有很高的阻尼作用。

### 4. 断裂安全性高

在纤维复合材料的横截面上有很多的细纤维,当它受力时材料将处于静不定状态。过载时,部分纤维断裂,然后载荷重新分布于更多的未断裂纤维上,因此不会在瞬间造成构件的断裂,工作的安全性高。

除了上述几种特性外,复合材料还有较高的耐热性,良好的自润滑和耐磨性等。但它也有缺点,如断裂伸长率较小,抗冲击性较差,横向强度较低,成本较高等。

## 5.5.2　复合材料的分类

复合材料依照增强相的性质和形态,可分为纤维增强复合材料、层合复合材料和颗粒复合材料三类。

### 1. 纤维增强复合材料

(1)玻璃纤维增强复合材料

玻璃纤维增强复合材料是以玻璃纤维及制品为增强剂,以树脂为粘结剂而制成的,俗称玻璃钢。

以尼龙、聚烯烃类、聚苯乙烯类等热塑性树脂为粘结剂制成的热塑性玻璃钢,具有较高的力学、介电、耐热和抗老化性能,工艺性能也好。与基体材料相比,其强度和疲劳性能可提高 2 ~ 3 倍以上,冲击韧度提高 1 ~ 4 倍,蠕变抗力提高 2 ~ 5 倍。此类复合材料达到或超过了某些金属的强度,可用来制造轴承、齿轮、仪表盘、壳体、叶片等零件。

以环氧树脂、酚醛树脂、有机硅树脂、聚酯树脂等热固性树脂为粘结剂制成的热固性玻璃钢,具有密度小,强度高(表 5.12),介电性和耐蚀性及成形工艺性好的特点,可制造车身、船体、直升机旋翼等。

**表 5.12　几种树脂浇铸品的力学性能**

| 项　　　目 | 酚醛树脂 | 环氧树脂 | 聚酯树脂 | 有机硅树脂 |
|---|---|---|---|---|
| 相对密度 | 1.30 ~ 1.32 | 1.15 | 1.10 ~ 1.46 | 1.7 ~ 1.9 |
| 抗拉强度(MPa) | 42 ~ 63 | 84 ~ 105 | 42 ~ 70 | 21 ~ 49 |
| 抗弯强度(MPa) | 77 ~ 119 | 108.3 | 59.5 ~ 119 | 68.6 |
| 抗压强度(MPa) | 87.5 ~ 150 | 150 | 91 ~ 169 | 63 ~ 126 |

（2）碳纤维增强复合材料

碳纤维增强复合材料是以碳纤维或其织物为增强剂，以树脂、金属、陶瓷等为粘结剂而制成的。目前有碳纤维树脂、碳纤维碳、碳纤维金属、碳纤维陶瓷复合材料等，其中以碳纤维树脂复合材料应用最为广泛。

碳纤维树脂复合材料中采用的树脂有环氧树脂、酚醛树脂、聚四氟乙烯树脂等。与玻璃钢相比，其强度和弹性模量高，密度小，因此它的比强度、比模量在现有复合材料中名列前茅。它还具有较高的冲击韧度和疲劳强度，优良的减磨性、耐磨性、导热性、耐蚀性和耐热性。

碳纤维树脂复合材料广泛用于制造要求比强度、比模量高的飞行器结构件，如导弹的鼻锥体、火箭喷嘴、喷气发动机叶片等，还可制造重型机械的轴瓦、齿轮、化工设备的耐蚀件等。

### 2. 层合复合材料

层合复合材料是由两层或两层以上的不同性质的材料结合而成，达到增强材料性能的目的的。

三层复合材料是以钢板为基体，烧结铜为中间层，塑料为表面层制成的。它的物理、力学性能主要取决于基体，而摩擦、磨损性能取决于表面塑料层。中间多孔性青铜使三层之间获得可靠的结合力。表面塑料层常为聚四氟乙烯（如 SF－1 型）和聚甲醛（如 SF－2 型）。这种复合材料比单一塑料提高承载能力 20倍，导热系数提高 50 倍，热膨胀系数降低 75%，从而改善了尺寸稳定性，常用作无油润滑轴承，此外还可制作机床导轨、衬套、垫片等。

夹层复合材料是由两层薄而强的面板或称蒙皮与中间一层轻而柔的材料构成。面板一般由强度高、弹性模量大的材料，如金属板、玻璃等组成，而芯料结构有泡沫塑料和蜂窝格子两大类。这类材料的特点是密度小，刚性和抗压稳定性高，抗弯强度好，常用于航空、船舶、化工等工业，如飞机、船舶的隔板及冷却塔等。

### 3. 颗粒复合材料

颗粒复合材料是由一种或多种颗粒均匀分布在基体材料内而制成的。颗粒起增强作用。

常见的颗粒复合材料有两类：一类是颗粒与树脂复合，如塑料中加颗粒状填料，橡胶用炭黑增强等；另一类是陶瓷粒与金属复合，典型的有金属基陶瓷颗粒复合材料等。

## 5.5.3　复合材料的成形方法

一般情况，材料的复合过程与制品的成形过程同时完成，复合材料的生产过程也就是其制品的成形过程。

由于金属基或陶瓷基复合材料的价格昂贵,除了航天、航空工业以外,一般工业应用并不多见,所以下面主要介绍一些树脂基复合材料的成形方法。

### 1. 手糊成形

手糊成形是指用不饱和聚酯树脂或环氧树脂将增强材料粘结在一起的成形方法。手糊成形是制造玻璃钢制品最常用和最简单的一种成形方法。用手糊成形可生产波形瓦、浴缸、汽车壳体、飞机机翼、大型化工容器等。手糊成形具有如下优点:操作简单,设备投资少,生产成本低,可生产大型的、复杂结构的制品,适合多品种、小批量生产,且不受尺寸和形状的限制,模具材料适应性广。其缺点是生产周期长,制品的质量与操作者的技术水平有关,制品的质量不稳定,操作者的劳动强度大等。

手糊成形工艺过程如下:配制树脂胶液,剪裁增强材料,准备模具并在模具上涂刷脱模剂,喷涂胶衣,成形操作、脱模、修边和装配。其中的成形操作主要是指糊制及固化。又根据成形方式的不同分接触成形和低压成形两种,前者包括手糊法和喷射法成形,后者有袋压成形法。

### 2. 层压成形

层压成形是先将纸、布、玻璃布等浸胶,制成浸胶布或浸胶纸半制品,然后将一定量的浸胶布(或纸)层叠在一起,送入液压机,使其在一定温度和压力的作用下压制成板材(包括玻璃钢管材)的工艺方法。

层压成形的工艺过程是:叠合→进模→热压→冷却→脱模→加工→热处理。

### 3. 模压成形

将热塑性树脂板预热后,将玻璃纤维层夹在塑料板中间,放在冷金属模内快速加压成形。制品的表面性能好、精度高,但制品尺寸受到模具的限制,成本较高,适合于大批量生产中小型制品。

### 4. 缠绕成形

将浸透树脂的连接纤维按一定规律缠绕在心模上,固化后脱模成形。缠绕成形可制造大型贮存罐、化工管道、耐压容器等。

思考练习题

1. 什么是复合材料? 依照增强相的性质和形态,常用的复合材料可分为哪几类?
2. 比较玻璃钢与碳纤维增强的树脂复合材料的性能特点,并指出它们的应用范围。
3. 在复合材料成形时,手糊成形为什么被广泛采用? 它适合于哪些制品的成形?

# 6　快速原型制造技术

由于市场竞争日趋激烈,产品更新换代不断加速,因此,缩短新产品的设计与试制周期,降低开发费用,是每个企业面临的迫切问题。在产品设计完成到批量生产阶段之间,往往还要制造产品的原型样品,以便尽早地对产品设计进行验证和改进,这是一项费时费力的工作。按常规方法,一般需采用多种机床加工或手工造型,时间需数周或数月,加工费用昂贵。为解决这一问题,可采用一种全新的造型技术——快速原型制造技术(rapid prototyping manufacturing ,简称RPM)。

快速原型制造技术是 CAD、数控技术、精密机械、激光技术以及材料科学与工程的技术集成,它可以自动、快速地将设计思想转化为具有一定结构和功能的原型或直接制造零部件(parts)。

原型(prototype)是产品在一维或多维空间的一种表示。产品开发人员认为有意义的产品在某个方面的表示,都可以看做是原型,包括从概念设计到具有完整功能制品的有形和无形的表示。产品的有形实体表示称之为物理原型,产品的无形表示称之为分析原型。物理原型可以进行检测和试验,在视觉和触觉上类似于产品。分析原型是以仿真、视觉图像、方程或分析结果表示的。在大多数情况下,原型是指物理原型,即物体在三维空间的实物表示。本文所指的原型均为物理原型。

原型可以由两种方法产生。一种是利用已有的知识和技术,按目的要求进行设计、加工,或由设计者利用 CAD/CAM 系统,通过构想在计算机上建立原型的三维电子模型并加工成实物。另一种方法是由用户提供一个实物样品,原封不动或经过修改后得到这个样品的复制品或仿制品。

快速原型制造技术是一种借助计算机辅助设计(computer - aided design,CAD),或通过实物样品得到有关原型或零件的几何形状、结构和材料的组合信息,从而获得目标原型的概念并以此建立数字化描述模型,之后将这些信息输出到计算机控制的机电集成制造系统,通过逐点、逐面进行材料的"三维堆砌"成型,再经过必要的处理,使其在外观和性能等方面达到设计要求,达到快速、准确地制造原型或实际零件的现代新型制造方法。

# 6.1　快速原型制造技术的基本原理及应用特点

## 6.1.1　快速原型制造技术的基本原理

快速原型制造技术的具体工艺方法有多种,但其基本原理都是一致的。在成形概念上,以材料添加法为基本思想,目标是将计算机三维CAD模型快速地(相对机加工而言)转变为由具体物质构成的三维实体原型。其过程可分为离散和堆积两个阶段。首先在CAD造型系统中获得一个三维CAD电子模型,或通过测量仪器测取有关实体的形状尺寸,将其转化成CAD电子模型。再对模型数据进行处理,沿某一方向进行平面"分层"离散化,把原来的三维电子模型变成二维平面信息。将分层后的数据进行处理,加入工艺参数,产生数控代码。然后通过专有的CAM系统(成型机)将成形材料一层层加工,并堆积成原型。其过程如图6.1所示。

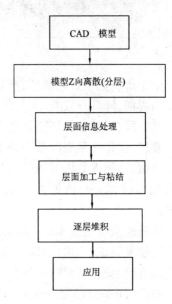

图6.1　快速原型制造过程

## 6.1.2　快速原型制造技术的应用特点

快速原型制造技术开辟了不用任何刀具而迅速制作各类零件的途径,并为用常规方法不能或难于制造的零件或模型提供了一种新型的制造手段。由于RPM技术的灵活性和快捷性,它在航天航空、汽车外形设计、玩具、电子仪表与家用电器塑料件制造、人体器官制造、建筑美工设计、工艺装饰设计制造、模具设计制造等技术领域已展现出良好的应用前景。

(1)改变了传统原型制作方法

传统原型制作方法一般采用电脑数控加工或手工造型,采用RPM技术能由产品设计图纸、CAD数据、或由测量机测得的现有产品的几何数据,直接制成所描绘模型的塑料件或金属件,不需要任何模具、NC加工和人工雕刻。

(2)产品的造价几乎与产品的复杂性无关

由于快速原型制造技术采用将三维形体转化为二维平面分层制造机理,对工件的几何构成复杂性不敏感,因而能制造任意复杂的零件,充分体现设计细节,尺寸和形状精度大为提高,零件不需要进一步加工。

(3)产品的造价几乎与产品的批量无关

快速原型制造技术的制作过程不需要工装模具的投入,其成本只与成形机的运行费、材料费及操作者工资有关,与产品的批量无关,很适宜于单件、小批量及特殊、新试制品的制造。

(4)制造快速化

借助一些传统的加工技术,快速制造出各种类型的模具和其他机件。

(5)在新产品开发中应用广泛

设计人员可以很快地评估每一次设计的可行性并充分表达其构思。从外观设计来看,由 RPM 所得的原型比计算机 CAD 造型更具有直观性和可视性,可让用户对新产品比较评价,确定最优外观。从检验设计质量来看,利用 RPM 技术,可直接检查出设计上的各种细微问题和错误。从功能检测来看,利用 RPM 技术,可快速进行不同设计的功能测试,优化产品设计。

(6)使得产品的设计与制造过程能够并行进行

快速原型技术改变了传统的设计制造程序,它充分体现了设计——评价——制造的一体化思想。

## 6.2 快速原型制造技术典型方法

发展新型的先进原型制造工艺是 RPM 的核心。目前推出的 RPM 方法已有十余种,且还在不断发展,但效果较好的主要有 SLA、LOM、SLS、FDM、TDP 法等。下面将对它们分别介绍。

### 6.2.1 立体印刷成形 SLA 法

立体印刷成形(stereo lithography apparatus, SLA)是采用紫外激光束硬化光敏树脂生成三维物体,该成形方法如图6.2所示。在液槽中盛满液态光敏树脂,该树脂可在紫外光照射下进行聚合反应,发生相变,由液态变成固态。成形开始时,工作平台置于液面下一个层高的距离,控制一束能产生紫外线的少许光,按计算机所确定的轨迹,对液态树脂逐点扫描,使被扫描区域固化,从而形成一个固态薄截面,然后升降机构带动工作台下降一层高度,其上覆盖另一层液态树脂,以便进行第二层扫描固化,新固化的一层牢固地粘在前一层上,如此重复直到整个模型制造完毕,一般薄截面厚度为 0.07 ~ 0.4 mm。

模型从树脂中取出后还要进行后固化,工作台上升到容器上部,排掉剩余树脂,从 SLA 机中取出工件,用溶剂清除多余树脂,然后将工件放入后固化装置,经过一定时间紫外光曝光后,工件完全固化。固化时间依零件的几何形状、尺寸和树脂特性而定,大多数零件的固化时间不小于 30 min。从工作台上取下工件,去掉支撑结构,进行打光、电镀、喷漆或着色处理。

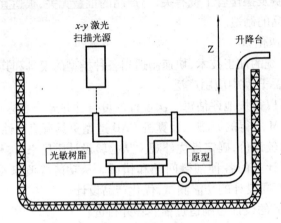

图 6.2　立体印刷成形示意图(SLA)

　　紫外光的产生可以由 HeCd 激光器,或者 UV argon – ion 激光器。激光的扫描速度可由计算机自动调整,以达到不同的固化深度有不同的足够的曝光量。x – y 扫描仪的反射镜直接控制激光束的最终落点。它可提供矢量扫描方式。

　　采用 SLA 法能制造精细的零件,表面质量好,可直接制造塑料件,制件为透明体。不足之处是 SLA 设备昂贵,造型用光敏树脂成本较高。

## 6.2.2　层合实体制造 LOM 法

　　层合实体制造(laminated object manufacturing,LOM)法是通过原料纸进行层合与激光切割来形成零件。如图 6.3 所示。LOM 工艺先将单面涂有热熔胶的胶纸带通过加热辊加热加压,与先前已形成的实体粘结(层合)在一起。此时位于其上方的激光器按照分层 CAD 模型所获得的数据,将一层纸切割成所制零件内外轮廓。轮廓以外不需要的区域,则用激光切割成小方块(废料),它们在成形过程中可以起支撑和固定作用。该层切割完后,工作台下降一个纸厚的高度,然后新的一层纸再平铺在刚成形的面上,通过热压装置将它与下面已切割层粘合在一起,激光束再次进行切割。胶纸片的一般厚度为 0.07 ~ 0.15mm。由于 LOM 工艺无需激光扫描整个模型截面,只要切出内外轮廓即可,所以制模的时间取决于零件的尺寸和复杂程度,成形速度比较高,制成模型后用聚氨酯喷涂后即可使用。

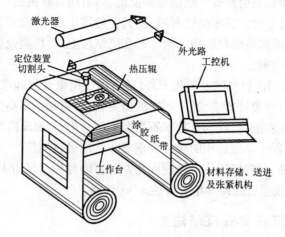

**图6.3 层合实体制造原理图(LOM)**

LOM法能制造大尺寸制件,工业应用面广。其设备价格低廉;造型材料成本低;制造过程中无相变,精度高,几乎不存在收缩和翘曲变形,制件强度和刚度高;成形速率高,原型制作时间短。不足之处是制件材料的耐候性、粘结强度与所选的基材与胶种密切相关,废料的分离较费时间。

## 6.2.3 选域激光烧结SLS法

选域激光烧结(selected laser sintering, SLS)法的基本原理是依靠CAD软件,在计算机中建立三维实体模型及其表面,由$CO_2$激光器发出的光束在计算机的控制下,根据几何形体各层横截面的坐标数据对材料粉末层进行扫描,在激光照射的位置上,粉末熔化并凝固在一起。再铺上一层新的粉末,再用激光扫描、烧结,新的一层和前一层自然地烧结在一起,最后就可制造出所需零件。

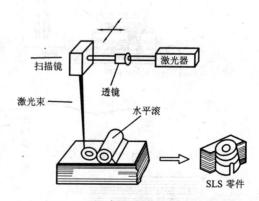

**图6.4 选域激光烧结法工艺原理(SLS)**

SLS法与立体印刷法生产过程相似,只是将液态激光固化树脂换成在激光照射下可烧结成形的粉末烧结材料。其工艺过程如图6.4所示,用红外线板将粉末烧结材料加热至恰好低于烧结点的温度,然后用计算机控制激光束,按零件的截面形状扫描平台的粉末烧结材料,使其受热熔化烧结,继而平台下降一个厚度层,用滚子将粉末烧结材料均匀地分布在烧结层上,再用激光烧结。如此反复进行,逐层烧结成形。

    SLS 技术所用的材料除金属粉末外,还可以使用聚合物和陶瓷,从而使所成形的模样性能符合设计要求,适应不同的需要,也可以制造出高强度的零件。因为粉末是经过压实的,所以 SLS 技术不需要支撑。但是,SLS 模型是一种烧结技术产品,烧结过程中单位面积的吸收功率要非常准确,控制有一定难度。此外模型表面相对粗糙,要进行适当的焙烧固化并经打磨处理。当粉末粒径为 0.1 mm以下时,SLS 法成形后的模样精度可达 ±0.01mm。

### 6.2.4　熔融沉积制模 FDM 法

    图 6.5 为熔融沉积制模(fused deposition modeling, FDM)示意图。FDM 喷头受水平分层数据控制,作 X – Y 方向联动扫描及 Z 方向运动,丝材在喷头中被加热至略高于其熔点,呈半流动熔融状态,从喷头中挤压出来,很快凝固,形成精确的层。每层厚度范围在 0.025 ~ 0.762mm 之间,一层叠一层,最后形成整体。FDM 工艺之关键是保持半流动的成型材料刚好在凝固点之上,通常控制在比凝固温度高 1 ℃左右。

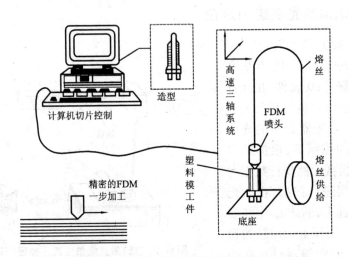

**图 6.5　熔融沉积制模原理图(FDM)**

    FDM 所用材料为聚碳酸脂、铸造蜡材、ABS,实现塑料零件无注塑模成形制造。

该种方法不采用激光,成本低,制作速度快,但精度相对较差。

### 6.2.5　三维喷涂粘结 TDP 法

三维喷涂粘结(three dimensional printing and gluing,TDP)也是一种不依赖于激光的成形技术。如图 6.6 所示,TDP 使用粉末材料和粘结剂,喷头在一层铺好的材料上有选择性地喷射粘结剂,在有粘结剂的地方粉末材料被粘接在一起,其他地方仍为粉末,这样层层粘结后就得到一个空间实体,去除粉末进行烧结就得到所要求的零件。TDP 法可用的材料范围可以很广,尤其是可以制作陶瓷模。主要问题是表面较粗糙。

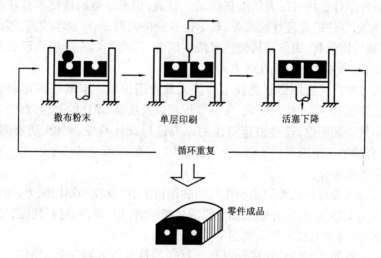

撒布粉末　　　单层印刷　　　活塞下降

循环重复

零件成品

**图 6.6　三维喷涂粘接原理图(TDP)**

用 TDP 方法制作零件的速度非常快,成本较低。

### 6.2.6　快速造型系统的主要技术指标

①最大零件尺寸。用长×宽×高度量。目前,LOM 方法能得到的零件尺寸最大,如 LOM－2030 的制件范围可达:813 mm×559 mm×508 mm。

②零件精度。目前 RPM 方法能达到的最高精度约为:±0.01 mm。

③激光器。主要指激光类型、功率,以及激光器使用寿命、光束直径、冷却系统等。光斑的定位有振镜偏转式和光束移动式。

④激光切割速度。一般在 500~1000 m/s 之间。这要根据激光器的功率大小、被加工材料的能量要求、光斑的定位机构的响应速度等因素综合决定。

⑤造型材料类型。主要有金属粉末、陶瓷粉末、塑料、树脂、蜡材、石膏、纸等。

⑥计算机及其操作系统。一般为 686 以上的微机。

⑦输入文件的格式。CAD 模型数据一般采用 STL 文件格式。

# 6.3 　快速原型制造技术展望

RPM 是面向产业界的高新综合技术,它将继续获得越来越广泛的应用。国外有人预测:快速原型制造技术将很快成为一种一般性的加工方法。对这一技术在我国许多行业将有巨大的潜在市场。目前,快速原型制造技术存在的问题是,所制原型零件的物理性能较差,成形机的价格较高,运行成本较高,零件精度低,表面粗糙度值高,成形材料仍然有限。因此,国内外都在开展广泛而深入的研究,归纳起来主要有以下几个方面:

①大力推广快速原型制造技术并扩大其应用领域。RPM 在家电、汽车、玩具、轻工、建筑、医疗、航空、航天、兵器等行业以及从事 CAD 的部门,都会有良好的应有前景。其用途:通过快速制作的原模进行设计验证、评价、功能测试;由 RP 方法直接加工出所需的零件,或者通过 RP 法的原型与传统制造工艺相结合再制作出各种零件。

②大力改善现行快速原型制作机的制作精度、可靠性和制作能力,缩短制作时间。为达上述目标,应分别从制模机的机械设计、RP 软件、材料性能、工艺、工艺参数、CNC 及激光技术等方面进行大量改进。

③开发性能更好的快速成形材料。材料的性能既要利于原型加工,又要具有较好的后续加工性能,还要满足对强度、刚度等的不同要求。目前能应用的材料和种类在快速增多。

④开发用于快速成形的高性能软件。这些软件有快速高精度的直接切片软件、快速造型制作和后续应用过程中的精度补偿软件、考虑快速成形原型制作和后续应用的 CAD 等。

⑤RPM 与 CAD、CAE、CAPP、CAM 以及高精度自动测量的一体化集成。该项技术可以大大提高新产品第一次投入市场就十分成功的可能性,也可快速地实现反求工程。

⑥开发经济型的 RPM 系统。国外调研表明,40% 的人认为当前的 RPM 机价格太高。工业界在许多方面对原型的精度并不是太苛刻,所以开发制作速度快、价格低的 RPM 机的市场也是较大的,它更易真正成为办公室能广泛用得起的三维激光打印机。

⑦研制新的快速成形方法。除目前比较成熟的 SLA、LOM、SLS、FDM、TDP 外,还应围绕提高快速成形件的精度、减少制作时间、探索直接制作最终用途零件的工艺,开发更适宜的快速成形方法。

1. 什么是原型? 原型产生的方法有哪几种?
2. 快速原型制造技术的基本原理是什么?
3. 快速原型制造技术有哪些应用优点?
4. 简述层合实体制造 LOM 法的工作过程。

# 7 材料成形方法的选择

## 7.1 材料成形方法选择的基本原则

由于机械零件毛坯的材料、形状、尺寸、结构、精度以及生产批量各不相同，故其成形的方法也不相同。材料成形方法选择得恰当与否，不仅关系到零件乃至整套机器的制造成本，同时，还关系到能否满足使用要求。根据生产实际经验，在进行工程材料及成形工艺的选择时，一般可遵循下述四条基本原则。

### 7.1.1 适用性原则

适用性原则是指要满足零件的使用要求及适应成形加工工艺性要求。

#### 1. 满足使用要求

零件的使用要求包括对零件形状、尺寸、精度、表面质量和材料成分、组织的要求，以及工作条件对零件材料性能的要求。这是保证零件完成规定功能所必备的基本条件，是进行成形方法选择时首先要考虑的问题。不同的零件，功能不同，其使用要求也不同，即使是同一类零件，其选用的材料与成形方法也会有很大差异。例如，机床的主轴和手柄，同属杆类零件，但其使用要求不同，主轴是机床的关键零件，尺寸、形状和加工精度要求很高，受力复杂，在使用中不允许发生过量变形，应选用 45 钢或 40Cr 钢等具有良好综合力学性能的材料，经锻造成形及切削加工和热处理后制成；而机床手柄则可以采用低碳钢圆棒料或普通灰铸铁件为毛坯，经简单的切削加工即可制成。又如燃气轮机叶片与风扇叶片，虽然同样具有空间几何曲面形状，但前者应采用优质合金钢经精密锻造后成形，而后者则可采用低碳钢薄板冲压成形。

另外，在根据使用要求选择成形方法时，还必须注意各种成形方法如何能更经济地达到制品的尺寸形状精度、结构形状复杂程度、尺寸重量大小等。

#### 2. 适应成形加工工艺性

各种成形方法都要求零件的结构与材料具有相应的成形加工工艺性，成形加工工艺性的好坏对零件加工的难易程度、生产效率、生产成本等起着十分重要的作用。因此,选择成形方法时,必须注意零件结构与材料所能适应的成形加工工艺性。例如,当零件形状比较复杂、尺寸较大时,用锻造成形往往难以实现,如果采用铸造或焊接,则其材料必须具有良好的铸造性能或焊接性能,在零件结构上也要适应铸造或焊接的要求。

## 7.1.2 可行性原则

对于工程技术人员来说,其所进行的每一项产品设计,都有一定的生产纲领,而且在很多情况下,由哪个企业完成该项产品的生产任务也是已经确定了的。因此,材料成形方法选择的可行性原则,就是要把主观设想的毛坯制造方案或获得途径,与某个特定企业的生产条件以及社会协作条件和供货条件结合起来,以保证按质、按量、按时获得所需要的毛坯或零件。

一个企业的生产条件,包括该企业的工程技术人员和工人的业务技术水平和生产经验、设备条件、生产能力和当前生产任务状况,以及企业的管理水平等。例如,某个零件的毛坯,原设计为锻钢件,但某厂具有稳定生产球墨铸铁件的条件和生产经验,而该零件的设计只要稍加改动,采用球铁件不仅完全可以满足使用要求,而且生产成本也可以显著降低,于是就可改变原来的设计方案。再如,某厂开发出一种新产品,由于生产批量迅速扩大,按照经济性考虑,其中的锻件都应采用模锻件,但该厂目前的模锻生产能力不能适应,而自由锻设备较多,该厂一方面积极考虑扩大模锻生产能力的问题,同时,从当前生产条件出发,结构复杂的重要锻件采用模锻,将部分简单锻件采用胎模锻制造,既满足了产量迅速扩大对锻件的需求,同时也充分利用了现有的生产条件。

考虑获得某个毛坯或零件的可行性,除本企业的生产条件外,还应把社会协作条件和供货条件考虑在内,从外协或外购途径获得毛坯或者直接获得的零件,有时具有更好的质量和经济效益。随着社会生产分工的不断细化和专业化,产品的不断标准化和系列化,越来越多的零件和部件由专业化工厂生产是必然的趋势。因此,制定生产方案时,要尽量掌握有关信息,结合本企业的条件,按照保证质量、降低成本、按时完成生产任务的要求,选择最佳生产或供货方案。

## 7.1.3 经济性原则

在所选择的成形方法能满足毛坯的使用要求的前提下,对几个可供选择的成形方案应从经济角度方面进行分析比较,选择成本低廉的方案。

## 1. 材料的价格

在满足性能和工艺要求的条件下,零件材料的价格无疑应该尽量低。材料的价格在产品的总成本中占有较大的比重,据有关资料统计,在许多工业部门中可占产品价格的 30% ~ 70% ,因此设计人员要十分关心材料的市场价格。表7.1 为我国常用金属材料的相对价格。

表 7.1　我国常用金属材料的相对价格

| 材　　料 | 相对价格 | 材　　料 | 相对价格 |
|---|---|---|---|
| 碳素结构钢 | 1 | 碳素工具钢 | 1.4 ~ 1.5 |
| 低合金结构钢 | 1.2 ~ 1.7 | 低合金工具钢 | 2.4 ~ 3.7 |
| 优质碳素结构钢 | 1.4 ~ 1.5 | 高合金工具钢 | 5.4 ~ 7.2 |
| 易切削钢 | 2 | 高速钢 | 13.5 ~ 15 |
| 合金结构钢 | 1.7 ~ 2.9 | 铬不锈钢 | 8 |
| 铬镍合金结构钢 | 3 | 铬镍不锈钢 | 20 |
| 滚动轴承钢 | 2.1 ~ 2.9 | 普通黄铜 | 13 |
| 弹簧钢 | 1.6 ~ 1.9 | 球墨铸铁 | 2.4 ~ 2.9 |

## 2. 加工费用

在各种热处理改性工艺中,以退火工艺加工费相对价格为 1 时,则调质处理为 2.5,高频淬火为 5,渗碳处理为 6,渗氮处理为 38。例如在确定一个轴类零件热处理工艺时,当耐磨性能满足要求的情况下,采用调质后高频淬火比调质后渗氮处理要便宜得多。

对于耐腐蚀零件而言,采用碳素钢进行表面涂层工艺代替不锈钢,则成本可降低很多。

制造内腔较大的零件时,采用铸造或旋压加工成形均比采用实心锻件经切削加工制造内腔要便宜。

对于形状复杂的零件如果能采用焊接结构,可比整体锻造,然后机械加工成形更为方便。

## 3. 材料代用

球墨铸铁有较高的强度,良好的抗震性能,在使用条件满足的情况下,可制作成曲轴使用,从而做到"以铁代钢",有良好的经济效益。

对引进产品进行国产化研究时,在成分相当,性能相近的情况下,可考虑用相近的材料代用。

### 4. 优先选用碳素钢

在含碳量相同的情况下,碳钢与合金钢相比,主要是合金钢的淬透性大,允许制作较大截面的零件。在避开回火脆性使用的情况下,合金钢有较好的韧性。但当制造截面不大的零件时,不应认为采用合金钢更保险,这样反而提高了材料的成本消耗。

### 5. 成组选材,减少品种,便于管理

在机械设计时,同一个机器上的零件,在使用性能满足的情况下,应尽量减少材料的品种,减少采购手续,以便于管理。尽量选型材,代替锻、轧材,以减少加工工序。

## 7.1.4  环保性原则

环境已成为全球关注的大问题。现在,出现了地球温暖化,臭氧层破坏,酸雨、固体垃圾、资源、能源的枯竭等等问题。环境恶化不仅阻碍生产发展,甚至危及人类的生存。因此,人们在发展工业生产的同时,必须考虑环境保护问题,力求做到与环境相宜,对环境友好。下面简述几个有关问题。

### 1. 对环境友好的含义

对环境友好就是要使环境负载小。

①能量耗费少,$CO_2$ 等气体产生少。

②贵重资源用量少。

③废弃物少,再生处理容易,能够实现再循环。

④不使用、不产生对环境有害的物质。

### 2. 环境负载性的评价

要考虑从原料到制成材料,然后经过成形加工制成产品,再经使用至损坏而废弃,或回收、再生、再使用(再循环),在这整个过程中所消耗的全部能量(即全寿命消耗能量),$CO_2$ 气体排出量,以及在各阶段产生的废弃物,有毒排气、废水等情况。这就是说,评价环境负载性,谋求对环境友好,不能仅考虑产品的生产工程,而应全面考虑生产、还原两个工程。所谓还原工程就是指制品制造时的废弃物及其使用后的废弃物的再循环、再资源化工程。这一点,将会对材料与成形方法的选择产生根本性的影响。例如汽车在使用时需要燃料并排出废气,人们就希望出现尽可能节能的汽车,故首先要求汽车质量轻,发动机效率高,这必然

要通过更新汽车用材与成形方法才可能实现。

### 3. 成形加工方法与单位能耗的关系

材料经各种成形加工工艺制成为产品,生产系统中的能耗就由工艺流程确定。据有关报导,钢铁由棒材到制品的几种成形加工方法的单位能耗与材料利用率如表7.2所示。

表7.2　几种成形加工方法的单位能耗、材料利用率比较

| 成形加工方法 | 制品耗能量($10^6$J·kg$^{-1}$) | 材料利用率(%) |
|---|---|---|
| 铸造 | 30 ~ 38 | 90 |
| 冷、温变形 | 41 | 85 |
| 热变形 | 46 ~ 49 | 75 ~ 80 |
| 机械加工 | 66 ~ 82 | 45 ~ 50 |

从矿石冶炼制成棒材的单位能耗大约为33MJ/kg,由表7.2可见,与材料生产的单位能耗相比,铸造与塑性变形等加工方法的单位能耗不算大,且其材料利用率较高。与材料生产相比,产品成形加工的单位耗能量较大,且单位能耗大的加工方法,其材料利用率通常也较低。由于成形加工方法与材料密切相关,因此在选择产品的成形加工方法时,应通盘考虑选择单位能耗少的成形加工方法,并选择能采用低单位能耗成形加工方法的材料。

在上述四项原则中,适用性原则是第一位的。所有产品必须达到质量优良,满足使用要求,在规定的服役年限内能够保证正常工作。否则在使用过程中就会发生各种问题,甚至造成严重的后果。可行性原则是确定毛坯或零件的生产方案或生产途径的出发点。经济性原则是将产品总成本降至最低,取得最大的经济效益,使产品在市场上具有最强的竞争力。环保性原则是保护自然界生态平衡的重要措施。

思考练习题

1. 选择材料成形方法应遵循哪些原则?
2. 零件的使用要求包括哪些方面?以车床主轴为例说明其使用要求。

## 7.2 各类成形零件的特点

### 1. 铸件

铸件是熔融金属液体在铸型中冷却凝固而获得的,突出特点是尺寸、形状几乎不受限制。通常用于形状复杂、强度要求不太高的场合。目前生产中的铸件大多数是用砂型铸造,尺寸较小、精度要求较高的优质铸件一般采用特种铸造,如熔模铸造、金属型铸造、离心铸造和压力铸造等。砂型铸造的铸件,当采用手工造型时,铸型误差较大,铸件的精度低,因而铸件表面的加工余量比较大,影响零件的加工效率,故适用于单件小批生产。当大批量生产时,广泛采用机器造型,机器造型所需的设备投资较大,而且铸件的重量也受到一定限制,一般多用于中、小尺寸铸件。砂型铸造铸件的材料不受限制,铸铁应用最多,铸钢和有色金属也有一定的应用。

熔模铸造的铸件精度高,表面质量好。由于型壳用高级耐火材料制成,故能用于生产高熔点及难切削合金。生产批量不受限制。主要用于生产汽轮机叶片,成形刀具和汽车、拖拉机、机床上的小型零件,以及形状复杂的薄壁小件。

金属型铸造的铸件,比砂型铸造的铸件精度高,表面质量和力学性能好,生产率较高,但需要使用专用金属型。金属型铸造适用于生产批量大、尺寸不大、结构不太复杂的有色金属铸件,如发动机中的铝活塞等。

离心铸造的铸件,金属组织致密,力学性能较好,外圆精度及表面质量均好,但内孔精度低,需留出较大的加工余量。离心铸造适用于生产黑色金属及铜合金的旋转铸件,如套筒、管子和法兰盘等。由于铸造时需要特殊设备,故产量大时才比较经济。

压力铸造的铸件精度高,表面粗糙度值小,机械加工时只需进行精加工,因而节省金属。同时,铸件的结构可以较复杂,铸件上的各种孔眼、螺纹、文字及花纹图案均可铸出。但压力铸造需要昂贵的设备和铸型,故主要用于生产批量大、形状复杂、尺寸较小、重量不大的有色金属铸件。

几种常用铸件的基本特点、生产成本与生产条件见表7.3。

### 2. 锻件

由于锻件是通过金属塑性变形而获得的,因此其形状复杂程度受到较大的限制。在生产中应用较多的锻件主要有自由锻件和模锻件两种

生产自由锻件不使用专用模具,精度低。锻件毛坯加工余量大,生产效率不高。一般只适合于单件小批生产结构较为简单的零件或大型锻件。

模锻件的精度高,加工余量小,生产效率高,可以锻造形状复杂的毛坯件。

材料经锻造后锻造流线得到了合理分布,使锻件强度比铸件强度大大提高。生产模锻件毛坯需要专用模具和设备,因此只适用于大批量生产中、小型锻件。

表 7.3　几种常用铸件的基本特点、生产成本与生产条件

| 特点 \ 类型 | | 砂型铸件 | 金属型铸件 | 离心铸件 | 熔模铸件 | 低压铸造件 | 压铸件 |
|---|---|---|---|---|---|---|---|
| 零件 | 材料 | 任意 | 铸铁及有色金属 | 以铸铁及铜合金为主 | 所有金属,以铸钢为主 | 有色金属为主 | 锌合金及铝合金 |
| | 形状 | 任意 | 用金属芯时形状有一定限制 | 以自由表面为旋转面的为主 | 任意 | 用金属型与金属芯时,形状有一定限制 | 形状有一定限制 |
| | 重量(kg) | 0.01~300000 | 0.01~100 | 0.1~4000 | 0.01~10(100) | 0.1~3000 | <50 |
| | 最小壁厚(mm) | 3~6 | 2~4 | 2 | 1 | 2~4 | 0.5~1 |
| | 最小孔径(mm) | 4~6 | 4~6 | 10 | 0.5~1 | 3~6 | 3(锌合金0.8) |
| | 致密性 表面质量 | 低~中 低~中 | 中~较好 中~较好 | 高 中 | 较高~高 高 | 较好~高 较好 | 中~较好 高 |
| 成本 | 设备成本 | 低(手工)~中(机器) | 较高 | 较低~中 | 中 | 中~高 | 高 |
| | 模具成本 | 低(手工)~中(机器) | 较高 | 低 | 中~较高 | 中~较高 | 高 |
| | 工时成本 | 高(手工)~中(机器) | 较低 | 低 | 中~高 | 低 | 低 |
| 生产条件 | 操作技术 | 高(手工)~中(机器) | 低 | 低 | 中~高 | 低 | 低 |
| | 工艺准备时间 | 几天(手工)~几周(机器) | 几周 | 几天 | 几小时~几周 | 几周 | 几周~几月 |
| | 生产率 (件·时$^{-1}$) | <1(手工)~100(机器) | 5~50 | 2(大件)~36(小件) | 1~1000 | 5~30 | 20~200 |
| | 最小批量 | 1(手工)~20(机器) | ~1000 | ~10 | 10~10000 | ~100 | ~10 000 |
| 产品举例 | | 机床床身、缸体、带轮、箱体 | 铝合金、铜套 | 缸套、污水管 | 汽轮机叶片、成形刀具 | 大功率柴油机活塞、汽缸头、曲轴箱 | 微型电极外壳、化油器壳体 |

常用锻件的基本特点、生产成本和生产条件见表7.4。

### 3. 冲压件和挤压件

#### （1）冲压件

冲压件主要适用于 8 mm 以下塑性良好的金属板料、条料制品，也适用于一些非金属材料，如塑料、石棉、硬橡胶板材的某些制品。在交通运输机械和农业机械中，冲压件所占的比重很大，很多薄壁件都采用冲压法成形，如汽车罩壳、储油箱、机床防护罩等。冲压成形后的毛坯件一般不需机械加工，或只需要进行简单的机械加工。由于模具制造费用很高，因此冲压件一般均用于大批量生产。

冲压件的基本特点、生产成本与生产条件见表 7.4。

**表 7.4　常用锻件、挤压件、冷镦件、冲压件的基本特点、生产成本与生产条件**

| | 类型 特点 | 锻件 | | | 挤压件 | 冷镦件 | 冲压件 | | | |
|---|---|---|---|---|---|---|---|---|---|---|
| | | 自由锻件 | 模锻件 | 平锻件 | | | 落料与冲孔件 | 弯曲件 | 拉深件 | 旋压件 |
| 零件 | 材料 | 各种形变合金 | 各种形变合金 | 各种形变合金 | 各种形变合金,特别适用于铜、铝合金及低碳钢 | 各种形变合金 | 各种形变合金板料 | 各种形变合金板料 | 各种形变合金板料 | 各种形变合金板料 |
| | 形状 | 有一定限制 | 有一定限制 | 有一定限制 | 有一定限制 | 有一定限制 | 有一定限制 | 有一定限制 | 一端封闭的筒体、箱体 | 一端封闭的旋转体 |
| | 重量(kg) | 0.1~200 000 | 0.01~100 | 1~100 | 1~500 | 0.001~50 | | | | |
| | 最小壁厚或板厚(mm) | 5 | 3 | φ3~230棒料 | 1 | 1 | 最大板厚10 | 最大100 | 最大10 | 最大25 |
| | 最小孔径(mm) | 10 | 10 | 20 | | (1)5 | (1/2~1)板厚 | | <3 | |
| | 表面质量 | 差 | 中 | 中 | 中~好 | 较好~好 | 好 | 好 | 好 | 好 |
| 成本 | 设备成本 | 较低~高 | 高 | 高 | 高 | 中~高 | 中 | 低~中 | 中~高 | 低~中 |
| | 模具成本 | 低 | 较高~高 | 较高~高 | 中 | 中~高 | 中 | 低~中 | 较高~高 | 低 |
| | 工时成本 | 高 | 中 | 中 | 中 | 中 | 低~中 | 低~中 | 中 | 中 |
| | 操作技术 | 高 | 中 | 中 | 中 | 中 | 低 | 低~中 | 中 | 中 |
| 生产条件 | 工艺准备时间 | 几小时 | 几周~几月 | 几周~几月 | 几天~几周 | 几周 | 几天~几周 | 几小时~几天 | 几周~几月 | 几小时~几天 |
| | 生产率(件·时⁻¹) | 1~50 | 10~300 | 400~900 | 10~100 | 100~10 000 | 100~10 000 | 10~10 000 | 10~1000 | 10~100 |
| | 最小批量 | 1 | 100~1000 | 100~10 000 | 100~1000 | 1000~10 000 | 100~10 000 | 1~10 000 | 100~10 000 | 1~100 |

（2）挤压件

冷挤压是一种生产率很高的少、无切削加工工艺。挤压件尺寸精确、表面光洁,挤压所生产的薄壁、深孔、异型截面等形状复杂的零件,一般不再需切削加工,因此可节省金属材料与加工工时。挤压件材料主要有塑性良好的铜合金、铝合金以及低碳钢,中、高含碳量的碳素结构钢、合金结构钢、工具钢等也能进行挤压,但一般应先加温。

挤压件的基本特点、生产成本与生产条件见表7.4。

### 4. 焊接件

焊接是一种永久性连接金属的方法,其主要用途是制造金属结构件,如梁、柱、桁架、管道、容器等。焊接件生产简单方便,周期短,适用范围广。缺点是容易产生焊接变形,抗震性较差。对于性能要求高的重要机械零部件如床身、底座等,采用焊接毛坯时,机械加工前应进行退火或回火处理,以消除焊接应力,防止零件变形。

焊接结构应尽可能采用同种金属材料制作,异种金属材料焊接时,往往由于两者热物理性能不同,在焊接处会产生很大的应力,甚至造成裂纹,焊接时应引起注意。

### 5. 型材

机械零件采用型材作为毛坯占有相当大的比重。以钢材而论,通常选用作为毛坯的型材有圆钢、方钢、六角钢以及槽钢、角钢等。型材根据其精度可分为普通精度的热轧材和高精度的冷轧（或冷拔）材两种。普通机械零件多采用热轧型材。冷轧型材尺寸较小,精度较高,多用于毛坯精度要求较高的中小型零件生产或进行自动送料的自动机加工中。冷轧型材一般用于批量较大的生产。

### 6. 粉末冶金件

粉末冶金既是制取金属材料的一种冶金方法,也是制造毛坯或零件和器件的一种成形方法。粉末冶金件一般都具有某些特殊性能,如减磨性、耐磨性、密封性、过滤性、多孔性、耐热性、电磁性能等。粉末冶金的优点是:生产率高,适合生产复杂形状的零件,无需机械加工,或少量加工,节约材料,适于生产各种材料或各种具有特殊性能材料搭配在一起的零件。它的缺点是:模具成本相对较高,粉末冶金件强度比相应的固体材料强度低,材料成本也相对较高。

粉末冶金构件的性能及应用见表7.5。

### 7. 工程塑料件

非金属材料在各类机械中的应用日益扩大,其中工程塑料的发展最为迅速,使用最广。

工程塑料件往往是一次成形,几乎可制成任何形状的制品,生产效率高。工程塑料的密度约为铝的一半,可减轻制件的重量。工程塑料件的比强度高于金属件。大多数工程塑料的摩擦系数都很小,不论有无润滑,塑料都是良好的减摩材料,常用来制造轴承、齿轮、密封圈等零件。工程塑料件对酸、碱的抗蚀性很好,例如被称为塑料王的聚四氟乙烯,甚至在王水中煮沸也不会腐蚀。此外,工程塑料件还具有优良的绝缘性能、消音性能、吸震性能和成本低廉等优点。

表7.5  粉末冶金构件的性能及应用

| 材料类别 | 密度<br>($g \cdot cm^{-3}$) | 抗拉强度<br>($N \cdot mm^{-2}$) | 伸长率<br>(%) | 应用举例 |
|---|---|---|---|---|
| 铁及低合金粉末压实件 | 5.2~6.8 | 5~20 | 2~8 | 轴承和低负荷结构元件 |
|  | 6.1~7.4 | 14~50 | 8~30 | 中等负荷结构元件,磁性零件 |
| 合金钢粉末压实件 | 6.8~7.4 | 20~80 | 2~15 | 高负荷结构零、部件 |
| 不锈钢粉末压实件 | 6.3~7.6 | 30~75 | 5~30 | 抗腐蚀性好的零件 |
| 青　铜 | 5.5~7.5 | 10~30 | 2~11 | 垫片、轴承及机器零件 |
| 黄　铜 | 7.0~7.9 | 11~24 | 5~35 | 机器零件 |

工程塑料件也存在一些缺点,主要是成形收缩率大,刚性差,耐热性差,易发生蠕变,热导率低而线胀系数大,尺寸不稳定,精度低,容易老化。因此塑料件在机械工程中的应用受到一定的限制。

思考练习题

1. 举例说明生产批量不同与毛坯成形方法选择之间的关系。

2. 为什么说毛坯材料确定之后,毛坯的成形方法也就基本确定了?

3. 大批量生产家用液化气罐,试合理选择材料及成形方法。

4. 试为大型船用柴油机、高速轿车、普通货车上使用的活塞选择合适的材料和成形方法。

# 7.3 常用零件毛坯的成形方法

常用的机械零件按其形状特征和用途不同,一般可分为轴杆类、盘套类和机架箱体类三大类。由于各类零件形状结构的差异和材料、生产批量及用途的不同,其毛坯的成形方法也不同。下面分别介绍各类零件毛坯选择的一般方法。

## 1. 轴杆类零件

轴杆类零件的结构特点是其轴向尺寸远大于径向尺寸,见图 7.1。在机械装置中,该类零件主要用来支承传动零件和传递转矩。同时还承受一定的交变、弯曲应力,大多数还承受一定的过载或冲击载荷。

根据工作特点,轴失效的主要形式有疲劳断裂、脆性断裂、磨损及变形失效。

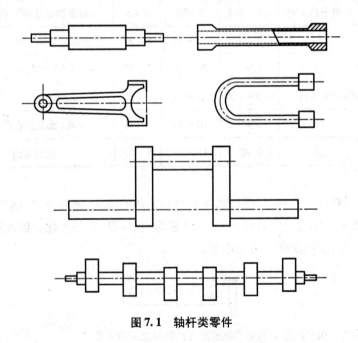

图 7.1 轴杆类零件

按照承载状况不同,轴可分为转轴、心轴和传动轴三大类。工作时既承受弯矩又承受转矩作用的轴称为转轴,如支承齿轮、带轮的轴。支承转动零件但本身承受弯矩作用而不传递转矩的轴称为心轴,如火车轮轴、汽车和自行车的前轴等。主要传递转矩,不承受或只承受很小弯矩作用的轴为传动轴,如车床上的光杠。此外,还有少数承受轴向力作用的轴,如车床上的丝杠、连杆等。

轴杆类零件大多要求具有高的力学性能,除直径无变化的光轴外,多数采用锻件,选中碳钢或中碳合金钢材料制作,经调质处理后具有良好的综合力学性能。对某些大型、结构复杂、受力不大的轴(异型断面或弯曲轴线的轴),如凸轮轴,曲轴等,可采用 QT450—10,QT500—5 等球墨铸铁毛坯,这样可简化制作工艺。某些情况下,可选用锻—焊或

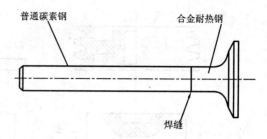

图7.2　发动机进、排气阀门锻—焊结构

铸—焊结合方式制造轴杆类毛坯。例如发动机的进、排气阀门,是采用合金耐热钢的头部与碳素钢的阀杆焊成一体,节约了合金钢材料,如图7.2所示。再如图7.3所示的 12 000t 水压机立柱毛坯,长 18m,净重 80t,采用 ZG270~500 分成 6 段铸造,粗加工后采用电渣焊焊成整体毛坯。

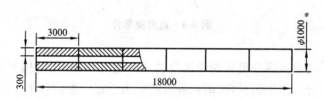

图7.3　铸–焊结构的水压机立柱毛坯

## 2. 盘套类零件

该类零件的结构特点是零件长度一般小于直径或两个方向尺寸相差不大。属于该类零件的有各种齿轮、带轮、飞轮、模具、联轴器、法兰盘、套环、轴承内外圈和手轮等,见图7.4。

该类零件在机械中的使用要求和工作条件差异较大,因此所用材料和毛坯各不相同。以齿轮为例,齿轮是各类机械中的重要传动零件,工作时齿面承受很大的接触应力和摩擦力,齿面要求具有足够的强度和硬度。齿根承受较大的弯曲应力,有时还要承受冲击力作用。因此齿轮的主要失效形式是齿面磨损、疲劳剥落和齿根折断。重要用途的直径 <400 mm 的齿轮选用锻件,才能满足高性能要求。直径较大、>400 mm、形状复杂的齿轮,可用铸钢或球墨铸铁件为毛坯。低速轻载、不受冲击的开式传动齿轮,可采用灰铸铁件。受力不大、在无润滑条件下工作的小齿轮可用塑料制造。

带轮、飞轮、手轮等受力不大,结构复杂或以承压为主的零件,一般采用铸铁

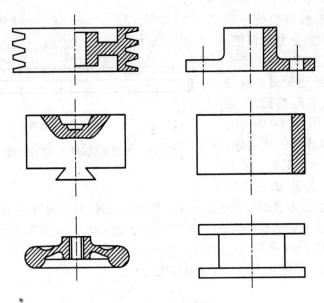

图 7.4　盘套类零件

件,单件生产时也可采用低碳钢焊接件法兰和套环等零件,根据形状、尺寸和受力等因素,可分别采用铸铁件、锻钢件或圆钢为毛坯。厚度较小者在单件或小批量生产时,也可直接用钢板下料。

### 3. 机架、箱体类零件

该类零件一般结构复杂,有不规则的外形和内腔,壁厚不均,重量从几千克直至数十吨。

这类零件包括各种机械的机身、底座、支架、横梁、工作台,以及齿轮箱、轴承座、缸体、泵体、导轨等,如图 7.5 所示。它们的工作条件相差很大。一般的基础零件,如机身、底座、齿轮箱等,以承压为主,要求有较好的刚度和减振性。有些机身、支架同时受压、拉和弯曲应力的联合作用,甚至有冲击载荷,如工作台和导轨等零件,则要求有较好的耐磨性。齿轮箱、阀体等箱体类零件,要求有较大的刚度和较好的密封性。

箱体类零件一般具有形状复杂、体积较大、壁薄等特点,大多选用铸铁件。承载量较大的箱体可采用铸钢件。要求重量轻、散热良好的箱体,如飞机发动机汽缸体等可采用铝合金铸造。单件小批量生产时,可采用各种钢材焊接而成。

不管是铸造还是焊接毛坯,往往存在不同程度的应力,为避免使用过程中因变形失效,机加工前应进行去应力退火或自然时效处理。

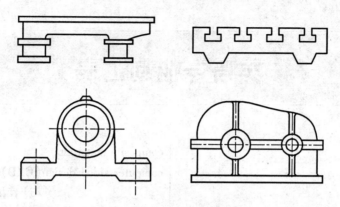

图 7.5 机架、箱体类零件

1. 为什么轴类零件一般采用锻件,而机架类零件多采用铸件?
2. 试确定齿轮减速器箱体的材料及其毛坯成形方法,并说明理由。
3. 试为下列齿轮选择合适的材料和成形方法。
(1)无冲击的低速中载齿轮,直径 250 mm,数量 50 件。
(2)卷扬机大型人字齿轮,直径 1500 mm,数量 5 件。
(3)承受冲击的高速重载齿轮,直径 200 mm,数量 20 000 件。
(4)小模数仪表用无润滑齿轮,直径 30 mm,数量 3000 件。
(5)钟表中用的小模数传动齿轮,直径 15 mm,数量 100 000 件。

# 英语专业词汇表

### A

| | |
|---|---|
| adhesive | 胶粘剂 |
| arc | 电弧 |

### B

| | |
|---|---|
| bandeuq | 胶接 |
| bending | 弯曲 |
| blanking | 落料 |
| blank Layout | 排样 |
| blow mdding | 吹塑成形 |
| braying | 钎焊 |
| burning moulding | 烧结 |
| butt welding | 对焊 |

### C

| | |
|---|---|
| carbon-dioxide arc welding | 二氧化碳气体保护焊 |
| carbon eauivalent | 碳当量 |
| castability | 铸造性能 |
| castability | 陶瓷 |
| ceramic mold casting | 陶瓷型铸造 |
| cold deformaation strengthening | 冷变形强化 |

| | |
|---|---|
| composite materials | 复合材料 |
| computer aided design( CAD) | 计算机辅助设计 |
| compafer aided manufacture( CAM) | 计算机辅助制造 |
| confracfion | 收稿 |
| core wire | 焊芯 |
| coverd elecfrode | 厚药皮焊条 |
| core-making | 造心 |
| core print | 芯头 |
| cross helical rolling | 斜轧 |
| cross rolling | 横轧 |
| cracking | 裂积 |
| cutting | 切割 |

### D

| | |
|---|---|
| die forgung | 模段 |
| diperzed shrinkage | 缩松 |
| directional solidification | 定向凝固 |
| distortion | 变形 |
| drawing | 拉深 |
| drawing owt | 拔长 |

### E

| | |
|---|---|
| elasfic deformation | 弹性变形 |

elecfrode xollar 两极

elecfrode weeaing 焊条电弧焊

elecfroslag welding 电渣焊

cxpendable pattem casfing 实型铸造

cxfrusion molaing 挤压成形

## F

flanging 翻边

flash butt welding 闪光对焊

fluidify 流动胜

forging temperature interval

锻造温度范围

forging welding 锻接

forming 成形

fonnding metal casting 锻造

fonndy molding drawing 锻造工艺图

fused deposition modeling

熔融沉积制模

fusible pattern mlding 熔模锻造

## G

gas absorptin 吸气性

graphitization 石墨化

gravity die casting 金属型铸造

gray cast iron 灰铸铁

## H

hand molding 手工造型

hydrogen briffleness 氢脆

heat affect gone 热影响区

## I

injection molding 注射成形

internal solding 内应力

inoculating agent 孕育剂

inert gas shielded arc welding

惰性气体保护焊

inspecfion 探伤

## L

laser welding 激光焊接

laminated object manufactnring

层合实体制造

low-pressnre die casting 低压锻造

## M

machining allowance 机械加工余量

machine molding 机器造型

magnetil molding process 磁型铸造

malleable cast iron 可锻铸铁

malleability 锻造性能

manufactnring 快速原型技术

mechanical norking of metal

金属压力加工

mold-filing capacity 充型能力

mold parting 铸型分型面

metal inert gas welding 熔化极氩弧焊

molfen pool 焊接溶池

## N

| near Net Shake Casting | 近经形状铸造 |
| near Net Shake Forming | 近无余量成形 |
| normaliged gone | 正火区 |

## O

| offset | 错移 |
| oken die forging | 自由锻造 |
| oxidation | 氧化性 |
| overhaefed | 过热区 |

## P

| part phase-changed sone | 部分相变区 |
| parts | 零部件 |
| pattern draft | 过模余度（拔模斜度） |
| plane shear | 剪床 |
| plasma arc welding | 等离子弧焊接 |
| plasma catting | 等离子弧节割 |
| plastics | 塑斜 |
| plastic deformation | 塑形变形 |
| ponring postition | 浇经位置 |
| ponder | 粉末 |
| powder metallurgy | 粉末冶金 |
| precision die forging | 精密模锻 |
| press | 冲庆 |
| presision blahking | 精密冲裁 |
| pressure die casting | 压力锻造 |
| prototype | 原形 |
| punching | 冲孔 |

## R

| rapid prototyping | 快速原型技术 |
| resistance welding | 电阻焊 |
| rheocasting | 流变铸造 |
| roll forging | 辊锻 |
| rnbber | 橡胶 |

## S

| sand casting | 矿型铸造 |
| seam welding | 焊缝 |
| selected laser sintering | 选域激光烧结 |
| semi-solid metal casting | 半固态金属铸造 |
| setting ratio | 锻造比 |
| shaving | 修整 |
| shearing | 切断 |
| shrinkage hole | 缩轧 |
| solidification | 凝固 |
| slag | 溶渣 |
| special casting | 特种锻造 |
| spheroldal graphite cast iron | 球墨铸铁 |
| spray Deposition | 喷射沉积 |
| spot welding | 点焊 |
| stamping | 板料冲压 |
| stereo lithography apparatus | 立体印刷成形 |
| suspending agent | 悬浮剂 |
| suspension casting | 悬浮铸造 |
| submerged arc welding | 埋弧焊 |

upset butt welding　　　电阻对焊

# T

thixo casting　　　揽溶铸造

three dimensionl printing and gming

　　　三维喷涂粘结

tnre centriugal casting　　　离心铸造

tuisting　　　扭转

tungsten inert gas arc welding

　　　钨极氩弧焊

# U

upsetting　　　镦粗

# V

vermicnlar graphite cast iron　蠕墨铸铁

# W

welding seam　　　焊缝

weld bond　　　熔合区

weldability　　　熔结性

welding sfress　　　焊接应力

welding disfortion　　　焊接变形

# 主要参考文献

[1] 邓文英主编. 金属工艺学. 第四版. 北京:高等教育出版社,2000

[2] 刘舜尧、李燕、邓曦明主编. 制造工程工艺基础. 长沙:中南大学出版社,2002

[3] 严绍华主编. 材料成形工艺基础. 北京:清华大学出版社,2001

[4] 施江澜主编. 材料成形技术基础. 北京:机械工业出版社,2001

[5] 吕广庶,张远明主编. 工程材料及成形技术基础. 北京:高等教育出版社,2001

[6] 何红媛主编. 材料成形技术基础. 南京:东南大学出版社,2000

[7] 丁德全主编. 金属工艺学. 北京:机械工业出版社,2000

[8] 张启芳主编. 热加工艺基础. 南京:东南大学出版社,1996

[9] 中国机械工程学会铸造分会. 铸造手册. 北京:机械工业出版社,1993

[10] 中国机械工程学会焊接学会. 焊接手册. 北京:机械工业出版社,1992

[11] 中国机械工程学会锻压学会. 锻压手册. 北京:机械工业出版社,1993

[12] 孙大涌主编. 先进制造技术. 北京:机械工业出版社,1999

[13] 袁哲俊主编. 精密和超精密加工技术. 北京:机械工业出版社,1999

[14] 王盘鑫主编. 粉末冶金学. 北京:冶金工业出版社,1997

[15] 邱明恒主编. 塑料成型工艺. 西北工业大学出版社,1994

[16] 颜永年主编. 先进制造技术. 北京:化学工业出版社,2002

[17] 丁松聚等编. 冷冲模设计. 北京:机械工业出版社,1994

[18] 沈其文主编. 材料成形基础. 武汉:华中理工大学出版社,1999

[19] 汪啸穆主编. 陶瓷工艺学. 北京:中国轻工业出版社,1994

[20] 郑明新主编. 工程材料. 北京:清华大学出版社,2000

[21] 刘玉德等编. 塑料模具设计. 济南:山东工业大学出版社,1990

[22] 王贵恒主编. 高分子材料成形加工原理. 北京:化学工业出版社,1995

## 材料成形工艺基础

主编　汤酞则

---

□责任编辑　谭　平

□责任印制　易建国

□出版发行　中南大学出版社

社址:长沙市麓山南路　　　　邮编:410083

发行科电话:0731-88876770　　　传真:0731-88710482

□印　　装　长沙印通印刷有限公司

---

□开　　本　787×960 1/16　□印张 16.25　□字数 293 千字

□版　　次　2011 年 6 月第 1 版　□2014 年 7 月第 6 次印刷

□书　　号　ISBN 978-7-81061-739-0

□定　　价　32.00 元

---